KB123644

2판

전술의 기초

| 성형권 지음 |

마인드북스

개정증보판을 발행하며

　이 책을 발간하고 이제 대략 6년 정도가 지났다. 나름대로 오랫동안 전술 교리를 연구하였지만, 교리적인 내용은 최대한 배제하면서 교리를 이해할 수 있는 배경과 원리에 대한 접근을 처음으로 시도하려 하니 상당히 조심스러웠고 주저하기도 한 것이 사실이다. 그러나 발간 이후로는 걱정했던 것과는 달리 의외로 많은 분이 이 책을 읽어주신 덕분에 3쇄까지 발행할 수 있었다. 독자들의 관심에 지면을 통해 감사드리면서, 조금 더 용기를 내서 기존의 틀은 그대로 유지하면서 그동안 생각했던 내용을 추가하여 보강하고 일부 내용을 수정하여 개정증보판을 발행하게 되었다.

　다시 한번 이 책의 성격을 밝히자면 이미 전술 교리에 반영된 '어떻게 싸울 것인가?'라는 방법적인 측면보다는 '왜 그렇게 해야 하는가?'라는 근원적인 이유와 원리에 대한 궁금증을 해소하기 위한 목적으로 작성한 것이다. 일부 독자들께서 공격 및 방어작전 형태, 기동 형태 등 전술 교리에 있는 내용도 포함해서 알기 쉽게 설명해달라는 의견도 있었지만, 현역 군인이 아닌 필자가 교리에 대해 언급하면 안 된다는 생각은 변함이 없다. 그래서 이번 개정증보판에서는 공격 및 방어작전의 준칙을 추가한 것 이외에는 기존의 구성을 그대로 유지하는 가운데 내용을 보강 및 수정하는 데 주안을 두었다.

이 책이 전술 교리를 이해하는 토대를 제공하고 나아가 전술 교리의 발전과 적용에 밑거름이 되기를 기대하는 마음이다.

2023년 12월

성형권

전문 직업군인의 길을 걸어온 지 어느덧 30년을 넘어섰고, 이제는 아쉬움을 뒤로하고 군문(軍門)을 나서야 할 시기가 눈앞에 와 있다. 그동안 전후방 각지에서 여러 직책을 경험하였지만 특이하게도 육군 고급장교 교육의 산실이라 할 수 있는 육군대학에서만 세 차례에 걸쳐 교관임무를 담당하였다. 돌이켜 보건데, 교관 직책을 수행하면서부터 비로소 전술교리를 꼼꼼하게 읽어 보고 관련 분야들을 확장해 가며 체계적인 연구를 할 수 있었다. 왜냐하면 야전에서는 현행 작전과 업무에 매달리다 보니 필요할 때에 해당되는 내용만을 읽어 보는 정도였고, 교육기관에서의 학생장교 시절에는 교관들이 알려 주는 내용을 소화하기에도 급급했기 때문이다. 이와 같은 경험에 비추어 전술교리를 보다 쉽게 이해할 수 있는 참고자료가 있다면 상당히 유용할 것이라는 생각을 하게 되었다.

육군의 교리 중에서도 중요성과 활용 빈도가 가장 높은 것은 전투수행과 관련된 전술교리이다. 그런데 전술교리는 우리 군의 여건에 최적화된 결론적인 내용만을 제시한다. 즉 '왜 그러한 교리가 정립되었는가?'에 대한 궁금증을 해소할 수 있는 배경이나 원리에 대해서는 설명하지 않는다. 따라서 그 내용이 비교적 딱딱하고 경험이 부족한 간부들은 교리에 제시된 내용들에 대해 속속들이 이해하기가 어려울 수밖에 없다. 그러나 아쉽게도 전술에 초점을 두고 관련된 배경이나 원리를 집중적으로 다룬 참고서적은 거의 없는 실정이다. 따라서 군사이론을 포함한 각종 자료들로부터 궁금한 내용을 설명해 주는 부분을 찾아보거나 스스로 유추해 보아야 하는데, 이 또한 쉽지 않은 일이다. 그래서 전술교리를 접하기 전에 배경지식을 터득하거나 이와 병행해서 연구할 수 있는 참고자료를 작성해 보고자 마음먹고 이 책을 발간하게 된 것이다. 나의 지식이 일천하고 나보다 훨씬 깊이 연구한 학도가 많은 탓에 발간을 주저하였지만, 비록 미흡할지라도 일단 시도라도 해야 앞으로 더욱 깊이와 가치 있는 시도들이 계속 이어질 것이라는 생각에서 용기를 냈다.

이 책은 이론과 교리의 중간적인 성격이며, 교리에 이미 반영된 내용은 최대한 배제하고 교리의 배경과 원리 위주로 기술하였으므로 전술교리를 접하기 이전에 참고할 수 있는 선행 학습서이자 교리를 보충 설명해 주는 자습서로 활용할 수 있다. 그리고 설득력을 높이기 위해 각 주제들과 관련한 전투 사례와 군사이론가 및 군 지휘관들이 강조한 내용들을 가급적 많이 반영하였고, 젊은 독자층까지 고려하여 비교적 쉽고 딱딱한 감이 들지 않도록 기술하였다.

　제1장 전쟁과 용병술에서는, 전술을 그 자체만으로 국한해서 바라본다면 진정한 전술의 본질을 이해하기 어렵기 때문에 전쟁을 수행하는 용병술의 일부로서 전술의 영역과 역할이 무엇인지를 기술하였다. 제2장 전술의 원리에서는, 전술이 다루는 군사활동인 전투를 구체적으로 분석해 봄으로써 전술교리의 배경을 이해할 수 있도록 하였다. 제3장 전투 승리를 위한 원칙에서는, 과거로부터 현대에 이르기까지 동서양을 막론한 많은 전투 사례에서 도출된 공통적인 승리 요인과 그 이유에 대해서 기술하였다. 제4장 전술의 주요 과업에서는, 전술제대가 전술적 임무를 달성하기 위해서 실천해야 할 주요 과업들을 제시하였다. 마지막 부록에는 손자병법 각 편의 핵심 내용과 전문을 최대한 일목요연하게 정리하여 수록하였다. 그 이유는 병서(兵書)의 최고봉이라 할 수 있는 손자병법을 통해서 본문의 주요 내용들을 심화 또는 보충할 수 있는 기회를 제공하기 위함이다.

　이 책은 전문 직업군인은 물론 군 간부가 되기를 희망하는 인원이나 초급 간부들까지 포함하여 미리 전술에 대한 안목을 넓혀 주기 위한 목적으로 기술되었다. 미흡한 분야가 많겠지만 독자 여러분의 넓은 아량과 이해를 바라며, 이 책에서 다루지 않거나 깊이가 얕은 분야에 대해서 누군가가 또 다른 시도를 해 줄 것을 기대한다.

2017년 2월
성형권

| 차례 |

제1장

전쟁과 용병술

1. 전쟁War

　엘빈 토플러(Alvin Toffler)는 그의 저서 『전쟁과 반전쟁(War and Anti-War)』에서 '제2차 세계대전이 종료된 1945년 이후 전 세계에 걸쳐 약 150~160회의 전쟁과 내전이 일어났으며, 이 과정에서 군인만 약 720여만 명이 전사했다. 실제로 1945년부터 1990년까지 2,540주 중에서 지구상에 전쟁이 전혀 없었던 기간은 전부 합하여 3주에 불과하였다'라고 강조했다. 이처럼 전쟁은 인류 역사가 가지고 있는 본능이라고 해도 과언이 아닐 만큼 지금까지도 끊임없이 발생하고 있으며, 인류의 문명이 발전되어 온 이면에는 파괴적인 전쟁이 늘 함께 존재하고 있었음을 알 수 있다.

　전쟁은 일반적으로 국가 간의 갈등으로 인해 대립과 충돌이 진행되는 현상으로서, 한 국가가 자신의 의지를 상대 국가에게 관철시킬 목적으로 수행하게 된다. 전쟁의 유형이 총력전쟁[1]이 되었든, 아니면 제한전쟁[2]이 되었든 국가의 흥망성쇠(興亡盛衰)가 좌우되는 문제이기에

---

1) 총력전쟁(Total War)은 국가의 기능별 총체적인 힘을 기울여 수행하는 전쟁이다.
2) 제한전쟁(Limited War)은 군사행동과 관련한 지역, 방법, 무기, 병력, 목표 등에 일정한 제한을 가

정도의 차이는 있겠지만, 국가
가 보유하고 있는 제반 역량[3]을
동원하게 되는데, 이 중에서 군
사력은 가장 핵심적이고 결정적
인 역량이라 할 수 있다.

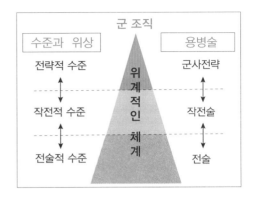

이러한 군사력을 사용하기 위
한 지적인 능력이 바로 용병술
(用兵術)이다. 그런데 군사력을 구
성하고 있는 군 조직들은 위계적인 체계를 이루고 있어 수준별로 위
상과 역할에 차이가 있을 수밖에 없다. 따라서 각 수준에 부합하는 용
병술로서 군사전략, 작전술, 전술을 적용하게 되며, 각각의 용병술은
상·하위 간에 계층적인 연관체계를 유지한 상태에서 상호 긴밀하게
역할을 주고받으면서 전쟁을 효율적으로 수행할 수 있다.

이 책에서 다루는 전술은 위에서 설명한 것처럼 독립적으로 적용되
는 것이 아니라 상위 용병술인 군사전략 및 작전술과 서로 연계된 상
태에서 자신의 역할을 하는 것이다. 따라서 전쟁에 대한 개념, 그리고
'전술'과 상위 용병술인 '군사전략', '작전술'과의 연관성에 대해 먼저
알아보는 것이 진정한 전술의 개념과 본질을 명확하게 이해하기 위한
전제조건이라 할 수 있다.

하면서 수행하는 전쟁을 의미한다.
3) 국가의 제반 역량이란 그 국가의 군사, 정치, 경제, 외교, 사회, 문화, 과학기술 등의 분야에서 발
휘할 수 있는 역량을 말한다.

■ 전쟁의 개념

『전쟁론(On War)』에서 전쟁의 본질을 가장 설득력 있게 규명한 클라우제비츠(Carl von Clausewitz)는 '전쟁은 적에게 우리의 의지를 실행하도록 강요하는 폭력행위'라고 정의하였으며, 이 정의는 오늘날에도 보편적으로 수용되고 있다. 우리 군의 교리에서도 '전쟁이란 상호 대립하는 2개 이상의 국가 또는 이에 준하는 집단[4]이 정치적 목적을 달성하기 위해 군사력을 비롯한 모든 수단을 사용하여 자기의 의지를 상대방에게 강요하는 조직적인 폭력행위이다.'라고 명시하여 전쟁의 주체, 목적, 수단을 명확하게 규정하고 있다. 따라서 전쟁은 일정한 정치적 목적을 추구하기 위한 사회적인 상호작용으로서 한 국가의 정치, 경제, 사회, 과학, 심리 등의 모든 분야를 총망라하여 사용하는 지극히 의도적이고 조직화된 종합적인 현상으로 해석할 수 있겠다.

국가가 전쟁을 수행하고자 한다면 국민, 주권, 영토를 보호함을 최우선적으로 고려해야 한다. 하지만 일단 전쟁에 돌입하면 승자건 패자건 전쟁으로 인한 폐해는 피할 수 없으며 이를 회복하기 위해서는 엄청난 시간과 자원, 그리고 노력이 소요된다. 그러므로 전쟁을 예방 또는 억제하는 것이 우선되어야 하며, 불가피하게 전쟁을 수행해야 하는 경우라도 그로 인한 피해가 최소화될 수 있도록 노력해야 한다.

또한 전쟁의 목적을 달성하기까지 동력을 상실하지 않기 위해서는

---

4) 국가를 상대할 수 있는 상당한 규모의 무장투쟁 능력과 상당한 기간 동안 전쟁을 수행할 수 있는 정치적·사회적 힘을 보유한 집단(a group intend to become state)을 의미한다. 국가의 개념이 성립된 이후로 국가가 아닌 비국가 행위자까지 전쟁의 주체로 등장한 것은 현대 전쟁의 주요한 특징 중 하나이다.

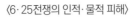

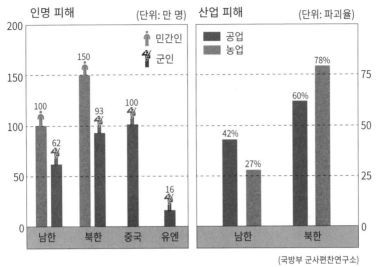

〈6·25전쟁의 인적·물적 피해〉

〈주요 전쟁별 군인 희생자〉

- 나폴레옹전쟁: 150만여 명
- 베트남전쟁: 250만여 명
- 제1차 세계대전: 1,000만여 명
- 제2차 세계대전: 1,700만여 명

[그림 1-1] 전쟁의 폐해 예

물리적인 군사력의 유지와 행사에만 초점을 맞출 것이 아니라 정당한 전쟁이라는 명분을 유지함으로써 국제사회로부터 지지와 지원을 획득할 수 있어야 하며, 전쟁에 대한 국민의 의지를 계속적으로 결집시켜 나가야 한다.

> 兵者, 國之大事, 死生之地, 存亡之道, 不可不察也
> 전쟁은 국가의 중대사로서, 국민의 생사와 나라의 존망이 달려 있기 때문에 신중히 살피지 않으면 아니 된다.
>
> 〈孫子兵法, 始計編〉

■ 전쟁의 유형

전쟁은 보는 관점(기준)에 따라 다양한 유형으로 분류할 수 있으며, 같은 전쟁이라도 2개 이상의 유형에 포함될 수 있다. 여러 관점에 따라 전쟁의 유형을 분류하였기 때문에 그 의미를 이해하는 데 다소 혼란스럽기도 하지만 복잡한 전쟁의 현상을 공통적인 특성을 기준으로 분류하여 전쟁을 체계적으로 이해하고, 연구 및 분석할 수 있다는 차원에서 매우 유용하다.

전쟁의 유형을 분류하는 기준은 전쟁을 연구하는 목적에 따라 학자마다 다르지만, 보편적인 기준과 그에 따라 분류된 전쟁 유형을 제시하면 아래의 〈표 1-1〉과 같다.

〈표 1-1〉 전쟁의 분류기준과 유형[5]

구 분	전쟁의 유형
목적	종교전쟁, 독립전쟁, 혁명전쟁, 제국주의전쟁, 민족주의전쟁, 통일전쟁, 내전, 예방전쟁 등
노력과 자원의 투입 정도	총력전쟁과 제한전쟁[6], 절대전쟁과 현실전쟁
핵무기 사용 여부	핵전쟁, 재래식전쟁
수행 전략	섬멸전과 마비전[7], 소모전과 기동전[8]
수행 방식	정규전과 비정규전[9], 대칭전과 비대칭전[10]
수행 기간	장기전과 단기전, 지구전과 속결전
공간적 범위	전면전쟁과 국지전쟁[11], 지상전, 해전, 공중전, 사이버전, 우주전
치열도	고강도전쟁, 중강도전쟁, 저강도전쟁

■ 전쟁 대비의 당위성

어떤 질병(疾病)을 예방하거나 적절한 처방을 하기 위해서는 그 원인을 진단해야 한다. 또한 어떤 행동의 결과에 대한 책임을 따지기 위해서는 그러한 행동의 원인이 불가항력적이었는지 자유의지에 의한 것이었는지를 판단해야 한다. 이처럼 모든 행위와 결과에 대한 원인을 규명하는 것은 매우 가치가 있으며, 이는 전쟁에 대해서도 마찬가지이다. 오래전부터 많은 학자들이 전쟁의 원인을 규명하고자 연구해 왔으며, 연구의 결과로서 정치, 경제, 종교, 문화, 민족 등의 여러 가

---

5) 전쟁의 유형들을 보면 ~전쟁(戰爭, War)과 ~전(戰, Warfare)이라는 용어가 함께 사용됨을 알 수 있다. 보통 우리말로 쓰일 때 '전쟁'을 단축한 용어로서 '전'을 사용하거나 명확한 의미의 구분 없이 상호 호환적으로 사용하는 경향이 있는데 이를 엄밀하게 구별해 본다면, 먼저 War는 종합적인 개념에서 일반적으로 전쟁을 표현(예, Korean War)하는 용어이며, Warfare는 특정한 방법 또는 수단을 이용한 전쟁을 지칭(예: Network Centric Warfare, Cyber Warfare 등)한다.

6) 총력전쟁(Total War)은 국가 제반 분야의 총체적인 힘을 총동원하여 수행하는 전쟁을 의미하며, 제한전쟁(limited War)은 군사행동 지역 및 방법, 무기, 병력, 목표 등에 일정한 제한을 가하며 수행하는 전쟁을 말한다.

7) 섬멸전(Annihilation War)은 적 군사력에 대한 철저한 물리적 파괴에 중점을 둔 전쟁으로 군사력의 상당한 희생이 필요하다. 반면 마비전(Paralysis War)은 적 지휘체계를 파괴함으로써 심리적으로 와해시키는 데 중점을 둔 전쟁으로서 신속하고 기습적인 적 후방으로의 기동을 중시한다.

8) 소모전(Attrition Warfare)은 적의 모든 자원을 대상으로 장기간 수행하여 군사력, 국력, 의지를 소진시키는 전쟁을 의미하며, 기동전(Maneuver Warfare)은 전투력의 동적인 운용에 중점을 두고 주도권 장악과 전투력의 효율성을 극대화하는 전쟁을 말한다.

9) 정규전(Conventional Warfare)은 당시 정상적이고 보편적이라고 간주되는 방법으로 수행하는 전쟁이며, 비정규전(Unconventional Warfare)은 당시 비정상적이라고 간주되는 방법으로 수행히는 전쟁으로서 통상 비대칭적인 대응방법으로 수행한다.

10) 비대칭전(Asymmetric warfare)은 상대방이 보유하지 않거나 상대방보다 압도적으로 우세한 수단, 방법, 차원으로 싸우는 전쟁을 말한다.

11) 전면전쟁(General War)은 국토의 모든 부분이 전쟁과 연관되며, 총력전쟁으로 발전할 가능성이 많은 반면 국지전쟁(Local War)은 국토의 일부분에서 전쟁을 수행하며, 치열도가 비교적 낮은 무력충돌 형태로 진행된다. 국지전쟁은 제한전쟁의 한 형태로 볼 수 있다.

지 요인들을 전쟁의 원인으로 제시하였다. 그러나 보다 근원적인 원인으로는 월츠(Kenneth Neal Waltz)가 제시한 인간의 본성, 국가의 특성, 국제체제의 한계 등을 꼽을 수 있다.

첫 번째 원인인 인간의 본성이란 인간이 지닌 이기심, 공격적인 충동, 어리석음 등으로 인하여 전쟁이 발생한다는 것이다.[12] 국가 행위의 주체인 정책결정 참여자는 결국 인간이며, 이들이 국가 차원의 의사결정에 영향을 미치기 때문이다.[13] 이 원인에 대한 처방은 인간의 본성 자체를 변화시켜야 하는데, 그렇게 하는 것은 매우 어렵기 때문에 전쟁을 예방하는 데는 한계가 있을 수밖에 없다.

두 번째 원인인 국가의 특성은 국가가 채택한 정치제도나 생산과 분배의 양식, 엘리트층의 구성, 국민성 등에 의해 전쟁이 발생한다는 것이다.[14] 특히 자유민주주의 체제를 적용하고 있는 국가를 합리적인 제도, 문민통제, 국민 여론 등에 의해 폭력을 억제할 수 있는 가장 이상적인 국가로 보고 있다. 그래서 자유 민주주의를 채택한 국가 간에는 좀처럼 전쟁이 발생하지 않는다고 주장한다. 그러나 이 역시 모든 국가들이 자유민주주의를 구현하고 정치지도자가 합리적으로 정책을 추진하면서 각국이 공존공영을 추구하는 것은 불가능하므로 예방책으로 활용하기에는 한계가 있다.

세 번째 원인은 국제체제의 한계인데, 이는 세계가 실제적으로 무

---

12) 대표적인 이론으로는 공격본능이론, 사회적 진화이론, 좌절-반응이론, 이미지이론 등이 있다.
13) 존 스토진저(John G. Stoessinger)는 그의 저서 "Why Nations Go to War?"에서 전쟁은 사람의 문제이며, 실패할 전쟁을 일으키는 이유를 국가지도자의 잘못된 인식으로 들었다. 잘못된 인식의 예로는 자신의 힘에 대한 과신, 상대의 능력 과소평가, 상대에 대한 객관적인 인식 부재, 상대에 대한 불신으로 상대가 자신을 공격할 것으로 확신하는 것 등을 들었다.
14) 대표적인 이론에는 집단갈등이론, 사회심리학이론, 경제모순과 계급갈등이론, 제국주의전쟁이론, 기대효용이론 등이 있다.

정부(anarchy) 상태이므로 어떤 국가나 집단이 자신의 이익 증진을 추구하려 하며, 이것이 다른 국가의 이익과 충돌하여 군사력을 사용하는 경우에 이를 제어 또는 구속할 수 없다는 것이다.[15] 물론 유엔을 위시한 국제기구들이 국제법의 마련이나 갈등에 대한 중재 등의 노력을 기울이고 있지만 형평성의 유지와 구속력에 한계가 있는 것이 사실이다. 따라서 전쟁을 예방하기 위해서는 완전한 세계 정부를 형성해야 하지만, 이마저도 요원하다고 볼 수 있다.

결국 전쟁의 원인은 다양한 각도에서 분석되었지만, 그 어느 것도 근원적인 처방을 내리기에는 한계가 있음을 알 수 있다. 전쟁의 폐해에도 불구하고 인류의 역사가 전쟁으로 점철되었다는 사실이 이를 증명해 준다. 그런데도 종종 평화(peace)에 대한 환상에 젖어 전쟁에 대한 대비를 게을리하거나 나아가 자신이 평화주의를 지향하고 있음을 알리기 위해 스스로 무장해제하는 우(愚)를 범하기도 한다. 전쟁과 평화는 야누스(Janus)처럼 언제든지 그 얼굴이 바뀔 수 있는 이중성을 가지고 있음을 알아야 한다. 역사적으로 볼 때 평화는 일시적으로 강제적인 수단에 의해 조성된 응급적인 안정상태로서 언제라도 쉽게 망가질 수 있다는 사실을 직시해야 한다. 즉 아무리 평화로운 시기에 있더라도 항상 힘을 길러 전쟁을 대비해야 한다는 생각과 실천이 현실적이고 현명한 처사라 하겠다.

전쟁과 평화는 Janus의 얼굴과 같다

---

15) 대표적인 이론에는 세력균형이론, 세력전이이론, 위계이론, 군비경쟁이론 등이 있다.

You may not be interested in war, but war is interested in you.
당신이 전쟁에 관심이 없을지라도 전쟁은 늘 당신에게 관심이 있다.

〈레온 트로츠키(Leon Trotski)〉

天下雖安 忘戰必危(천하수안 망전필위)
천하가 비록 평화로워도 전쟁을 잊으면 반드시 위태로워진다.

〈사마법(司馬法)〉

Si vis pacem, para bellum!
평화를 원하거든 전쟁을 대비하라!

<플라비우스 베게티우스 레나투스(Flavius Vegetius Renatus)>

■ 전쟁 양상의 변화

인간은 고대의 단순한 생존을 위한 소규모 부족 단위의 싸움으로부터 현대의 대규모 전쟁에 이르기까지 끊임없이 전쟁을 수행해 왔다. 이러한 과정에서 인류는 그 시대의 환경에 가장 적합하고 효과적인 무기체계와 군사조직을 갖추고, 이를 사용하는 방법을 발전시켜 왔다. 전쟁양상의 변화과정을 시대별로 구분해 보면 다음과 같다.

고대 시대

먼저 고대(BC 6C~AD 4C)의 전쟁은 집단 전체의 생존과 번영이라는 1차적인 목적으로 전쟁을 수행하였다. 그리스의 팔랑스(Phalanx), 로마의 레기온(Region)과 같이 전투대형을 형성하고 일정한 장소에서, 주로 인간의 근력(筋力, muscle power)에 의해 사용되는 칼, 창, 활, 갑옷, 투구, 방패 등의 단순한 무기를 이용하여 일회성의 결전(決戰)을 치

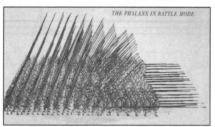

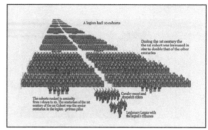

Phalanx(방진, 그리스 중무장 밀집보병대)
  - 개인 간격: 약 90cm
  - 8~12열 횡대

Roman Region(로마군단)
  - 6개 중대(100명)×10개 대대(600명)
  - 대·소규모의 부대 편성으로 신축적 운용
  - 전방에 경무장 보병, 측방에 기병 배치

루는 방식으로 이루어졌다. 전형적인 점(點) 개념의 전투를 수행한 것이다. 처음 전장의 주역은 보병으로서, 밀집 중보병의 중량과 지구력의 싸움으로 진행되었으나 아드리아노플전투(378년)에서 로마군단이 이민족(고트족)의 기병에게 패배한 것을 계기로 기병이 전장의 주역으로 등장하기 시작했다. 이 시기에 개발된 등자의 출현은 기병의 역할을 더욱 강화시키는 데 큰 역할을 하였다.

중세 봉건시대

중세시대(5~15C)에는 중앙정부가 없었기 때문에 봉건제도 하에서 영주들로부터 봉토를 제공받는 기사 계급에 의해 전투가 수행되었다. 기사단은 갑옷과 장창으로 무장하고 충격행동으로 싸우는 중기병(重騎兵)으로 구성되었으며, 기사 개인의 전투기술을 중시하였고 무기와 호신장구의 중량은 더욱 증가하였다. 기사단은 영주가 외적을 막기

기사단

장궁수, 아쟁쿠르전투

위해 쌓은 성곽을 중심으로 전투를 전개하였다. 자연스럽게 투척기와 투창기 등의 공성무기들을 이용한 공성전(攻城戰)이 발전하였고, 원거리에서 적을 제압할 수 있는 석궁을 주요 무기로 사용하였다. 이 시기에는 주로 기사 간 전투에 의해 승패를 판가름하거나, 기독교에 의한 잔학행위 금지 등으로 인해 전법(戰法)을 발전시키기보다는 오히려 퇴보된 양상을 보였기 때문에 이 시기를 '전법의 암흑기'라고도 부른다. 이후 100년 전쟁(1337~1453년) 기간 중 크레시전투(1346년), 아쟁쿠르전투(1415년) 등에서 프랑스의 기사단이 영국의 장궁에 의해 무력화되면서부터 보병과 경기병이 전장의 주역으로 등장하였다. 또한 조악한 수준이었지만, 화약과 화포의 발명은 성곽과 기사단의 몰락을 재촉하였고, 점차 보병 간의 접전이 주 전투방식으로 자리 잡았다. 중세 봉건시대 유럽은 전법의 암흑기였던 반면, 몽골은 고도의 전투기술과 기동력으로 무장한 기마전술로서 중세판 전격전(電擊戰)을 구사하여 세계를 제패했던 사실은 괄목할 만하다. 당시 그들이 구사했던 다양한 기동전술, 공성전술, 기만 및 심리전술 등은 대단히 혁신적이고 창의적이었지만, 서양 위주로 기록된 역사 속에서 사장되어 버린 것은 매우 안타까운 사실이라 할 수 있다.

후퇴 자세로 Parthian shot을 구사하는 몽골군[16]

근세 왕조시대

15C에 들어서부터는 봉건사회가 몰락하고 군주 간의 왕권 전쟁이 시작되었으며, 군대의 성격도 기사 중심의 봉건 군대에서 용병(傭兵) 중심의 직업 군대로 변모하였다. 또한 화약을 이용한 대포, 화승총과 머스킷 등과 같은 화기의 발달로 인해 기병 대신 보병이 다시금 전투의 중심적인 역할을 수행하게 되었고, 적의 화포 공격에 대한 취약성을 줄이기 위해 종심이 짧은 횡대 전술이 나타났다. 그런데 당시의 국가는 국민이 아닌 군주의 것이었기에 군대 역시 군주의 사병에 불과했다. 따라서 군주는 돈으로 고용한 용병을 운용할 수밖에 없었는데, 이들의 대다수가 빈민층, 불량배, 떠돌이 등과 같은 하층민으로 구성되었으므로 충성심과 군기를 기대하기가 어려웠고, 위험에 처할 경우에는 언제든지 전장을 이탈하는 경우가 허다하였다. 더구나 병사 하나하나가 돈이나 마찬가지였기 때문에 전쟁을 무제한적으로 수행할

---

16) 배사법(背射)이라고도 하는데, 말을 탄 기수가 이동 중 몸을 뒤로 돌려 뒤에서 추격해 오는 적에게 활을 쏘는 기술이다. 고대 이란계 왕조인 파르티아(parthia) 왕조에서 먼저 나왔다 하여 파르티안 샷이라고 한다.

수도 없는 노릇이었다. 그래서 이 시대를 제한전쟁시대(15~18C)라고
도 한다. 하지만 이 시기에도 스웨덴의 구스타브스 아돌푸스, 프러시
아의 프리드리히 2세 등과 같은 걸출한 인물들은 창병, 소총병, 포병,
기병 등으로 구성된 제병협동전술을 적용하여 현대적 전법의 초석을
마련하기도 하였다.

근대 국민전쟁 시대

18C 말 주권재민(主權在民)이라는 자각에서 비롯된 프랑스대혁명
(1789)은 국가의 주체를 군주가 아닌 시민으로 바꾸고 국민국가를 탄
생시켰다. 당연히 전쟁도 국왕만의 관심사가 아니라 국민 스스로
의 일이 되었으며, 이에 따라 시민 중심의 대규모 국민군이 등장하
였다. 국가를 위해 자발적으로 전쟁에 참가하는 국민군은 규모나 질
적인 면에서 중세시대의 용병과는 비교가 될 수 없었다.[17] 이러한 배

경 속에서 진행된 나폴레옹 전쟁 시대
(1805~1815)는 전장이 보다 광역화되었
고 전쟁 수행의 방법에 많은 변화가 있었
다. 나폴레옹은 대규모의 국민군을 효율
적으로 운용하기 위해 사단과 군단을 편
성하였고 이들을 통제할 수 있는 예하 지
휘관을 임명함으로써 보다 광범위한 지
역에서 장기간에 걸쳐 다양한 전술을 적

나폴레옹(1769~1815)

---

17) 1792년 발미(Valmy)전투에서 시민의 혁명적인 열정과 애국심만으로 조직된 프랑스 국민군
대가 훈련과 엄격한 군기로 무장된 프로이센군을 격파함으로써 국민군대의 위력을 증명할
수 있었다.

용하였으며, 포위 기동, 패주하는 적에 대한 추격전 등과 같은 조직적인 작전을 수행할 수 있었다. 이전까지는 주로 일회성의 단기 결전으로 전쟁이 진행되었다면, 나폴레옹 전쟁 시대에는 광범위한 전장에서, 장기간에 걸쳐, 여러 개의 전투를 동시에 혹은 연속적으로 수행하는 양상으로 변모하였다는 데 큰 의미가 있다. 이 시기부터 '점(點)' 개념의 전투가 확장된 '면(面)' 개념의 전투를 통해 전쟁을 수행하게 된 것이다. 전쟁 수행 개념의 획기적인 변화를 가져온 나폴레옹 전쟁은 클라우제비츠(Clausewitz), 조미니(Jomini) 등의 군사이론가들에 의해 분석되어 오늘날까지도 군사사상의 근간을 이루고 있다.

나폴레옹 전쟁 이후부터 제1차 세계대전 이전까지는 2차 산업혁명(1827년)의 영향으로 무기의 대량생산 및 조달이 가능해졌으며, 후미장전식 소총, 기관총, 화포 등 신형 무기체계가 개발되었다. 또한 철도와 증기선 등 병력이나 물자를 운반할 수 있는 수송수단이 도입되었고, 전신(電信)·전보(電報) 등을 이용한 지휘통제체계가 등장하여 광범위한 지역에서 작전을 수행할 수 있는 능력과 작전을 통제할 수 있는 범위가 획기적으로 향상됨으로써 대규모의 전쟁을 수행할 수 있게 되었다. 특히 프러시아의 몰트케(Helmuth von Mltke)는 당시 과학의 발전과 발명에 주목하고 이를 군사적 운용에 연결시키고자 노력하였는데, 그는 보오·보불전쟁에서 철도와 전신을 전략적으로 활용하여 결정적인 지점과 시간에 적보다 우세한 부대를 집중시키는 방법으로 압도적인 승리를 달성하였다.

몰트케(1899~1891)

제1차 세계대전

　제1차 세계대전(1914~1918)은 참호, 철조망, 기관총으로 대변되는 진지전의 양상을 띠게 된다. 소위 '시체 위의 전투'라고 불릴 만큼 지독한 참호전이 지속되었고, 여기에 돌격주의 사상에 뿌리박은 전투방식이 더해지면서 그로 인한 피해만 늘어갔다. 당시에는 군사력의 효율적인 운용보다는 비록 밑이 새는 항아리이지만 누가 더 오랫동안, 더 많은 힘을 쏟아부을 수 있는지를 가지고 경쟁하였다. 즉 국가 총력의 한계가 전쟁의 승패를 좌우하는 대량 소모전의 양상으로 전쟁이 진행된 것이다. 산업혁명의 영향으로 무기체계가 획기적으로 발전했

제1차 세계대전은 참호, 철조망, 기관총으로 상징된다

던 것에 비해 이를 효과적으로 운용하는 전투수행 방식이 조화를 이루지 못한 결과였다.

　하지만 진지전을 타개하고자 보병과 포병의 긴밀한 협동과 기습 달성을 통해서 전선을 돌파하려 했던 독일군의 후티어(Hutier) 전술과 이에 대응하기 위해 종심을 이용한 방어진지를 편성하고 적 돌파부대에 대한 예비대의 역습을 강조하는 구로(Henry Gouraud)의 종심방어전술은 현대에서도 공격 및 방어작전의 기본적인 틀로서 적용되고 있다.

　또한 제1차 세계대전에서 처음으로 운용된 항공기와 전차 등의 새로운 무기체계들은 풀러(Fuller)의 마비이론, 리델 하트

(Liddell Hart)의 타격이론 등과 같은 기동전 이론과 두헤(Douhet), 미첼(Mitchell)의 항공이론이 등장하게 되었으며, 이는 제2차 세계대전에서 새로운 작전수행 개념을 발전시키는 계기가 되었다.

제2차 세계대전

제2차 세계대전(1939~1945)은 신무기의 개발과 새로운 전쟁수행 방법으로 인해 전쟁 양상이 진지전에서 기동전으로 변모하였다. 프랑스와 영국군은 제1차 세계대전에서 진지전을 승리로 이끌었던 경험으로 방어제일주의 사상에 젖어 있었던 반면, 독일군은 전차와 항공기를 이용한 전격전(電擊戰, Blitzkrieg)을 수행함으로써 단기간에 폴란드, 프랑스를 석권함으로써 세계를 놀라게 하였다. 정작 전차를 개발한 것은 영국이었고, 전차와 항공기를 이용한 기동 마비전을 제시한 사람도 영국의 풀러(Fuller)와 리델 하트(Liddell Hart), 프랑스의 드골(De gaulle) 등이었지만 이들의 주장은 군 수뇌부에 의해 거부당한 반면, 독일은 수뇌부의 절대적인 지지 속에 구데리안(Guderian)은 이들의 주장을 토대로 전격전 교리를 개발하고 판저 부대를 편성하여 실제 행동에 옮긴 것이다. 동일한 무기체계라도 그 운용방식에 따라 전혀 다른 결과가 나온다는 사실을 입증한 것이다.

전격전에서 기갑부대 운용

또한 제2차 세계대전에서는 육·해·공군의 군종이 명확하게 편성되어 합동작전을 수행할 수 있도록 군 구조가 발전되었고, 여러 나라의 군대를 통합하여 연합작전을 수행하는 것이 보편화되었다. 이 시기부터는 '면(面)' 개념이 아닌 '입체(立體)' 개념의 전투를 통해 전쟁을 수행하게 된 것이다.

그러나 태평양 전쟁을 종결시킨 핵무기의 등장은 이후에 전개된 냉전 시대에서 대량보복에 의한 억제전략에 치중하게 하였으며, 상대적으로 구체적인 전쟁수행 방법의 발전을 등한시하는 결과를 초래하였다.

현대

이념과 진영 간 갈등의 대결로 점철된 냉전 시대가 종식된 이후부터는 걸프전(1991년)과 같이 첨단기술 전력을 이용한 전쟁으로 변모하였다. 이에 따라 현대의 군사 선진국들은 군사혁신(RMA, Revolution of Military Affairs)을 통해 산업화시대의 군대를 넘어 정보화시대의 군대로 탈바꿈하기 시작하였으며, 전쟁 수행 방식도 네트워크에 기초한 정보전, 정밀타격전, 하이브리드전(Hybrid Warfare) 등의 양상으로 변화하였고, 전쟁의 공간은 입체 개념을 뛰어넘어 우주, 사이버 공간까지로 확장되었다.

그런데 현대전에서 또 하나의 두드러진 특징은 아프가니스탄전쟁이나 이라크전쟁과 같이 문화적 또는 종교적인 정체성에 기반을 두고 있는 반군 세력이나 국제 테러집단 등 비국가 행위자가 또 다른 전쟁의 주체로 등장하였고, 이들은 게릴라전, 테러리즘, 심리전 등 비대칭적인 방법으로 새로운 도전을 시도한다는 것이다. 린드(William S. Lind)나 헴즈(Thomas X. Mammes) 등은 이를 '4세대 전쟁'이라는 이론으로 설명하고 있다. 4세대 전쟁이론을 전쟁의 보편적인 현상으로 간주하는 데에는 분명히 한계가 있으나 새로운 위협을 인식하고 대비해야 한다는 차원에서는 매우 큰 가치가 있다고 본다.

2. 전쟁의 수준과 용병술 체계

용병술(用兵術)을 글자 그대로 해석한다면 '병(兵)을 사용하는 기술'이라 할 수 있다. 병(兵)은 군사, 군사력, 전쟁, 병력 등을 의미하는데, 여기에서는 군사력을 뜻한다. 그렇다면 용병술은 군사력을 효과적으로 다루는 기술쯤으로 볼 수 있겠다. 그런데 앞에서 알아보았듯이 전쟁의 양상은 규모, 범위, 수단과 방법 등의 측면에서 계속적으로 진화해 왔다. 전쟁에서 승리하기 위해서는 당연히 군사력(兵)을 다루는 기술 역시 전쟁의 진화에 부응하여 변화해야 한다. 예를 들어, 근세 왕조시대까지만 해도 왕이나 군주가 직접 전략을 구상하고 스스로 구상한 전략에 따라 야전에서 병력을 직접 진두지휘하여 전쟁을 치르는 것이 일반적이었지만 그 이후부터는 전략을 수립하는 역할, 수립된 전략에 따라 전체적인 군사작전을 구상하고 지도하는 역할, 야전에서 직접 전투를 수행하는 역할 등이 구분될 수밖에 없을 정도로 전쟁의 규모, 범위, 수단 등이 확장된 것이다. 따라서 현대전에서는 확장된 전쟁을 효율적으로 수행하기 위해 전쟁의 수준(level of war)을 구분하고, 수준별로 군사작전을 담당하는 제대와 적용해야 할 용병술을 따로 규정하고 있다.

■ 용병술의 개념과 세분화 과정

『군사용어사전』에서는 용병술(用兵術, Military Art)을 '국가안보전략을 바탕으로 전쟁을 준비하고 수행하는 지적(知的) 능력으로서, 국가안보목표를 달성하기 위한 군사전략, 작전술, 전술을 망라한 이론과 실제'라고 정의하고 있다. 앞에서 언급한 전쟁 양상의 변화에 따라 용병술의 개념이 어떻게 변화되어 왔는지를 분석해 보면 용병술의 정의를 보다 명확하게 이해할 수 있을 것이다.

다음의 [그림 1-2]는 고대로부터 현대에 이르기까지 용병술의 개념

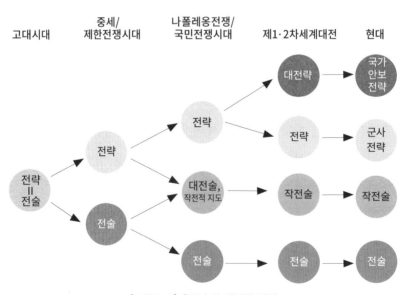

[그림 1-2] 용병술의 세분화 과정

이 변화되어 온 과정을 도해식으로 정리한 것이다.

용병술은 싸우는 기술이라는 측면에서 인간이 처음 전쟁을 시작하면서부터 존재했다고 볼 수 있다. 고대 소규모 부족 단위의 생존을 위한 싸움에서는 전략[18]과 전술은 동일한 영역이었다. 왜냐하면 부족의 왕이 직접 꾀를 내어 전쟁을 계획하였고, 또한 직접 현장으로 병력을 이끌고 나가 전투를 지휘하였으므로 동일 주체에 의해 전략과 전술이 적용되었기 때문이다. 더구나 당시에는 쌍방 간 밀집된 전투대형이 서로 충돌하여 힘의 우열을 가리는 결전 위주로 전투가 수행되었으므로 전략과 전술은 오늘날과 비교할 수 없을 정도로 단순하였다.

이후 중세시대와 제한전쟁시대로 접어들면서부터 무기체계가 발전되기 시작했으며 미흡한 수준이었지만 전쟁수행 방식이 나름대로 점차 조직화되어 갔다. 15C에 들어서면서 용병 상비군이 주축이 되어 전쟁을 수행하는 시기부터는 군주가 전쟁을 계획하는 전략의 영역과 용병이 전장에서 전투를 수행하는 전술의 영역이 구분되기 시작하였다. 그러나 돈으로 고용한 용병은 곧 군주의 재산을 의미하였기 때문에 결전(決戰)은 가급적이면 회피하였고 제한된 범위 내에서 전투를 수행하였으며, 군주들의 이해관계에 따라 전투가 종결되었으므로 전략과 전술 개념의 발전을 기대하기는 어려웠다.

나폴레옹전쟁 시대에는 프랑스 대혁명에서 기인한 국민군의 등장과 산업혁명에 따른 무기체계의 다양화, 대량화로 대규모의 전쟁 수행이 가능하게 되었다. 이에 따라 전쟁의 계획도 중요하지만 대규모

---

18) 동양적 의미의 전략(戰略)은 '싸움에서 이기기 위한 꾀'라는 뜻이며, 서양적 의미의 전략 (Strategy)은 '장군의 지휘술' 또는 '장군의 술'을 뜻한다. 이는 고대 희랍어 Strategos, Strategia 에서 유래되었다.

의 전쟁을 수행하기 위해 평시부터 전쟁물자·장비·병력, 훈련 등과 같은 전쟁 준비 분야 역시 중요하다는 사실을 인식하게 되었다. 즉 전략의 개념이 군사력의 운용뿐만 아니라 군사력 건설과 유지 분야까지 확장된 것이다. 또한 대규모 병력을 효율적으로 운용하기 위해 군단, 사단을 편성하였는데, 이러한 개개의 군단이나 사단에 적용하는 전술의 영역에 추가하여 이들 작전 전체를 통합하여 운용하는 대전술(大戰術, Grand Tactics)을 기존 전략과 전술 사이에 존재하는 제3의 영역으로 인식하기 시작하였다. 나폴레옹전쟁 시대 이후의 국민전쟁 시대에서도 이러한 제3의 영역이 필요함을 여전히 인식하고 있었으며, 이 시대의 대표적인 인물인 프러시아의 몰트케는 전략목표를 달성하기 위한 군사력 운용계획을 수립하고, 전술을 적용하는 군대들에 대한 이동과 배비에 대해 '작전적 지도(Operational Direction)'가 필요하다고 주장하였다. 이처럼 전략과 전술 사이에 새로운 용병술의 영역이 필요하다는 사실은 인식하였지만 이때까지만 해도 이 영역을 구체적으로 이론화하지는 못하였다.

　제1·2차 세계대전은 전쟁의 목적, 수단, 방법, 수행 규모 등 모든 면에서 새로운 양상이 나타났다. 전쟁은 완전한 국가총력전의 개념으로 발전하였고 이에 따라 주로 군사 분야에 국한되었던 전략의 개념이 보다 확장되어 정치지도자들이 다루는 대전략(大戰略, Grand Strategy)[19]과 군사 분야를 관장하는 전략으로 구분되었다. 그러나 진

---

19) 대전략은 리델하트의 전략론에서 언급되었다. 여기에서 대전략은 전쟁의 정치적 목적을 달성하기 위해 국가의 모든 자원을 조정, 관리하는 것으로서 전후의 보다 나은 평화상태를 유지하는 것를 추구해야 한다고 하였다. 전략은 대전략의 하위개념으로서 군사적 제 수단을 분배하고 적용하는 술이며, 대전략 추구를 위해 군사활동에 적절한 제한이 가해져야 함을 강조하였다. 즉 이전 시대의 전략을 군사 차원의 전략과 국가차원의 대전략으로 구분한 것이다.

지전 또는 대량소모전으로 대변되는 제1차 세계대전까지는 그 이전 시대에 제3의 영역으로 인식되었던 대전술(Grand Tactics), 작전적 지도(Operational Direction) 등에 대한 구체적인 개념이 더 이상 발전되지 않았고, 오히려 그러한 인식이 퇴보한 경향이 있다. 뒤를 이어 발발한 제2차 세계대전은 무기체계 및 군 구조의 발전에 따라 보다 광역화된 전장의 여러 지역에서 대규모의 작전들을 동시적·연속적으로 수행하게 되었고, 육·해·공군에 의한 합동작전과 여러 나라의 군대를 통합한 연합작전이 보편화되었다. 이러한 전쟁양상의 변화는 다시금 제3영역의 필요성을 인식하게 하였으며, 결국 이를 작전술(作戰術, Operational Art)[20]이라는 영역으로 공식화하고 구체적인 이론으로 발전시키는 계기가 되었다. 또한 제2차 세계대전에서는 육·해·공군의 편성과 이에 따른 역할의 증대로 인해 단순하게 전투력을 적에게 집중시키는 전술 개념에서 벗어나 보다 다양한 전술적 과업을 수행하는 것으로 개념이 확장되었다.

현대전에 들어서면서부터는 제1·2차 세계대전 당시보다 전략의 개념이 목적·수단·시기 면에서 더욱 확장되었다. 목적 면에서는 전쟁에서의 승리뿐만 아니라 전·평시의 국가이익을 모두 추구하게 되었고, 수단 면에서는 군사 분야뿐만 아니라 비군사 분야까지도 망라하여 다루며, 시기 면에서는 전·평시의 전 기간을 포괄하는 개념으로 확장된 것이다. 이에 따라 이전의 '대전략'은 국가의 안전을 보장하기 위해 국가의 군사 및 비군사적인 제반 수단을 망라하여 운용하는 '국

---

20) 소련의 육군 소장 스베친이 그의 저서 『전략』(1926)에서 '오뻬라찌브노에 이스꾸스뜨보(Операц йвное Искусство)'라는 용어를 처음 사용한 이후 소련의 「기본군사술어사전(1965)」에 공식적으로 반영되었다. 이는 영문 용어인 'Operational Art(작전술)'와 동일한 의미이다.

가안보전략(국가전략)'으로, 이전의 '전략'은 국가안보전략의 일부로서 군사적 수단과 관련한 '군사전략'으로 정립되었다.

이상에서 알아본 용병술 개념의 변화 과정을 이해하였으면, 다음과 같은 용병술의 정의도 쉽게 이해할 수 있을 것이다.

> 용병술은 국가안보전략을 바탕으로 전쟁을 준비하고 수행하는 지적 능력으로서, 국가안보목표를 달성하기 위한 군사전략, 작전술, 전술을 망라한 이론과 실제이다.

■ 전쟁의 수준과 용병술 체계

전쟁의 수준

용병술의 개념이 변화하면서 군사전략, 작전술, 전술로 3분화하게 된 이유는 전쟁을 수행함에 있어서 군사력을 운용하는 수준을 달리 해야 할 필요성을 인식했기 때문이다. 즉 국가적인 차원에서 군사 이외 분야와 협조하고 군사작전과 관련된 전략지침을 제공하는 수준(전략적 수준), 전략지침을 이행하기 위해 군사력 전반에 대한 운용계획을 수립하고 전체 군사작전을 지휘 및 통제하는 수준(작전적 수준), 전체 군사작전의 일부로서 전투를 수행하는 수준(전술적 수준)으로 구분하고 각 수준에 부합하는 용병술을 적용하는 것이 훨씬 더 효율적으로 전쟁을 수행할 수 있다고 판단한 것이다.

다음의 〈표 1-2〉는 전쟁의 수준과 수준별로 담당해야 할 주요 역할을 제시한 것이다.

〈표 1-2〉 전쟁의 수준(Levels of war)과 주요 역할

전쟁의 수준	개념 / 주요 역할
전략적 수준	▶ **국가적 차원에서 전략을 적용하여 전쟁을 억제, 대비, 수행하는 수준** • 국가전략적 수준 　전쟁의 목적과 목표를 설정하고 전쟁 수행 개념을 구상하여 전쟁을 지도하고, 국제적인 협력과 국가 동원을 보장하며, 정부 각 기관에게 과업을 부여하고 정부 기관의 모든 노력이 전쟁 목표 달성에 기여할 수 있도록 조정 및 통제 • 군사전략적 수준 　군사작전을 위한 전략지침을 수립, 하달하고 군사작전을 지도하는 동시에 군사작전 소요를 판단하여 부족 소요를 정부 각 기관에 제기 및 확보하며, 작전부대에 과업을 부여하고 자원을 할당
작전적 수준	▶ **작전술을 적용하여 전역과 주요작전을 수행하는 수준** 전략지침을 실제 행동이 가능한 군사작전으로 전환하여 예하 작전부대들로 하여금 부여된 과업을 완수하기 위한 작전계획을 발전시키게 하며, 작전수행 간 전술제대의 전투를 연속적·동시적으로 조직하고 전술에 유리한 상황을 조성하며 전술적 수준에서 달성한 성과를 확대하여 궁극적으로 전략적 승리로 귀결시킴
전술적 수준	▶ **전술을 적용하여 전투와 교전을 수행하는 수준** 전투부대를 이동 및 배치하고 직·간접 화력을 사용하여 적 부대를 격멸하거나 지형을 확보함으로써 작전적 수준에서 요구하는 최종 상태 달성에 기여

■ 용병술 체계

　국가의 존망을 결정하는 전쟁은 대부분 국가총력전 개념으로 수행된다. 이는 전쟁이 군사력만으로 수행하는 것이 아니라 국가의 제반 수단이 총동원됨을 의미한다.

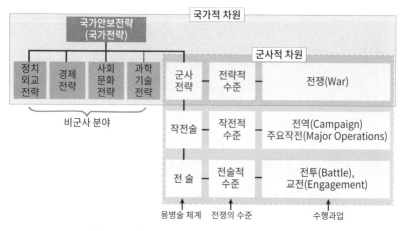

[그림 1-3] 용병술 체계와 전쟁의 수준과의 관계

위의 [그림 1-3]에서 제시하고 있듯이, 국가안전보장전략(국가전략)
은 국가이익과 관련한 국가목표를 추구하기 위하여 군사 분야 이외에
도 정치, 외교, 경제, 사회, 문화, 과학기술 등의 분야별 전략을 포괄
한다. 국가전략은 국가가 추구하는 이익이 무엇이며, 다양한 이익들
의 우선순위는 무엇이고, 어떤 국력 수단들이 개별적인 이익과 전체
적인 이익 달성에 이용 가능하고 적절한가를 결정한다. 따라서 국가
전략은 필연적으로 정치적인 영역이며, 국가전략적 수준의 문제들을
전적으로 군사적인 측면에서만 평가하거나 순수한 군사적 대안만으
로 해결할 수는 없다.

이제 군사 분야에 초점을 맞추어 보겠다. 전쟁의 수준별로 군사전
략, 작전술, 전술이라는 용병술이 적용됨은 앞에서 기술한 바와 같다.
그런데 이러한 3분법적인 용병술이 전쟁의 수준별로 제각각 독립적
으로 적용되어서는 안 된다. 상위 용병술은 하위 용병술에 대하여 목

표(Ends), 방법(Ways), 수단(Means)을 제공하고 하위 용병술을 지도해야 하며, 하위 용병술은 상위 용병술에서 부여한 과업을 수행함으로써 상위 용병술에서 추구하는 목표를 달성해야 한다. 이와 같이 상·하위 용병술이 서로 연관된 총체적인 노력이 궁극적으로 국가목표를 달성하게 하는 것이다. 이것이 바로 용병술 체계이다.

용병술 체계(Military Art System)란 '국가목표를 달성하기 위하여 국가통수기구로부터 전투부대에 이르기까지 군사력의 운용 수준을 구분하고, 수준 간의 관계를 체계화한 것'을 말한다. 다시 말해서, 전쟁을 보다 효율적으로 수행하기 위해서는 군사전략–작전술–전술이 계층화된 전쟁의 수준별로 적용되는 동시에 세 개의 용병술 톱니바퀴가 정확히 맞물리면서 작동되도록 체계화된 것을 의미한다.

각각의 용병술이 연관되면서 부여된 과업을 수행하는 과정을 다음의 [그림 1–4]처럼 개념도로 표현해 보았다.

먼저 군사전략(Military Strategy)에서는 국가전략적 수준에서 제시한 국가목표를 군사적인 측면에서 달성할 수 있도록 군사전략지침을 수립해서 작전술 제대에 하달한다. 이 군사전략지침은 군사작전계획을 수립하는 데 기초가 되는 군사전략목표, 군사전략개념, 군사자원의 할당 등이 포함되며, 필요시에는 정치적 제한사항[21]이 추가된다.

작전술(Operational Art)은 군사전략지침에 기초하여 전역[22] 또는 주

---

21) 정치적 제한사항은 정치적 목적 달성에 부정적 영향을 미치거나 전쟁수행에 악영향을 유발할 수 있는 파괴적, 폭력적인 군사적 행동을 제한하는 것이다. 전략적 수준에서는 외교협정이나 주변국 및 동맹국의 정치, 외교, 경제 상황 등을 고려한 정치적인 이유로 해서는 안 될 '금지사항'과 반드시 수행해야 할 '제약사항'을 요구한다. 작전적 수준에서는 정치적 제한사항을 식별하고 그 범위 내에서 군사작전을 계획하고 시행함으로써 정치적 요구에 부응해야 한다.

22) 전역(戰役, Campaign)이란 전략적·작전적 목표를 달성하기 위해 실시하는 일련의 연관된 주요 작전을 말한다. 전역은 수주 또는 수개월의 장기간에 걸쳐 이루어지며 그 이상으로 확대될 수도

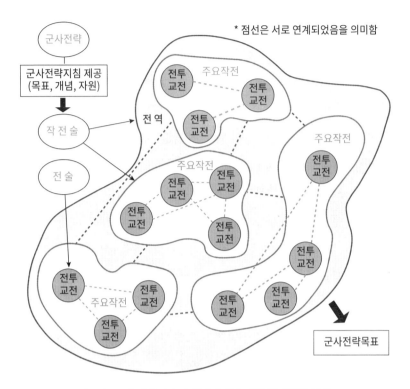

[그림 1-4] 각 용병술의 역할과 상호간의 체계적인 연계

요작전[23]에 대한 계획을 수립하고 이를 실천하며, 전술제대들에게 과업을 부여한다. 작전 수행 간에는 전술제대들이 전투를 수행하는 데 유리한 여건을 조성해 주고, 개개의 전투들을 효과적으로 조직 및 연계시키며, 전술에서 달성한 성과를 확대함으로써 군사전략목표를 달

있다. 전역은 통상 하나의 전구(戰區) 내에서 수행된다.

* 전구(戰區, Theater): 단일의 군사전략목표 달성을 위해 지상·해상·공중작전이 실시되는 지리적 지역을 말한다. 즉 합동작전을 기본으로 하는 전역 및 주요작전이 수행되는 지리적 공간을 말한다.

23) 주요작전(主要作戰, Major Operations): 단일 군 또는 2개 군 이상의 대규모부대가 부여된 작전지역 안에서 작전적 목표 달성을 위해 실시하는 일련의 전투 및 교전이다. 전역에서의 특정 작전단계는 하나의 주요작전이라 할 수 있다.

성한다.

전술(Tactics)은 전투[24] 또는 교전[25]을 통해 작전술에서 부여한 과업을 달성한다. 전투의 결과가 승리가 되었건 패배가 되었건 간에 이들 결과의 총합은 작전적 수준의 결과로 이어진다.

이상에서 설명했던 내용을 전쟁의 수준, 각 수준에서 담당하는 군사작전의 영역과 적용해야 할 용병술, 그리고 구체적인 역할을 하나의 도표로 종합하여 제시하면 다음의 〈표 1-3〉과 같다.

〈표 1-3〉 전쟁의 수준-담당 영역-용병술-역할 간의 관계

전쟁수준	담당 영역	용병술	역할
전략적 수준	전쟁	국가전략	- 전쟁 기획 및 준비 - 전쟁 지도(정부 각 기관에 과업 부여, 조정 및 통제) - 국제적인 협력, 국가동원 보장
		군사전략	- 군사작전을 위한 전략지침 수립, 하달 - 군사작전 소요 판단 및 확보 - 군사작전 부대에 과업 부여, 자원 할당 - 군사작전 지도
작전적 수준	- 전역 - 주요작전	작전술	- 전략지침을 군사작전으로 전환 - 전술제대들의 전투를 연속적·동시적으로 조직 및 연계 - 전술에 유리한 상황 조성, 전술적 성과 확대
전술적 수준	- 전투 - 교전	전술	- 전투력 조직 - 전투부대를 이동 및 배치 - 기동 및 직·간접화력 운용, 적 부대 격멸 또는 지형 확보

---

24) 전투(戰鬪, Battle): 전술적 수준의 목표를 달성하기 위해 통상 군단급 이하 제대가 실시하는 협조된 군사활동으로서, 수 개의 전투와 교전을 포함할 수 있다.

25) 교전(交戰, Engagement)은 전술적 목표를 달성해 나가는 과정에서 발생하는 조우전 성격의 소규모 충돌행위를 말한다.

〈표 1-3〉에서 국가전략은 국가적인 차원에서 수행하는 역할이므로 군사력을 사용하는 용병술의 범주에는 포함되지 않는다.

이제 정리하는 차원에서 전쟁의 수준별로 적용한 용병술이 체계적으로 연관되어 전쟁을 성공적으로 이끌었던 걸프전(1991년)을 예로 들어 보겠다.

❖ 용병술의 실제적인 적용 '예'(걸프전, GULF WAR)

▶ 기 간: 1991. 1. 17.~2. 28.
▶ 개 요: 쿠웨이트 침탈을 계기로 미국, 영국, 프랑스 등 34개국으로 구성된 다국적군이 이라크를 상대로 하여 이라크·쿠웨이트를 무대로 전개한 전쟁

전략적 수준

조지 부시(George H. W. Bush) 미 대통령은 UN 안보리 결의에 따라 '중동의 안정과 합법적인 쿠웨이트 정부의 회복'이라는 국가전략지침을 미 합참에 하달하였다. 미 합참의장은 국가전략지침에 따라 군사전략목표를 '쿠웨이트로부터 이라크군을 축출하는 것'으로 설정하고, 군사전략개념으로 '이라크의 전쟁수행 의지 및 전력의 약화와 단기결전을 통한 인명피해 최소화'를 제시하였으며, 미 제18공정군단을 비롯한 다수의 부대를 가용자원으로 하는 군사전략지침을 미 중부사령부에 하달하였다.

작전적 수준

미 중부사령관은 '쿠웨이트로부터 이라크군을 축출'하라는 군사전략목표를 달성하는 데 기여하기 위해 '사우디아라비아로 확전을 방지하며, 쿠웨이트에 주둔하고 있는 이라크군의 퇴로와 증원을 차단한 후 쿠웨이트 내의 이라크군을 격멸하고, 쿠웨이트 정부를 회복한다.'는 작전목표를 설정하였다. 그리고 이를 달성하기 위해 약 40만 명의 다국적군을 사우디아라비아에 배치하는 '사막의 방패작전(Operation Desert Shield)'과 미국의 제18공정군단과 제7군단, 해병원정군을 포함한 중부사령부와 사우디아라비아를 주축으로 한 아랍 다국적군으로 하여금 쿠

웨이트 내의 이라크군을 공격하여 격멸하기 위한 '사막의 폭풍작전(Operation Desert Storm)'을 계획함으로써 미 합참의 군사전략지침을 군사작전계획으로 전환하였다.

사막의 폭풍작전은 이라크군 격멸이라는 최종 상태를 달성하기 위하여 4단계의 작전계획을 수립하였다. 이를 위해 작전개념을 단계화하였는데, 1단계 작전은 전략공군에 의한 이라크 전쟁지휘부 무력화, 2단계 작전은 공군에 의한 이라크 방공망 제압, 3단계 작전은 공군에 의한 이라크 지상군 공격, 4단계 작전은 지상작전을 통해 이라크 지상군을 격멸하는 것이었다.

특히 작전적 수준에서는 4단계 작전 간 전술제대들의 작전에 유리한 여건을 조성해 주는 데 노력을 집중하였다. 지상작전 이전부터 항공작전을 통해 이라크군 지상전력을 최대한 감소시킴으로써 전술제대의 지상공격 간 효과적인 저항이 어렵게 하였으며, 제18공정군단과 제7군단을 지상공격 이전에 서쪽으로 약 250마일 이격된 지역으로 은밀하게 이동시켜 포위기동에 유리한 위치를 점령케 하였고, 전투에 필요한 충분한 연료, 탄약, 수리부속, 식수 및 식량 등을 동시에 전개하였다. 또한 해병원정군으로 하여금 페르시아만에서 양동작전을 수행토록 함으로써 쿠웨이트 내의 이라크군 주력을 고착시켜 제18공정군단과 제7군단이 이라크군의 증원 및 퇴로를 차단하고 측방으로 포위공격을 할 수 있는 여건을 조성하였다.

전술적 수준

연합군의 각 전술제대들은 작전적 수준에서 수립한 작전계획을 기초로 전술적 수준에서의 구체적인 행동 계획을 수립하고 전투를 효과적으로 수행함으로써 작전적 수준에서 설정한 목표를 달성하였다. 제7군단은 주공으로서 중앙으로 공격하여 이라크군 주력을 포위 공격하는 임무를, 제18공정군단은 조공으로서 연합군의 서측방을 방호하고 이라크군의 증원 및 퇴로를 차단하는 임무를, 제1해병원정군과 아랍동맹군은 쿠웨이트-사우디아라비아 국경을 연하여 이라크군을 고착 및 견제하기 위한 임무를 수행하기 위해 구체적인

걸프전에서 각 전술제대들은 긴밀한 협조 하에 부여된 과업을 달성, 작전적 목표를 달성하였다.

계획을 수립하고 전투를 효과적으로 수행함으로써 작전적 수준에서 요구하는 최종 상태를 조성하고 작전목표를 달성하였다.

"월남전에서 우리는 군사전략목표를 작전목표로 전환해 주는 작전적 수준의 지휘관이 없었기 때문에 어디에 초점을 두어야 하는지를 알 수 없었다. 전체를 조망하는 시각을 잃어버리고 예하부대들의 전술적 활동이 초점을 잃어버리게 되면, 전투에서는 승리할 수 있을지 모르나 작전적으로는 임무 달성에 실패할 수밖에 없다. 이것이 바로 우리가 베트남에서 실패한 이유이다. 우리는 전술적 승리에 도취되어 이러한 전술적 승리의 합(合)이 우리가 추구하는 전략목표의 달성을 보장해 주지 못한다는 것을 깨닫지 못했다."

〈John F. Meehan III, "The Operational Trilogy"〉

"개개의 전투는 그 자체로 완결되는 목적과 의미를 가지고 있지는 않다. 말할 것도 없이 개개의 전투는 보다 포괄적인 의도나 계획 속에 위치하며, 수단으로서의 측면이 있다."

〈Ikujirou Nonaka, "The Leadership of Winners"〉

3. 전술의 영역

▌우리의 군사조직과 용병술 체계

이제까지 용병술 체계의 역할에 대해서 논의하였는데, 우리는 실제적으로 어느 조직에서 이를 수행하는 것일까? 우리나라에서 전쟁을 수행하는 조직과 그들이 적용하는 용병술 체계를 배열해 보면 대체로 다음의 [그림 1-5]와 같다.

국가전쟁지도기구	국방부	합동참모본부	작전사령부	군단 이하
국가전략		군사전략	작전술	전술
전략				

[그림 1-5] 우리의 전쟁수행 조직과 용병술 체계

먼저 국가전쟁지도기구는 국가 최고지도자(대통령)와 군사·정치·외교·경제·사회 및 문화·과학기술 등 정부의 핵심 장관 및 그에 관련된 요원들을 통합하여 전쟁을 지도하는 집단을 구성한 것이다. 국방부장관도 대통령[26]의 전쟁지도를 보좌하는 핵심 주무장관으로서 여기에 포함된다. 국가전쟁지도기구에서는 '국가전략'을 적용하여 전쟁을 수행한다.

군사 최상위기관인 국방부와 합참은 '군사전략'을 담당한다. 이때 국방부는 국가전쟁지도기구의 일부로서 국가전략을 적용하는 동시에 군정(軍政)[27]과 군령(軍令)[28] 분야를 모두 관장하는 군사전략도 동시에 적용한다. 그러나 실제적으로 국방부는 군사력 건설 분야(양병, 養兵)에 치중하고 합참이 군사력 운용 분야(용병, 用兵)에서의 중심적인 역할을 담당하게 된다. 합참은 국가전쟁지도기구에서 제시한 국가안보전략 목표를 달성하기 위한 군사전략지침을 작전사령부에 하달하고 군사작전을 지도한다.[29]

합참은 전략제대인 동시에 최상위의 작전술 제대로서의 역할을 담당한다.[30] 즉 합참의 작전본부는 합참의 전략기획본부로부터 전략지침을 수령하고 이를 기초로 전역계획을 수립, 시행한다. 각 지·해·공군 작전사령부[31]는 전역을 구성하는 주요작전을 수행하는 주체로서 작전술 제대이다.

군단급 이하의 전투부대는 전술제대로 구분하고 있다.

---

26) 대통령은 국군통수권자로서, 최고사령관의 직책으로 군사전략의 주체도 될 수 있다는 견해도 있다.
27) 군정(軍政, Military Administration)이란 국방목표 달성을 위해 군사력을 건설, 유지, 관리하는 기능이다.
28) 군령(軍令, Military Command)은 국방목표를 달성하기 위해 군사력을 운용하는 기능을 말한다.
29) 현재의 한·미 연합방위체계하에서는 한·미 국가통수기구에서 하달한 지침을 기초로 한·미 합참의장으로 구성된 군사위원회(MC: Military Committee)에서 연합군사령부로 전략지침을 하달하게 된다.
30) 현재의 한·미 연합방위체계하에서는 연합군사령부가 최고의 작전사령부이다.
31) 현재의 한·미 연합방위체계하에서는 각 구성군사령부가 그 역할을 대신한다.

■ 작전술과 전술의 한계

앞서 전술은 군단급 이하의 전투부대들이 적용한다고 하였는데, 이는 보편적인 기준일 뿐이며 획일적으로 구분되는 개념은 아님에 유의하여야 한다. 전쟁의 수준은 부대의 규모, 유형, 지휘 수준에 관계없이 부대가 수행하는 역할에 따라 구분되는 것이기 때문이다. 이처럼 보편적인 구분에서 벗어나 수행하는 역할에 따라 구분되는 경우를 제시한다면 다음과 같다.

첫째, 군단급 이하의 특정 전술제대가 국외의 분쟁지역에 투입되어 별도의 전역을 담당하고 독립적인 작전을 통해 군사전략 목표를 달성하는데 기여하였다면 그것은 분명 작전적 수준의 임무를 수행하였다고 볼 수 있다.

둘째, 마찬가지로 군단급 이하의 전술제대가 전역에서 가장 핵심적인 주요작전(예컨대 전체 전역에 영향을 미치는 상륙작전이나 공중강습작전 등을 수행하는 경우)을 수행하는 경우이다. 이 또한 부대 규모와 관계없이 작전적 수준의 임무를 수행한 것으로 간주할 수 있다.

셋째, 소규모의 특수작전부대가 군사전략목표 달성에 직접 기여하는 경우이다. 예를 들어 2011년에 있었던 '아덴만 여명작전(Operation Dawn of Gulf of Aden)[32]'을 수행한 한국의 청해부대나 '넵튠 스피어 작전(Operation Neptune Spear)[33]'에 참가한 미 특수부대는 비록 소규

---

32) 해군 특수작전부대인 청해부대가 소말리아 해적에게 피랍된 한국 선박 삼호 주얼리호를 아덴만 해상에서 구출했던 작전의 명칭

33) 오사마 빈 라덴을 사살하기 위해 미 네이비씰의 대테러 특수부대(DEVGRU)에 의해 수행된 작전의 명칭으로, 넵튠 스피어(Neptune Spear)란 로마신화에 나오는 '바다의 신'이 손에 들고 있는 창을 의미한다.

〈아덴만 여명작전〉

모의 특수작전부대로서 전술적 수준의 작전을 수행하였지만 그 작전의 결과는 전략적 수준의 목표를 달성하는데 직접적으로 기여하였기 때문에 그들이 작전적 수준의 역할을 하였다고 볼 수 있다.

이러한 경우들을 고려해 본다면 작전적 수준과 전술적 수준의 경계는 획일적인 것이 아니라 상호 중첩되어 있음을 알 수 있다. 더구나 앞으로는 제대별로 부대의 구조, 무기체계, 편성 등 제반 능력이 훨씬 더 향상될 것이 분명하므로 중첩되는 영역은 점차적으로 확장될 것이다. 따라서 전술제대에서도 상위 수준과의 연계성을 고려하여 작전적 수준을 올바로 이해하고, 필요에 따라 작전적 임무를 수행할 수 있도록 능력을 갖추어야 한다.

■ 전술의 본질적인 성격

용병술 체계 속에서 전술은 군사전략, 작전술과 더불어 전쟁이 추구하는 목적을 달성한다. 하지만 전술은 군사전략, 작전술과는 본질적으로 다소 상이한 성격을 지니고 있는데, 이를 정리해 보면 다음과 같다.

첫째, 군사전략은 전쟁 억제를 우선적으로 고려하고, 작전술은 가급적 전투를 최소화하는데 주안을 두지만, 전술은 전투라는 유혈수단을 직접 사용하여 적을 격멸하는 데 주안을 둔다.

둘째, 군사전략과 작전술은 적대행위나 적 접촉 이전에도 많은 관심을 기울이며 하위 용병술에 대한 지도에 노력을 집중하지만, 전술은 일반적으로 적과 접촉한 이후에 관심을 두며 현장 중심, 군사행동 위주의 실천지침으로서의 성격이 강하다.

셋째, 군사전략과 작전술은 광범위한 지역과 장기적인 안목에 기초하여 그 역할을 수행하지만, 전술은 이미 조성되어 있는 가용한 전투력으로 상급부대에서 지정해 준 한정된 공간에서, 단기적인 작전을 수행한다.

이러한 점들을 종합적으로 고려해 보면 전술은 군사전략, 작전술과 비교하여 적과 협상의 여지가 거의 없으며, 한정된 시·공간 내에서 촌각(寸刻)을 다투고, 상황의 변화가 급격한 환경 속에서 적용되는 것임을 알 수 있다.

■ 전술제대에 요구되는 관점

우리는 흔히 전투가 그 규모에 관계없이 지정된 공간 내에서, 특정 기간 동안 이루어지기 때문에 독립적인 상황으로 인식하는 경향이 있는데, 그러한 인식은 자칫 다른 전투에는 관심이 없고 자신의 전투에만 전력투구함으로써 각 전투들이 상호 연계되지 못하고 급기야 전체 작전을 그르치는 오류로 연결될 우려가 있다. 따라서 전술제대에게는 다음과 같은 관점이 요구된다.

첫째 상위의 전술제대일수록 상위 용병술 수준의 안목을 구비해야 한다. 즉 전체적인 군사작전을 대관(大觀)하면서 작전을 수행함으로써 자신의 작전이 상위 용병술에서 추구하는 목표 달성에 기여할 수 있는 방향으로 전술을 적용해야 한다.

둘째 전술제대라 할지라도 작전술적인 사고를 견지해야 한다. 전술제대 내부에는 또 다른 예하 전술제대가 편성되어 있으므로 그들이 수행하는 전투들을 동시적, 연속적으로 연계되도록 운용해야 하며, 이들이 효과적으로 전투를 수행할 수 있는 여건, 즉 유리한 전술적 상황을 조성해 줄 수 있어야 한다. 이러한 측면에서의 역할은 작전술과 다를 바가 없다.

셋째, 하위의 전술제대들은 상급 전술제대에서 추구하는 작전의 목적을 이해하고, 이를 달성하기 위해 타 부대와 협조된 작전을 수행해야 한다. 즉 상급 전술제대가 예하 전술제대에 유리한 여건을 조성해 주고 전투를 지도하는 역할에 부응하여 예하 전술제대들도 스스로 상호 협조된 작전을 실시함으로써 상급부대가 추구하는 목표를 달성하기 위한 노력의 통일과 집중이 이루어져야 하기 때문이다.

❖ 전체 작전을 그르친 '예'(굼빈넨 전투)

제1차 세계대전 시 독일의 몰트케는 러시아의 공격에 대비하여 동부전선에 프리트비츠(Prittwitz)가 지휘하는 제8군(4개 군단과 1개 기병사단으로 구성)을 배치하였다. 대치하고 있는 러시아는 레넨캄프의 제1군으로 독일 제8군을 견제하여 전선에 고착시키고, 삼소노프의 제2군을 남방으로 대규모로 우회하여 독일 제8군의 병참선을 차단한 후 배후로부터 공격하는 계획을 세웠다.

독일 제8군의 프리트비츠는 러시아의 주력을 안게라프강을 연하는 선으로 유인하여 기습타격을 가할 계획이었다. 그러나 러시아 제1군의 제3군단이 동프로이센 영토로 진입하자 다혈질인 독일군 제1군단장 프랑소와는 현 전선을 박차고 30Km 전방의 굼빈넨(Gumbinnen)까지 나아가 러시아 제3군단을 공격하였다. 이 전투에서 러시아 제3군단에게 피해를 입히고 국경선으로 후퇴케 하였으나 계속되는 전투에서 위험에 처하게 되고, 이를 구원하기 위해 독일 제17군단과 제1예비군단마저 투입하게 되어 굼빈넨 지역에서 혼란에 빠지게 되었다. 독일 제1군단장 프랑소와의 독단적인 행동은 최초에는 전술적 승리를 달성하였으나 결과적으로는 애초 러시아 제1군을 영토 내로 유인하여 안게라프강에서 격멸하려 했던 방어계획을 무용지물로 만들었다. 독일 제1군단장은 전역 전체를 바라보지 못하고 자신의 상황만을 생각함으로써 전체적인 작전에 위배되는 행동을 한 것이다.

4. 전술의 정의

　전술(Tactics[34])은 꼭 군사적인 분야가 아니더라도 매우 일반적으로 사용되는 용어로서 운동경기에서 특히 많이 사용한다. 운동경기 역시 승패를 결정하는 싸움의 일종이기 때문이다. 그래서 군대나 운동선수 공히 전술을 '싸워서 이기기 위한 방법'으로 쉽게 표현할 수 있을 것이다. 우리 군에서는 정립된 전술의 정의는 아래와 같이 주체, 목적, 수단, 그리고 실체에 대하여 구체적으로 명시되어 있다.

> 전술이란 '군단급 이하의 전술제대[35]가 전투에서 승리하기 위하여 전투력을 조직하고 운용하는 과학과 술이다'

▶ 전술의 주체: 군단급 이하의 전술제대
▶ 전술의 목적: 전투에서 승리
▶ 전술의 수단과 방법: 전투력 조직 및 운용
▶ 전술의 실체: 과학과 술

---

34) '배열하다, 정돈하다'라는 의미의 그리스어 'TAKTIKOS'에서 유래되었다.
35) 우리의 육군에서는 일반적으로 군단급 이하 제대를 전술제대로 규정하고 있다.

그러면 전술의 정의에 반영된 주요 용어들을 설명함으로써 보다 명확한 의미를 알아보겠다.

▌전투

전투(戰鬪, Battle[36])란 전술적 수준의 목표를 달성하기 위하여 실시되는 통상 군단급 이하 제대의 협조된 활동으로서 주어진 시간과 공간 내에서 상호 대립하는 전투력이 직접 충돌하는 군사행동을 말한다. 전투는 교전을 포함하고 있는데, 교전(交戰, Engagement)은 전술적 목표를 달성해 나가는 과정에서 발생하는 조우전 성격의 소규모 충돌행위를 말한다. 하나의 전투는 다시 수 개의 전투 및 교전으로 이루어지며 이들은 임무 달성에 직·간접적으로 기여할 수 있도록 상호 연계성을 유지하여야 한다. 예를 들어 하나의 전투가 성공하면 그 전투를 계기로 다음 전투에서 성과를 확대할 수 있어야 하며, 하나의 전투가 실패하더라도 그 전투로 인해 적에게 발생한 약점을 이용하여 실패를 만회할 수 있어야 한다. 또한 보다 중요한 전투에서 승리하고자 한다면 다른 전투에서의 위험을 감수할 수도 있어야 한다. 전투의 최종적인 결과는 그 전투 속에서 이루어지는 개개의 전투 또는 교전이 제각기 독립적으로 이루어지지 않고 상호 연계되었을 때 최상의 성과를 얻을 수 있기 때문이다.

---

36) 전투를 'Combat'으로 표기하는 경우도 있는데, 이는 전쟁의 수준과는 무관하게 일반적으로 사용하는 용어이다. 전술적 수준에서 수행되는 전투를 지칭할 경우에는 반드시 'Battle'로 표기하고 사용해야 한다.

▌전투력을 조직 및 운용

전투력을 조직 및 운용한다는 것을 바꾸어 말하면 전투에서 승리할 수 있을 만한 조직으로 만들고, 이를 효과적으로 사용하는 것으로 보다 구체적으로 설명하자면 다음과 같다.

먼저 '전투력를 조직'한다는 의미는 가용한 전투력으로 전술집단을 편성하고 제병협동작전[37]이 가능하도록 전투, 전투지원, 전투근무지원부대를 구성하는 것이다.

전술집단은 하나의 부대를 전투에 필요한 역할을 기준으로 수 개의 집단을 구분하는 것이다. 예를 들어 공격작전의 전술집단으로는 주공, 조공, 예비대, 후속부대, 후속지원부대 등을 편성할 수 있고, 방어작전의 전술집단으로는 주방어부대, 예비대 등으로 편성할 수 있는데, 이는 보편적인 경우이며 작전의 형태에 따라서 다른 전술집단을 편성할 수도 있다.[38] 그리고 공격작전과 방어작전 공히 경계부대와 적지종심작전부대를 전술집단으로 편성할 수 있다.

제병협동작전이 가능하도록 부대를 구성하는 것은 보병, 기갑, 항공, 방공 등의 전투부대, 포병, 공병, 정보통신, 정보, 화학, 군사경찰 등의 전투지원부대, 그리고 보급, 정비, 탄약, 수송 의무 등의 전투근무지원부대 등을 혼합하여 구성함으로써 단일부대가 발휘할 수 없는 전투력의 상승효과를 추구하는 것이다. 보통 대대급 이상의 전술제대는 제병협동부대로 편성한다. 또한 부대가 보유하고 있는 병력, 무기,

---

37) 제병협동작전(諸兵協同作戰)은 보병, 기갑, 포병, 공병, 방공, 항공, 기타 전투지원 및 전투근무지원부대 등 2개 이상의 병과부대를 동시·통합하여 운용하는 것이다.
38) 공격작전 시 추격이라는 작전의 형태를 적용하였다면 전술집단으로 정면압박부대, 퇴로차단부대, 예비대 등을 편성하는 것을 그 예로 들 수 있다.

장비, 물자 등의 유형 전투력과 정신력, 사기, 군기, 훈련 등의 무형 전투력을 조화시키는 것도 전투력의 조직으로 볼 수 있다.

'전투력의 운용'이란 조직된 전투력을 효과적으로 사용하는 것이다. 다음 장에서 설명하겠지만 전투가 성립되는 조건은 피·아의 전투력, 시간, 공간이라 할 수 있는데, 이를 전투의 3요소라 한다. 나의 전투력을 이 전투의 3요소를 고려하여 조화시켜 나가는 것이 곧 전투력을 효과적으로 사용하는 것이다. 다시 말하면 전투력 운용이란 상대하는 적 전투력의 편성·교리·기도 등을 고려하면서 적의 약점을 집중적으로 이용할 수 있어야 하고, 주어진 시간과 공간이 자신에게 제공하는 유리점과 불리점을 정확히 판단하여 유리하게 작용하는 점은 최대한 활용하고, 반대로 불리하게 작용하는 점은 그 영향을 최소화할 수 있는 방법으로 전투력을 사용하는 것을 의미한다.

■ 과학과 술

상위 용병술인 군사전략, 작전술과 더불어 전술도 역시 과학(Science)과 술(Art)의 복합체이다.

전술의 과학적인 영역은 실제 전투나 전투 전사 등을 대상으로 관찰과 연구, 실험을 통해 입증된 전술의 객관적인 원리·원칙[39], 방법,

---

39) 예컨대, '전투력이 우세하면 승리하고 열세하면 패배한다.(優勝劣敗)'라든지 '전투력을 집중하면 강해진다.' 등은 동서고금의 전사(戰史)로부터 도출된 객관적인 원리·원칙과 관련된 과학적 영역이다.

기술 및 절차, 각종 제원 등을 말하며, 이는 논리적이고 체계적인 경험 지식이다. 전술 교리로 정립되어 교범에 반영된 대부분의 내용들은 모두 이 과학적 영역에 속한다. 과학적 영역은 기상, 지형에 의해 영향을 받는다.

전술의 술적인 영역은 직관과 통찰력에 의한 운용 능력이며, 고도의 전투 감각이 지배하는 영역이다. 술적인 영역은 창의력에 의해서 가치를 발휘할 수 있다. 창의력은 과학적인 능력에 부가하여 교육, 훈련, 연습, 실전경험 등을 통해 얻을 수 있는 발전된 능력이다.

전투가 마치 기계처럼 동일한 패턴으로 진행된다면 술적인 영역은 불필요할 것이며, 전투 시에는 산출된 제원만을 기준으로 판단하고 교리에 따라서만 행동하면 될 것이다. 어쩌면 누가 더 교리에 충실하였느냐가 전투의 승패를 좌우할지도 모를 일이다. 그러나 전투는 마찰과 불확실성이라는 필연적인 특성을 지니고 있다. 그래서 전투 상황은 항상 동일하게 반복되지 않기 때문에 과학적 측면만으로는 다양한 전투상황에 대처하기 어렵다. 또한 동일한 상황에 대한 보편적인 과학적 판단은 피·아 공히 비슷하기 때문에 적 입장에서도 아군의 행동에 대한 예측이 가능하다는 자체적인 한계가 있다. 따라서 전술은 과학적인 영역과 술적인 영역이 공존할 수밖에 없는 것이다.

기본을 제대로 익히지 못한 상태에서 화려한 기교를 부릴 수 없듯이 과학적 측면에서의 능력이 기반이 되지 않고는 술적 측면에서의 능력을 제대로 발휘할 수 없다.

〈인천상륙작전〉

미 극동군사령부 대부분의 참모들과 상급부대의 판단은 작전시기, 기상, 지형적 여건이 불리하여 인천 대신에 군산으로의 상륙을 제의하였다. 그러나 맥아더 장군은 많은 상륙작전 경험을 통해 적의 병참선 차단, 수도 서울 탈환에 따른 정치적·심리적인 효과, 반격작전 간 아군의 희생 감소 등

인천상륙작전

을 고려하였고, 특히 북한군도 아군과 마찬가지로 인천상륙이 제한될 것으로 판단할 것이므로 이를 역이용함으로써 기습을 달성할 수 있다는 판단 아래 인천상륙작전을 감행하여 일거에 전세를 역전시켰다.

〈명량해전〉

조선의 조정은 전함 12척으로 해전 수행이 불가능하다고 판단하여 이순신 장군에게 해전을 포기하고 육지에서 싸울 것을 명하였다. 그러나 이순신 장군은 많은 해전 경험을 기반으로 작전지역을 분석하여 명량의 수로가 조수 간만 시 유속이 빠르

명량해전

고 암초가 많아 대형 선박의 통과가 어렵다는 특성을 파악하고 이를 활용하여 일본 함대의 전함 130여 척을 격파하고 재해권을 회복하였다.

전술은 '군단급 이하의 전술제대가 전투에서 승리하기 위하여 전투력을 조직하고 운용하는 술과 과학'이라고 정의되어 있다. 이러한 정의를 기초로 전술학을 간단하게 표현한다면 "전투에서 승리하려면 어떻게 해야 하는가?"라는 질문에 대한 해답을 구하는 학문"이라고 할 수 있다. 따라서 모든 학문이 그렇듯이 전술학의 탐구 대상은 [그림 2-1]과 같이 전술이 다루어야 할 '전투(戰鬪, Battle)'라는 현상이며, '전투가 이루어지는 원리'를 이해하는 것이 전술학 연구의 시발점이 되어야 한다.

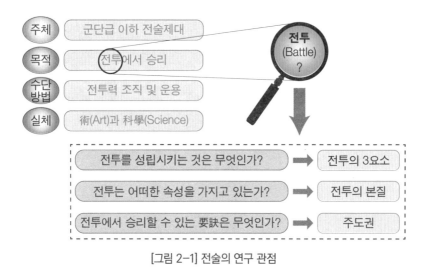

[그림 2-1] 전술의 연구 관점

전투가 이루어지는 원리를 이해하기 위해서는 '전투를 성립시키는 것은 무엇인가?', '전투는 어떠한 속성을 지니고 있는가?', 그리고 '전투에서 승리하는 요결(要訣)은 무엇인가?'라는 질문을 제시할 수 있다. 제2장에서는 이 세 가지의 질문에 대한 해답이라 할 수 있는 전투의 3요소, 전투의 본질, 주도권에 대해서 설명하고자 한다.

1. 전투의 3요소

전투는 [그림 2-2]처럼 서로 대립하고 있는 쌍방의 전투력이 일정한 시간과 공간 속에서 상호 충돌하는 군사적 활동이다. 이렇게 볼 때 전투의 주체인 쌍방의 '전투력'과 전투를 수행하는 데 주어진 조건 또는 환경이라 할 수 있는 '시간'과 '공간', 이 세 가지는 전투를 성립시키는 기본적인 요소이다. 이를 '전투의 3요소'라 한다.

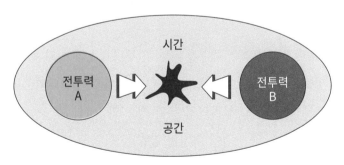

[그림 2-2] 전투의 3요소

『손자병법』제1편 시계(始計)에서는 전쟁의 수행 여부를 결심하기에 앞서 5사(事)로써 나의 여건을 살펴보고, 이를 기초로 7계(計)로써 적과 나의 태세를 비교, 검토해야 한다고 강조하고 있는데, 5사와 7계의 내용은 다음의 〈표 2-1〉과 같다. 『손자병법』은 전략(국가 및 군사전략), 작전술, 전술의 영역을 모두 포괄하고 있지만, 전술의 관점으로 국한하여 이 5사와 7계를 분석해 보면 바로 전투의 3요소인 전투력, 시간, 공간과 연계되어 있음을 알 수 있다.

〈표 2-1〉 5事와 7計

구분	5事	7計
전투력 (국력, 군사력)	▶ 도(道): 전쟁 의지(바른 정치) ▶ 장(將): 지, 신, 인, 용, 엄(장수 기질) ▶ 법(法): 편성, 규율, 병참(군사 제도)	▶ 주숙유도(主孰有道): 전쟁 의지, 단결력 ▶ 장숙유능(將孰有能): 장수의 능력 ▶ 법령숙행(法令孰行): 법령의 이행 ▶ 병중숙강(兵衆孰強): 군대의 강도 ▶ 사졸숙련(士卒孰練): 장병의 훈련 ▶ 상벌숙명(賞罰孰明): 상벌의 공정성
시간	▶ 천(天): 시기, 기상(하늘의 변화)	▶ 천지숙득(天地孰得): 시·공간적 조건
공간	▶ 지(地): 지형(땅의 형상)	

실제적으로 전술교리의 대부분은 이 전투 3요소의 상관관계로부터 파생된 것들을 구체적으로 정립한 것이다. 왜냐하면 전투의 3요소 간의 상호관계를 통해서 '전투력의 우열 정도'와 '시간 및 공간이 제공하는 조건이 피·아의 작전에 미치는 영향'을 판단해 봄으로써 전투의 양상을 어느 정도 예측할 수 있으며, 이 예측은 시간과 공간을 적시 적절하게 이용할 수 있는 전투력 운용의 원리와 원칙, 방법 등을 염출하는 토대가 되기 때문이다.

작전을 계획, 준비, 실시하는 모든 과정에서 상황을 분석 및 판단하는 데 기준을 제공하는 것이 바로 임무변수(METT+TC)이다. 이 요소들은 전술제대의 지휘관 또는 참모라면 누구라도 머릿속에 각인되어있을 만큼 전·평시를 불문하고 상황을 판단하고 대응 방책을 결심하는 데 유용하게 활용하고 있다. 여기에 포함된 각각의 요소들은 바로 이 전투 3요소의 상관관계를 올바르게 이해한 상태에서 작전을 수행할 수 있도록 설정[1]된 것들이다.

이제부터 전투력, 시간, 공간의 개념에 대해 먼저 살펴보고, 이 3요소의 상관관계를 통해서 전투의 원리를 제시해 보겠다.

■ 전투력

전투는 자유의지를 가진 피·아 간 힘의 충돌이다. 이 힘의 요소가 바로 전투력(戰鬪力, Combat Power)으로서 적을 굴복시키고 나의 의지를 실현하는 수단이라 할 수 있다. 전투력은 그 규모와 강도, 그리고 시간과 공간을 이용한 운용 방법에 따라서 전투의 결과에 직접적인 영향을 미치기 때문에 전투의 3요소 중에서 가장 중요한 요소라 할 수 있다.

---

1) 전술적 고려요소: 전투 3요소의 상관관계를 분석하는 기준틀(framework)이라 볼 수 있다.
  - M(임무, Mission): 현재의 임무를 기준으로 상황을 분석하고 판단하기 위해 설정
  - E(적, Enemy): 적 전투력에 관한 사항(구성 및 배치, 능력, 활동, 의도, 강점과 약점 등)
  - T(지형 및 기상, Terrain & Weather): 현상과 피•아의 작전에 미치는 영향
  - T(가용부대, Troops & Support available): 아 전투력에 관한 사항
  - T(가용시간, Time available): 상황 인지 시부터 대응 행동이 개시되기까지의 가용한 시간
  - C(민간 요소, Civil coniderations): 작전지역 내 주민과 민간기관과의 관계

전투력의 구성 요소

전투력은 유형적 요소와 무형적 요소가 결합되어 있는 실체이다. 유형적 요소는 물리적인 힘과 관련된 병력, 무기, 장비, 물자 등을 말한다. 무형적 요소는 전투원의 정신력(의지, 사기, 신념 등)과 군기, 단결력, 그리고 전투원이 구비하고 있는 전투기술, 지휘관의 리더십과 전투지휘 능력 등을 말한다.

무형적 요소는 유형적 요소를 활성화하고, 그 효율성을 높여주는 근원이라 할 수 있다. 클라우제비츠가 '전투력의 물리적 요소가 나무로 만든 칼자루라면 정신적 요소는 번쩍번쩍하게 갈아놓은 시퍼런 칼날'이라고 비유할 정도로 유형적 요소보다 무형적 요소를 더욱 강조했다. 동일한 맥락에서, 칼자루의 크기가 동일하다면 칼날이 더 길고 날카로운 칼이 절대적으로 유리할 것임은 분명하다.

"피 흘릴 각오 없이 승리를 얻고자 하는 자는 피 흘릴 것을 불사하는 자에 의해 반드시 정복된다."

〈클라우제비츠〉

"전쟁에서 정신력은 물질에 대해 3배의 가치가 있다."

〈나폴레옹〉

전투력의 계량화

어떤 운동경기이든지 시합을 앞두게 되면 상대방과 나의 객관적인 전력은 물론 강·약점까지 비교해 보고, 이를 기초로 어떻게 경기를 풀어나갈 것인지 구상하는데, 이는 시합에서 승리를 원하는 이상 필수적인 과정이다. 같은 이치로 전투에 앞서 적과 아군의 전투력 우열

(優劣) 정도를 판단하는 것은 작전을 어떻게 수행할 것인지를 구상하기 위해 지극히 당연한 수순인데, 이때 객관적인 판단을 위해서는 전투력에 대한 계량화(計量化)가 필요하다.

전투력은 일반적으로 유형전투력과 무형전투력으로 구성되어 있으며, 이는 다시 다음의 〈표 2-2〉처럼 양(量)적 측면과 질(質)적 측면으로 구분할 수 있다. 쌍방의 전투력을 실질적으로 비교하려면 이 두 가지 측면을 모두 감안해야 한다.

〈표 2-2〉 전투력의 질적 측면과 양적 측면

구 분		양적 측면	질적 측면	
유형 전투력	병력	수	정신력, 사기·군기, 단결, 교육훈련 정도, 지휘관의 리더십과 지휘능력 등	무형 전투력
	무기, 장비, 물자	수, 량	성능과 제원의 우수성 정도	

먼저 병력, 무기, 장비, 물자 등의 유형전투력은 수 또는 양의 과다로서 쉽게 계량화하여 쌍방 간 상대적인 전투력 우열을 비교할 수 있지만 질적인 측면을 객관적으로 계량화하여 비교하기란 결코 쉽지 않을 것이다. 그래서 통상 질적인 측면에 대해서는 질적 우수성에 대한 가중치를 고려한 '전투력 지수'를 설정하여 계량화를 하게 된다.[2] 그런데 무기, 장비, 물자의 성능과 제원 등의 질적인 측면에 대한 정보

---

2) 예를 들어 적군이 9개 보병대대와 1개 전차대대를 보유하였고, 아군은 2개 보병대대와 2개 전차대대를 보유하고 있으며, 보병대대의 전투력 지수는 적군과 아군 공히 1이고 전차대대는 적군 3, 아군이 3.5라고 가정한다면 다음과 같이 상대적인 전투력을 비교할 수 있다.
　- 적군 전투력: (9×1)+(1×3)=12
　- 아군 전투력: (9×1)+(2×3.5)=16
　※ 상대적인 전투력 비율: 적군 3 vs 아군 4

는 평소부터 파악하기 때문에 전투력 지수를 설정하기 쉽지만 병력과 관련된 질적인 측면을 파악하는 것은 결코 쉽지 않다. 이런 경우에는 지휘관과 참모의 경험적 요소와 전투 간 파악한 적의 전투능력을 기초로 염두(念頭)[3] 판단하여 전투력 지수를 설정해야 한다.

아무튼 전투력 지수의 설정이 제한되거나 정확성이 떨어진다고 하여 질적인 측면을 무시하고 전투력을 단순히 보유하고 있는 수량만으로 계산하여 상대적인 전투력을 비교하는 우(愚)를 범한다면, 그로 인한 판단 착오가 작전을 그르치는 결과를 초래할 수 있음은 분명한 사실이다.

> "만일 적을 이기고 싶다면, 최소한 적의 저항력에 대적할 수 있을 정도의 노력을 기울여야 한다. 이때 적의 저항력은 분리될 수 없는 두 가지의 산물, 다시 말해서 적이 사용 가능한 총체적 수단과 적의 의지력이 결합된 산물이다. 그가 사용할 수 있는 총체적 수단은 양적인 것으로 측정이 가능하다. 그러나 적의 의지력은 질적인 것이기 때문에 판단하기가 훨씬 어렵다."
>
> 〈클라우제비츠〉

전투력의 특성

전투력을 효과적으로 사용하려면 그 특성을 잘 이해해야 한다. 전투력의 특성은 가변성, 상대성, 한계성 등 3가지로 요약될 수 있다.

① 가변성

가변성(可變性)은 동일한 전투력이라도 경우에 따라서 발휘하는 힘의

---

3) 객관적인 데이터에 근거하지 않고 머리 속으로 생각하는 것을 말함.

크기나 효과가 다를 수 있다는 의미이다.

① 힘(전투력)은 움직임에 따라 변화한다. 전투력은 집중하면(集) 강해지고, 분산하면(散) 약해진다. 또한 움직이면(動) 강해지며, 정지하면(靜) 약해진다. 물리학의 $E=MC^2$ 공식을 생각하면 명확해진다.

$$E=MC^2$$

▶ E: 에너지(힘)

▶ M: 질량(병력) → 집중할수록 힘은 산술급수적으로 증가

▶ C: 속도(기동속도) → 빨라질수록 힘은 기하급수적으로 증가

물론 集, 散, 動, 靜은 장점과 단점[4]이 분명히 공존한다. 그러나 상황에 따라 集, 散, 動, 靜을 적절히 혼합하여 적용한다면 다양한 힘의 효과를 볼 수 있을 것이다.

② 힘(전투력)은 작용하는 방향에 따라 그 크기와 효과가 달라진다. 힘은 직각으로 작용할 때 가장 강하고 경사각으로 작용할 때는 힘이 분산되어 그보다 약해질 수밖에 없다. 그리고 적의 정면보다는 측방을, 측방보다는 후방으로 힘을 가할 때 그 효과가 더 크게 나타날 수 있다. 즉 동일한 전투력이라도 어떻게 사용하느냐에 따라서 힘의 크기와 효과는 차이가 나는 것이다.

---

4) 집중하면 강해지지만 그만큼 노출되기 쉬우므로 적에게 대량 피해를 받을 수 있고, 분산하면 약해져서 적에게 각개격파 당할 수 있지만 은닉하기에 용이하고 대량 피해를 면할 수 있다. 기동하면 능동적이고 강해지며 유리한 위치를 선점할 수 있지만 지형의 이점을 이용하기 어렵고 위치가 노출될 수 있으며, 정지하면 수동적이고 약해지지만 지형의 이점을 이용할 수 있고 지휘통제가 용이하다. 따라서 전투력을 운용할 때는 상황에 따라서 集, 散, 動, 靜을 효과적으로 적용함으로써 장점은 극대화하고 단점은 최소화하는 것이 중요하다.

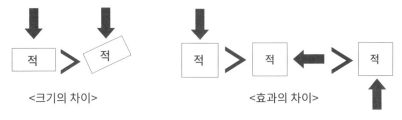

[그림 2-3] 힘의 작용 방향에 따른 힘의 크기와 효과의 차이

③ 힘(전투력)은 편성된 조직이나 무기 등을 어떻게 조합시키느냐에 따라서 그 효과가 다르게 나타날 수 있다. 기상과 지형의 불리점을 극복하거나 적 전투력의 강점을 회피하고 약점을 이용할 수 있도록 전투력을 구성하고 있는 조직, 무기, 장비 등을 융통성 있게 편성한다면 동일한 전투력이라도 발휘하는 힘의 효과는 증대될 수 있다.

④ 힘(전투력)은 그것이 작용하는 시기에 따라 효과가 달라진다. 즉 적이 강할 때보다는 약점이 보일 때 적시적으로 타격을 가해야만 최대의 효과를 발휘할 수 있다. 아무리 강한 전투력이라도 부적절한 시기나 방향으로 작용한다면 가한 힘에 상응하는 결과를 획득할 수 없다.

② 상대성

상대성(相對性)이란 전투력이 어느 일방의 절대적인 개념으로 존재하는 것이 아니라 항상 대립하는 적 전투력과의 상대적인 관계가 형성된다는 의미이다. 전투는 쌍방 전투력 간의 충돌행위이기 때문에 당연히 상대성을 전제로 운용하여야 한다.

우승열패(優勝劣敗)는 불변의 이치이다. 그러나 현실적으로 모든 시간과 장소에서 적을 압도할 수 있을 정도로 절대적인 우세를 달성하는 것은 불가능하다. 따라서 전투력은 시간과 공간상의 결정적인 지점에서 상대적인 우세를 달성할 수 있도록 운용하는 것이 중요하다.

❖ 전투력의 상대적 우세를 달성한 예(탄넨베르그전투)

제1차 세계대전 시 동부전선의 독일군은 전체적인 전투력이 러시아군의 절반에도 못 미쳤음에도 불구하고 大섬멸전을 이끌어냈다.

▶ 독일군: 제8군(힌덴브르크), 11개 보병사단과 1개 기병사단
▶ 러시아군: 제1군(레넨캄프), 제2군(삼소노프), 30개 보병사단과 8개 기병사단

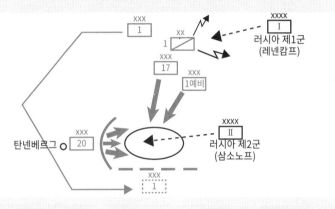

독일 제8군은 제1기병사단으로 하여금 러시아 제1군 전체를 견제토록 하고, 제17 군단과 제1예비군단을 남방으로 전환하여 러시아 제2군을 북방에서 공격하였으며, 제1군단은 철도를 이용하여 러시아 제2군의 남방으로 이동, 포위망을 형성하였다. 제 20군단은 러시아 제2군의 공격을 저지 후 북방으로부터의 증원 시기에 맞춰 공격으로 전환하였다. 이러한 조치를 통해 러 제2군을 완전 포위하는 데 성공한 독일군은 12.5만의 포로와 500문 이상의 포를 획득하는 전과를 올렸으며, 러 제2군 사령관 삼 소노프는 현장에서 자살하고 말았다.

이러한 大섬멸전이 가능했던 것은 정보력의 절대적인 우세, 호소(湖沼)와 삼림지 역으로 인한 러 제1군과 제2군의 상호지원 제한 등의 요인도 있었지만, 북쪽 지역을 과감하게 절약하고 결정적인 시간과 장소라고 판단한 러 제2군 지역으로 전투력을 신속하게 전환하여 집중함으로써 그 지역에서의 상대적인 우세를 달성할 수 있었기 때문이다.

③ 한계성

　한계성(限界性)이란 전장에서의 마찰(기상, 지형, 적의 저항 등)로 인해 전투력은 무한정으로 발휘할 수 없고, 일정한 시간이 경과하면 소진(消盡)될 수밖에 없다는 의미이다. 다음의 [그림 2-4]는 부대 ‘A’가 애초부터 임무를 달성하는 데 필요한 충분한 전투력을 부여 받은 반면, 부대 ‘B’는 다소 부족한 전투력을 부여받은 경우를 가정하여 시간의 경과에 따른 전투력의 한계성과 임무 달성과의 관계를 보여준다.

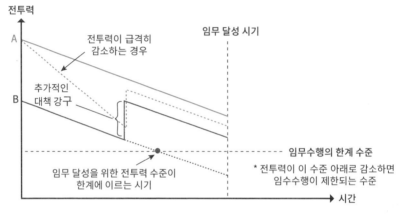

[그림 2-4] 전투력의 한계성과 임무 달성의 관계

　시간의 경과에 따른 전투력의 감소추세를 볼 때, ‘A’는 추가적인 조치 없이도 구비된 전투력으로 임무를 달성할 수 있지만 ‘B’는 임무를 달성하기 전에 전투력이 한계 수준 아래로 내려가게 되므로 임무를 달성할 수 없다. 따라서 ‘B’는 전투력이 한계 수준에 도달하기 전에 전투력의 보충, 다른 부대의 증원, 주노력과 보조노력의 역할 변경 등과 같은 추가적인 대책을 반드시 강구해야 한다. 물론 전투력이 충분한 'A'도 임무 수행과정에서 적의 강한 저항에 의해 전투력이 급속하게 감소하여 임무 달성이 어렵게 되면 'B'와 동일한 조치가 필요할 것이다.

전투력은 대립하는 쌍방 간의 관계 속에서 가변성, 상대성, 한계성이 성립하는 것이므로 피·아의 전투력에 모두 적용된다. 따라서 전투 3요소의 상관관계를 고려할 때에는 아 전투력과 시간 및 공간과의 관계뿐만 아니라 적 전투력과의 관계를 반드시 포함하여야 한다.

전투력과 관련한 유명한 이론으로 란체스터의 법칙이 있는데, 그 내용은 다음과 같다.

란체스터의 법칙(Lanchester's laws)은 영국의 항공공학 엔지니어인 F. W. 란체스터가 공중전 결과를 분석하여 고안한 방정식으로서 제1법칙과 제2법칙이 있는데, 이는 제2차 세계대전에서 연합군의 중요한 전략으로 이용되었다. 이 법칙은 1960년대 들어서 경영학의 주요 원리로 다시 조명받은 바 있다.

▶ **제1법칙: 공격력 = 무기의 성능(질) × 병력의 수(양)**
  * 이 법칙은 고대전쟁처럼 백병전으로 개인적인 범위 내에서 전투를 수행하는 경우에 해당하는 법칙이다. 이 경우에 상호 간의 무기 성능이 동일하다고 가정하면 a만큼의 병력을 가진 측과 b만큼의 병력을 가진 측이 전투한 결과 생존한 병력의 수는 a-b이다. 이 법칙은 현대전에서는 적용하기 어렵기 때문에 무의미하다.

▶ **제2법칙: 공격력 = 무기의 성능(질) × 병력의 수(양)^2**
  * 이 법칙은 현대전처럼 원거리에서 최소한 소화기 이상의 화력을 효과적으로 운용할 수 있는 경우에 해당하는 법칙이다. 란체스터의 법칙은 통상 제2법칙

을 말하며, 리베르타의 원칙이라고도 한다. 만일 제1법칙과 같이 무기의 성능이 동일하다고 가정하면 생존한 병력의 수는 $\sqrt{(a^2 - b^2)}$ 이 된다.

(예) A측의 전투기 5대와 B측의 전투기 3대의 교전 결과(전투기 성능은 동일)

    ⇒ A측 전투기만 4대 생존: $\sqrt{(5^2 - 3^2)} = \sqrt{25 - 9} = \sqrt{16}$ = 4대

다시 말해 병력의 수가 많은 측이 적은 측보다 훨씬 적은 피해를 입으면서 적을 제압할 수 있다는 것이다. 이러한 결과를 기초로 전투력 운용과 관련한 중요한 의미들을 아래와 같이 도출해 볼 수 있다.

① 양적 요소와 질적 요소가 통합된 전투력의 중요성

② 무형전투력의 중요성

   * 무기의 성능 대신에 무형전투력을 대입: 공격력=무형전투력×유형전투력^2

    ⇒ 무형전투력이 1/2로 감소하였다면 동일한 공격력을 유지하기 위해서는 4배의 유형전투력이 필요

③ 우승열패의 이치: 압도적인 수적 우세는 극복하기 어려움

④ 가능한 범위 내에서는 소수가 다수를 이길 수 있음(분산된 적을 각개격파)

   * (예) 9대의 전차를 집중 운용하여 4대씩 축차적으로 분산 운용하는 적 전차 12대를 각개격파 가능

    - 1차 교전 결과: $\sqrt{(9^2 - 4^2)} = \sqrt{(81 - 16)} = \sqrt{65}$ = 8.06 → 8대 이상 생존
    - 2차 교전 결과: $\sqrt{(8^2 - 4^2)} = \sqrt{(64 - 16)} = \sqrt{48}$ = 6.93 → 6대 이상 생존
    - 3차 교전 결과: $\sqrt{(6^2 - 4^2)} = \sqrt{(36 - 16)} = \sqrt{20}$ = 4.47 → 4대 이상 생존

   * 이것을 제대로 활용한 대표적인 예로는 나폴레옹 보나파르트의 경우가 있다. 그의 전체적인 병력 규모는 적군보다 적었지만 상대보다 두 배가량 빠른 기동력을 이용하여 주요 국면에서는 전투력의 상대적인 우세를 달성함으로써 전체적인 열세를 극복해 나갔다. 나폴레옹의 부하가 "폐하는 늘 소수로 다수를 이겼다."라고 하자 그가 "아니다. 나는 늘 다수로 소수를 이겼다."라고 말한 것이 이를 증명해준다. 즉 전체적으로는 소수지만 결정적인 국면만큼은 다수로서 승리했음을 뜻한다. 이 의미는 전투력 집중의 원칙을 설명하는 데 매우 유용하다.

▌시간

시간은 우리가 통념적으로 알고 있는 시간의 개념에 추가하여 자연 현상으로서의 개념도 포함하고 있다. 바로 『손자병법』에서 말하는 '天'의 의미로서 하늘(대기)의 변화에 따라 발생하는 자연현상을 말한다.

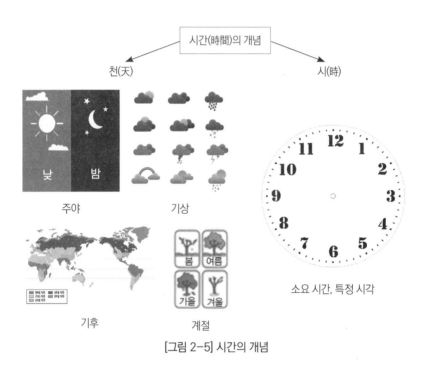

[그림 2-5] 시간의 개념

일반적인 시간(시각의 연속 개념 또는 특정 시각)

이것은 우리가 보편적으로 인식하고 있는 시간의 개념이다. 일반적인 조직이나 군대나 할 것 없이 시간은 매우 중요한 요소이다. 그런데 군대에서의 시간 개념은 군시(軍時, military hour)라고 불릴 정도로 각별하게 취급한다. 전투에서는 대부분의 활동들이 지정된 시간을 기준으로 이루어지므로 촌각(寸刻)을 다투는 경우가 많이 발생하고, 특정한 시기에 맞춘(timing) 적시적인 행동이 중요하기 때문이다.

군에서 보는 일반적인 시간의 개념은 다음의 〈표 2-3〉과 같이 소요 되는 시간과 특정 시각의 두 가지로 구분된다.

〈표 2-3〉 일반적인 시간의 개념과 활용

시각의 연속 개념 (소요시간)	• 부대의 물리적인 행동에 소요되는 시간 단축 • 전투지휘(상황 판단-결심-대응)의 시간 단축
특정 시각의 개념 (적시성)	• 결정적인 시간에 전투력 운용 • 전기 포착 및 이용

소요 시간의 개념

소요 시간은 시각(時刻)의 연속개념으로서 시간을 활용하는 측면인 데, 이는 특정 행동에 소요되는 시간을 단축함으로써 템포(Tempo)를 증진하는 것과 관련된다.

① 전투를 수행하는 과정에서 이루어지는 물리적인 행동들의 소요 시간을 최대한 단축하는 것이다. 시간의 단축은 곧 속도의 증가를 의 미한다.[5] 예를 들어 1시간에 4km를 이동할 수 있는 보병부대보다는 1시간에 20km를 이동하는 차량화 보병부대가 중요한 상황에서 더 즉각적으로 반응할 수 있음은 물론 단축시킨 시간 동안 더 많은 임무

---

5) 풀러(J. F. C. Fuller)는 그의 저서 『Armored Warfare』에서 "어느 한 지점에 있는 적은 인원이 24 시간 후에 같은 지점에 있는 그 10배의 인원보다 가끔 훨씬 더 강력하다. 만약 당신이 적보다 5배 빠르게 기동할 수 있다면 적에게 적용되는 60분이 당신에게는 12분이 될 것이며, 1마일은 2퍼 롱(furlongs=1/8마일) 이하가 될 것이다."라고 시간의 중요성을 강조하였다. 풀러는 이러한 시간의 개념을 군시(軍時, Military Hour)라는 용어로 설명하였다.

를 수행할 수 있으며, 보다 광범위한 공간에서 운용될 수 있다.

② 지휘관 및 참모가 전투를 지휘함에 있어 상황을 판단하고 대응방책을 결정하여 이를 실행(상황 판단-결심-대응 주기)하는데 소요되는 시간을 단축시켜야 한다. 이 주기를 적보다 빠르게 반복한다면 아군은 발생하는 상황을 하나씩 하나씩 적시에 처리해 나가면서 적에게는 대응할 여유를 주지 않을 수 있지만 반면, 적은 하나의 상황이 채 끝나기도 전에 또 다른 상황에 직면하게 될 것이고 이러한 상황이 계속적으로 누적되면 마침내 자포자기의 상태로 몰리게 될 것이다. 이와 같이 시간의 단축은 자신의 의지대로 작전을 주도해 나갈 수 있게 하는 중요한 요소임을 알 수 있다.

> "시간을 낭비하지 말라. 전쟁에서의 시간은 인간의 생명보다 더 중요하다."
> 〈풀러(J. F. C. Fuller)〉

특정 시각의 개념

특정 시각의 개념은 전투력의 적시적인 운용과 관련된다.

① 전투력은 필요한 시기에 맞게 적시적으로 운용되어야 가치가 있다. 전장에는 전투의 성패(成敗)를 가늠할 수 있는 결정적인 시간이 존재한다. 예를 들어 적의 주 전투력이 아군의 진지를 돌파하여 전(全)전선이 무너질 위기에 처해 있는 경우에 1시간 이내에 진지를 점령한다면 적을 저지할 수 있는 유일한 지역이 있다고 가정해 보자. 이러한 경우에는 비록 작은 규모의 부대라 하더라도 1시간 이내에 그 지역을 점령할 수 있다면 적이 지나가고 난 이후에야 그곳을 점령할 수 있는

대규모의 부대보다 훨씬 가치가 클 것이다. 이처럼 적시적인 전투력 운용은 그 전투력이 가지고 있는 고유의 능력보다 더 가치 있는 결과를 창출할 수 있다.

② 전기(戰機)[6]를 포착하고 이를 즉각적으로 이용해야 한다. 전투 과정에서는 필연적이든 우연적이든 전기가 나타날 수 있다. 그러나 급변하는 상황 속에서 전기를 포착하기는 대단히 어려우며 심지어는 전기가 찾아와도 이를 모르고 지나치는 경우가 허다하다. 따라서 전투 수행과정에서는 전장을 예의주시하면서 적의 오판과 실수를 유도할 수 있도록 부단히 노력하여 전기를 포착 또는 조성해야 하고, 전기를 포착했을 때 언제든지 즉각 투입할 수 있는 예비 전투력을 항상 보유하고 있어야 한다. 그리고 아무리 불리한 상황에 직면하더라도 상황을 부정적으로만 인식하여 수세적인 대응에 급급해할 것이 아니라 이를 반전의 계기로 전환[7]시킬 수 있는 혜안(慧眼)이 필요하다.

- 機不可失, 時不再來(기불가실, 시불재래).
  기회를 놓치지 마라. 때는 다시 오지 않는다.
- 難得者時, 易失者機(난득자시, 이실자기).
  얻기 어려운 것은 시간이고, 잃기 쉬운 것은 기회이다.
- 兵貴神速(병귀신속). 군대 운용은 신속하게 해야 한다.

〈중국군 전술학 교범〉

---

6) 전투에서 적에게 결정적인 타격을 가하여 전승을 달성할 수 있는 절호의 기회(호기, 好機)
7) 예를 들어 전선의 중앙 부분이 적으로부터 돌파를 당한 경우, 이를 전선이 붕괴될 위기로 볼 수 있지만, 다른 관점으로 본다면 전선을 돌파하여 나의 방어지역 내부로 진입한 적을 오히려 포위 격멸할 수 있는 호기로 보고 기습적인 공세행동으로 적을 격멸한다면 상황을 반전시킬 수도 있을 것이다.

자연현상으로서의 시간

시간의 또 다른 개념은 시간의 연속적인 흐름 속에서 나타나는 자연현상으로서의 시간이다. 이는 기상 및 기후[8], 계절, 주·야 등의 변화를 말하며 전투력의 운용과 효과에 지대한 영향을 미친다. 따라서 자연현상과 군사작전의 상관관계를 이해하지 못한다면 아무리 우세한 전투력도 무용지물이 될 수 있다.

① 주·야는 시간의 진행에 따른 명(明)과 암(暗)의 교대현상이다. 군사작전에서 주·야간은 해상박명종(EENT)과 해상박명초(BMNT)[9]를 기준으로 구분한다. 야간은 시도조건, 전투원의 심리상태, 방향유지, 지휘통제, 기만과 기습의 효과 정도에 많은 영향을 미친다.

② 기상은 대기 중에서 일어나는 모든 물리적 현상인 기온, 강설 및 적설, 결빙, 강우, 바람, 안개, 구름, 광명, 습도 등을 말하며 이는 전

---

8) 기상은 그 시점에서의 대기 상태 즉 날씨를 의미하며, 기후는 일정한 기간동안 나타난 평균적인 기상 상황을 말한다.

9) 박명(薄明, Twilight)이란 일출 전 혹은 일몰 후에 빛이 먼저 올라오거나 내려가는 것을 말한다. 즉 해가 뜨기 전에 빛이 먼저 올라오고, 해가 내려가도 빛은 나중에 사라지는 것이 가시(可視) 여부를 기준으로 한 주야라 할 수 있다. 따라서 해상박명초(海上薄明初, Beginning of Morning Nautical Twilight)는 해가 수평선 위로 뜨기 전의 박명시각을, 해상박명종(海上薄溟終, End of Evening Nautical Twilight)은 해가 진 이후의 박명시각을 의미한다.

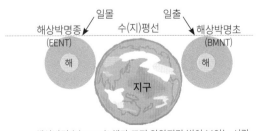

• 해상박명초(BMNT): 해가 뜨지 않았지만 빛이 보이는 시간
• 해상박명종(EENT): 해가 졌지만 빛이 남아 있는 시간

장의 환경을 조성하는 주요 요인이다. 또한 기상은 관측·기동·사격 등의 효과, 병력의 건강과 활동, 장비의 운용과 성능 발휘, 식수 및 식량의 관리 등에 중요한 영향을 미친다. 기상은 계절에 따라 많은 변화를 보이는데, 특히 동계와 하계는 혹서와 강우, 혹한과 강설 등으로 인해 춘계와 추계에 비해서 기상이 작전을 제한하는 현상이 두드러지므로 이를 극복하기 위한 소요가 증대되는 특징이 있다.

③ 해외 파병이나 원정작전을 수행해야 할 경우에는 전략적인 차원에서부터 해당 지역의 기후적인 특성을 세밀하게 분석하고 사전에 충분한 대비를 해야 한다. 나폴레옹과 히틀러가 모두 러시아 침공에 실패한 원인도 러시아의 기후에 면밀하게 대비하지 못한 것이 큰 비중을 차지하였다.

〈모스크바에서 철수하는 나폴레옹〉 〈진흙땅으로 고전하는 독일군〉

러시아는 당시 세계 최강이라 할 수 있는 나폴레옹 군대와 나치 독일군대에 의해 2회에 걸쳐 대규모 공격을 당했으나 이를 모두 물리쳤다. 이것이 가능했던 것은 무엇보다도 혹한의 동장군[10]과 진흙땅이라는 자연적인 조건이 원인이었다.

---

10) 동장군의 어원은 1812년 모로디노 전투에서 나폴레옹의 프랑스군이 패퇴한 것을 보고 영국기자가 'general frost'라고 말한 데에서 유래되었다. 전쟁 영웅인 나폴레옹까지 물리쳤던 러시아의 겨울 추위는 그야말로 장군(general)이라 표현해도 전혀 손색이 없어 보인다.

▌공간

　공간은 자연현상으로서의 시간과 더불어 전투력이 운용되는 범위와 환경을 조성하는 기본요소로서 지표면 또는 지표상의 모든 형상이나 형세를 말한다. 공간은 지형(地形)과 지물(地物), 그리고 지형과 지물이 어우러진 상태로 존재하는 전투공간으로 구분한다.

凡與敵戰, 三軍必要得其地利, 則可以寡敵衆, 以弱勝强
(범여적전, 삼군필요득기지리, 즉가이과적중, 이약승강)
　적과 더불어 싸울 때에는 전군이 반드시 지형의 이로움을 차지해야 한다. 그러면 적은 병력으로 많은 적의 병력을 칠 수 있다. 즉 약으로써 강을 이기는 것이다.

〈중국군 전술학 교범〉

지형과 지물

　지형이란 개활지나 산악지와 같이 고저나 기복 등에 의해 나타난 지표면의 자연적인 상태를 말하며, 지물은 지표면에 존재하는 모든 물체를 총칭하는 것이다. 지물은 다시 하천, 삼림 등과 같은 자연지물과 도로, 교량, 건물, 낙석 등과 같은 인공지물로 구분된다.

　전투력을 효과적으로 운용하기 위해서는 지형과 지물을 군사적인 관점으로 바라보고 해석할 수 있어야 한다. 그래서 보통 관측과 사계, 은폐와 엄폐, 장애물, 중요 지형지물, 접근로 등의 5가지 요소를 기준으로 지형과 지물의 전술적인 가치를 평가한다. 지형 및 지물에 대한 올바른 평가가 전제되지 않은 전투력 운용은 마찰로 인하여 필히 시행착오를 겪게 되고, 이는 곧 패배로 직결되는 경우가 많다.

전투공간

어느 한 부대가 전투력을 발휘할 수 있는 지리적인 범위는 한정될 수밖에 없다. 이를 고려하여 전투를 수행하는 부대에게 책임져야 할 일정한 공간이 부여되는데, 이를 전투공간이라 한다. 이 전투공간은 지상에 형성된 지형 및 지물은 물론 공중영역까지 포함한다. 그리고 오늘날에는 전술제대에 많은 영향을 미치지는 않지만 우주 및 사이버 공간까지 그 범위가 확장되었다.

전투공간을 구성하는 지형과 지물의 가치를 통찰하고 이것이 전투력 운용에 미치는 영향을 분석할 수 있는 능력을 흔히 '지형안(地形眼)' 이라 한다. 지형안은 군인에게 있어서 대단히 크고 중요한 재산으로서, 지형안이 전제되지 않는 한 제대로 된 전투수행 계획을 세울 수도 없고, 효과적으로 전투를 수행할 수도 없다.

임진왜란 시 조선의 신립 장군과 일본군의 선봉장 고시니 유키나가는 18,000여명의 비슷한 병력으로 맞붙어 싸웠으나 조선군의 대패로 끝나고 말았다. 여러 가지의 패인이 있겠지만 가장 아쉬운 것은 지형을 제대로 이용하지 못했다는 것이다. 결전의 장소로서 조령고개를 선택했다면 하천을 등에 진 탄금대보다 훨씬 유리한 상태에서 싸울 수 있었기 때문이다. 조선군이 기마병 위주로 편성되어 개활지를 선택했을 수도 있지만 사실 돌격전투 능력이 떨어지는 궁기병이 대부분이었고 탄금대 일대는 수답지로 형성되어 있어 기동력을 발휘하기 어려운 지형이

〈탄금대 전투〉

었다. 반대로 조총으로 무장한 일본군에게 개활지는 아주 양호한 관측과 사계를 제공하는 최적의 지형이었다. 결국 조선과 일본이 모두 관심을 가졌던 양측 정예군의 전투 결과는 지형의 선택과 활용 능력에서 판가름 났다고 해도 과언이 아니다.

■ 전투 3요소의 조화

전투를 수행하는 부대는 적 전투력의 강점과 약점을 분석하고 이를 이용하되, 자신의 전투력을 주어진 시간과 공간적인 여건에 효과적으로 조화시키면서 이를 활용해 나가야 한다. 이렇게 하는 것이 바로 전술이다.

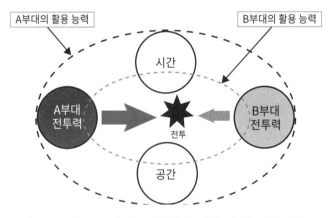

[그림 2-6] 시간과 공간을 활용하는 능력이 전투에 미치는 영향

위의 [그림 2-6]은 피·아의 전투력, 시간과 공간을 최대한 연계하여 조화롭게 전투력을 운용하는 능력을 원의 면적으로 개념화한 것이다. 여기에서 비록 A부대와 B부대의 전투력 자체는 상호 대등한 수준

이라 해도 자신의 전투력을 시간과 공간에 잘 조화시켜 나가는 A부대가 결정적인 과오(過誤)를 범하지 않는 이상 전투를 주도적으로 이끌어 나가고 결국 승리할 것임은 당연한 사실이다.

이처럼 전투력을 주어진 시간 및 공간에 조화시킨다는 것은 시간과 공간적인 여건에 부합되도록 전투력을 조직하고 운용한다는 의미로서, 그 방법을 제시하면 다음과 같다.

전투 3요소를 연계한 전투력의 조직

전투력은 이를 어떻게 조직하느냐에 따라서 그 효율성이 크게 달라진다. 따라서 시간 및 공간에 의해 발생하는 마찰은 최소화하고 시간 및 공간이 제공하는 이점은 극대화할 수 있도록 전술집단[11]을 구성하고 전투 편성[12]을 해야 한다. 그래야 전투력을 구성하고 있는 요소들을 상호 유기적으로 결합하여 운용함으로써 통합된 힘을 발휘할 수 있기 때문이다.

① 전술집단을 구성하는 것은 전투력을 한 덩어리로 운용하는 것이 아니라 여러 개의 집단으로 구분하고 각 집단별로 해야 할 역할을 부여하는 것이다. 이렇게 함으로써 작전의 반응속도를 단축시키고, 조직적이고 융통성 있는 작전이 가능하며, 주어진 공간을 충분히 활용할 수 있다.[13]

---

11) 전술집단(戰術集團)이란 부여된 임무를 효과적으로 수행하기 위해 부대를 전술적 임무에 따라 구분한 집단을 말한다. 공격작전 시에 주공, 조공, 후속부대, 후속지원부대, 예비대 등으로 구분하는 것을 예로 들 수 있다.
12) 전투 편성(戰鬪編成, Combat Organization)은 각 전술집단들이 임무를 효과적으로 수행할 수 있도록 예속, 배속, 지원부대를 편성하고 지휘관계를 설정하는 것을 말한다.

② 전투 편성은 각 전술집단들이 자신의 역할을 수행하는 데 적합하게 다른 전투요소들을 추가해서 묶어 주는 것이다. 전투 편성은 전술집단이 전투를 수행하는 데 필요한 핵심적인 기능들이 반영되어야 한다. 이 핵심적인 기능에는 지휘통제기능(전투요소들을 지휘 및 통제하는 기능), 정보기능(적을 찾는 기능), 기동기능(전투에 유리한 공간으로 전투력을 이동시키는 기능), 화력기능(식별된 적을 타격하는 기능), 방호기능(전투에서 생존하는 기능), 작전지속지원기능(전술적 목표를 달성할 때까지 작전을 지속시키는 기능) 등이 있으며 이를 통칭하여 전투수행기능(WFF, War Fighting Function)이라 한다. 전투 편성은 가급적이면 전술집단들을 제병협동부대[14]로 편성함으로써 제 병과의 능력들이 통합된 힘을 발휘할 수 있어야 한다.

전투 3요소를 연계한 전투력의 운용

동일한 전투력일지라도 발휘되는 힘의 크기와 효과가 상이하게 나타나는 것은 적의 행동에 기초하여 나의 전투력이 시·공간적인 조건에 부합되도록 집(集), 산(散), 동(動), 정(靜)을 조화시킴으로써 상황에 유연하게 대처하기 때문이다.

앞서 언급하였듯이 전투력의 특성인 집(集), 산(散), 동(動), 정(靜)은 강점과 약점이 공존한다. 집중하면 강해지나, 대량 피해의 가능성은 증대된다. 분산하면 생존성이 향상되고 기동성도 증대되지만 상대적으

---

13) 여러 전술집단들로 분할되어 민첩성이 증대되므로 작전반응속도가 빨라지고, 이들이 상호 연계 및 협조하면서 조직적이고 융통성 있는 작전이 가능하며, 전술집단별로 역할에 따라 전투공간을 적절하게 활용할 수 있게 되는 것이다.

14) 제병협동부대란 2개 혹은 그 이상의 병과로 구성된 결합체로서, 임무수행을 위해 상호 지원할 수 있는 부대로 구성되며 통상 보병, 전차, 공격헬기, 포병, 방공, 포병 등으로 편성된다.

로 약해진다. 움직이면 타격력이 증대되고 적의 정확한 타격을 어렵게 하지만 가만히 숨어있는 것보다 적에게 노출되기 쉽다. 움직이지 않으면 지형의 이점을 활용할 수 있지만 적의 집중적인 타격을 감수해야 한다. 따라서 이러한 특성들을 시간 및 공간에 최대한 부합되도록 적절하게 조화시켜야 하는 것이다.

특정의 작전 형태[15]나 기동 형태[16]를 취하는 것은 여러 가지의 전투력 운용 방법 중에서 주어진 시간과 공간에 잘 부합하고 예상되는 적의 행동에 대응할 수 있는 방법을 적용한 것이다.

특수 조건을 극복하고 활용

시간과 공간이라는 조건이 일반적인 경우와 현저하게 다른 경우를 특수조건이라 한다. 특수조건 하에서의 전투는 시간과 공간의 특수성으로 인해 전투력 운용에 많은 제한사항이 따르며, 이를 극복하기 위해 특수장비나 전문기술 등의 추가적인 대책이 요구된다. 또한 공자와 방자에게 미치는 영향에도 차이가 있으므로 전투력을 운용하는 방식 역시 다를 수밖에 없다. 일반적으로 특수조건이라고 인식하는 경우를 제시한다면 시간적인 측면에서의 특수조건은 혹한의 동계와 시도조건이 제한되는 야간[17]이 해당하고, 공간적인 측면에서의 특수조건은 험준한 산악, 강력한 구조물로 전투시설을 갖춘 요새, 자연적

---

15) 현 교리상 공격작전의 형태에는 접적전진, 급속공격, 협조된 공격, 전과확대, 추격 등이 있으며 방어작전의 형태에는 지역방어, 기동방어, 지연방어 등이 있다.
16) 현 교리상 공격을 위한 기동 형태에는 포위, 우회기동, 돌파, 정면 공격, 침투기동 등이 있다.
17) 오래전에는 시도조건이 제한되는 야간작전을 특수조건하 작전으로 분류하였으나 야음이 주는 제한사항이 감시장비의 발달로 인해 과거보다 큰 영향을 미치지 않게 되었으며, 작전 자체가 주간과 야간으로 구분하지 않고 기본적으로 연속작전으로 진행하기 때문에 우리 교리에서는 특수조건으로 분류하지 않고 있다.

인 장애물로 인식되는 하천, 건물지역으로 형성된 도시 등을 들 수 있으나 그 규모나 특수조건의 발달 정도에 따라 보편적인 조건으로 인식될 수도 있다. 분명한 것은 평범하지 않은 시간과 공간에 자신의 전투력을 능수능란하게 조화시키는 것이 진정한 전투능력이라는 것이다. 특수조건별로 작전에 영향을 미칠 수 있는 주요 특징은 다음의 〈표 2-4〉와 같다.

〈표 2-4〉 특수조건별 작전에 영향을 미치는 주요 특징

구 분	작전에 영향을 미치는 주요 특징
산악지역	험준한 경사, 암벽, 절벽, 울창한 산림, 제한된 도로망, 극심한 기상의 변화
하천지역	자연적인 장애물(하천) 형성
도시지역	복잡한 인공지물(구조물, 고층건물, 도시기반시설 등) 대규모의 비전투원(주민) 혼재
요새지역	각종 진지, 엄체호, 벙커 등 영구적인 방어시설 구축

백년전쟁 중반인 1415년 8월 25일에 있었던 아쟁쿠르 전투(Battle of Agincourt)에서 당한 프랑스군의 참담한 패배는 바로 전투 3요소를 효과적으로 조화시키지 못한데 원인이 있었다.

당시 영국군은 6,000~9,000명, 프랑스군은 12,000~36,000명 정도였을 것으로 추정하고 있다. 그러나 영국군은 적지에서 약 18일 동안 250마일 이상을 행군하여 체력이 고갈되고, 이질에 시달리

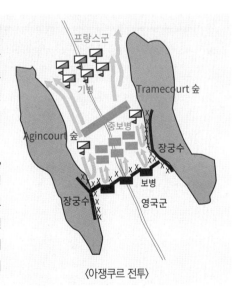

〈아쟁쿠르 전투〉

고 있던 상태였던 반면 프랑스군은 승리를 확신하고 있었고 그 전에 치러진 전투에서의 패배를 되갚으려는 의지에 가득 찬 상태였다. 그러나 3시간에 걸친 전투의 결과는 프랑스군의 참패로 끝났다. 프랑스군은 총사령관을 비롯해 약 4,500명의 병사들이 전사했으나 영국군의 손실은 극히 미미했다. 패배 원인을 제시하면 다음과 같다.

① 울창한 숲 사이의 개활지로 형성된 700야드 정도의 좁은 통로에서 전투가 벌어졌기 때문에 프랑스군은 수적 우위에서 오는 이점을 제대로 살릴 수가 없었다.

② 전날 내린 비로 인해 형성된 깊고 부드러운 진흙탕은 기병과 중무장병으로 구성된 프랑스군의 발목을 잡아버렸다. 25kg 이상의 갑옷을 착용한 프랑스군은 진흙탕 속에서 밀집된 채로 움직이지도 못하고, 무기도 제대로 사용할 수 없는 상태에서 가벼운 가죽 갑옷을 착용하고 칼, 도끼, 망치 등으로 경무장한 영국군에 의해 일방적으로 도륙당했다.

③ 피·아 전투력의 상태 및 배치를 고려하지 않았다. 프랑스군이 먼저 빽빽한 밀집대형으로 무릎까지 빠지는 진흙탕을 거쳐 적의 목책과 궁수들 앞으로 전진하여 스스로 적에게 좋은 표적이 되었고 이 현상은 도미노처럼 연속된 악순환을 반복하게 되었다. 시간은 지칠 대로 지친 영국군에게 오히려 불리했기 때문에 무리하게 먼저 진격할 이유가 없었던 것이다.

많은 사람이 아쟁쿠르 전투는 영국군 장궁병의 역할이 결정적이었다고 평가하지만 실제로는 오히려 지형과 기상, 그리고 피·아의 전투력(무기 및 장비, 전투방식 등)을 제대로 파악하지 못한 프랑스군의 무능함이 더 큰 역할을 한 것으로 볼 수 있다.

2. 전투의 본질

전투는 쌍방 간의 충돌행위로써 통상 어느 한 측은 공격하고 다른 한 측은 방어를 하게 마련이다. 이때 대립하는 양측이 공격 또는 방어를 선택하게 된 이유는 바로 전투 3요소의 상호관계를 고려했기 때문이다. 즉 상대의 전투력을 면밀하게 분석하고, 이를 격멸하기 위해 주어진 시간과 공간을 어떻게 활용할 것인가를 심사숙고하여 공격할 것인지, 아니면 방어할 것인지를 선택한 것이다.

■ 공격과 방어의 선택

누가 공격하고 누가 방어할 것인가

실제적으로 전술제대는 상급부대의 일부로서 작전을 수행하기 때문에 독립적인 작전을 하지 않는 이상 자체적인 판단보다는 상급부대로부터 부여받은 명령에 따라서 공격 또는 방어를 수행하게 되는 경우가 대부분이다. 만약 공격 또는 방어 임무를 부여받지 못하고 자체적으로 판단해야 한다면 전투력의 상대적인 우열 정도, 상대방의 교리·편성·지휘관의 능력 등을 구체적으로 분석하고, 시간과 공간적인 조건을 잘 활용할 수 있는 구체적인 전투수행 방법을 계획하여 이를 실행에 옮길 것이다.

자체적인 판단에 의한 것이든, 아니면 상급부대의 명령에 의한 것이든 모든 전투 상황이 처음부터 공격과 방어로 시작하지 않을 수도 있다. 즉 쌍방이 공히 공격 또는 방어를 선택할 수도 있기 때문이다. 쌍방이 공격을 선택한 경우에도 전투가 진행됨에 따라 어느 일방으로 전세가 기울어지면서 일방은 공격하고 다른 일방은 방어하는 형태로 전환되기 마련이며, 쌍방이 방어를 선택하여 대치한 상태에서도 상대에 대한 분석이 이루어진 이후에는 어느 일방이 공격으로 나올 가능성이 크다. 그러나 전체적인 군사작전을 다루는 전략 및 작전적 수준에서는 이미 공세, 수세, 수세 후 공세 등의 전략개념에 따라 전쟁을 수행하게 되므로 그 속에서 전투를 수행하는 전술적 수준에서는 통상 공격할 것인지 방어할 것인지가 이미 결정된 상태가 될 확률이 높다. 아무튼 공격과 방어가 성립하여 전투가 진행되다가 양자 간의 전투력 우열이 전도(顚倒)되면 통상 공자과 방자의 입장은 서로 뒤바뀌게 된다.

대부분 공격으로 전투를 종결시키려 한다

전투를 승리로 종결하고 상대에게 자신의 의지를 관철시키고자 한다면 공격이 필수적이다. 하지만 의지만을 내세워 무조건 공격을 선택하는 것은 무모한 짓이다. 일반적으로 상대보다 우세한 전투력이 뒷받침되어야 한다. 전투력이 열세하지만, 공격을 선택하였다면 이를 극복할 수 있도록 기만이나 기습 등의 창의적인 방법이 강구되어야 할 것이다. 반대로 전투력이 열세한 경우에는 일반적으로 방어를 먼저 실시하고, 공자(功者)의 전투력이 현저하게 감소하거나 공자에게 허점이 발견되면 공격으로 전환하는 것이 보통이다. 또한 전투력이 우세한 경우라도 보다 유리한 여건을 확실하게 조성하고자 방어를 선택할 수도 있는 것이다.[18]

급변하는 상황 속에서 최초로 전투가 개시되는 시점부터 종결되는 시점까지 공격이나 방어를 계속하는 경우보다는 공격에서 방어로, 혹은 방어에서 공격으로 전환되는 경우가 빈번하다. 어떠한 경우가 되었건 내 지역에서 방어를 하다가 전투가 종결되는 것보다는 적 지역에서의 공격으로 전투를 종결함으로써 내가 원하는 바를 획득하는 것을 선호할 것이다. 공격을 통한 '탈취 및 획득'이 방어를 통한 '현상유지'보다는 훨씬 이익이기 때문이다.

> "어느 한 팀이 볼을 가지고 있지 않는 한, 축구에서 득점을 할 수 없다."
> * 전투에서 승리를 가져오기 위해서는 공격 작전이 필수적임을 의미
> 〈듀푸이(Trevor N. Dupuy)〉

공방(攻防)은 대립하는 개념이자 상호 보완적인 개념이다

공격과 방어는 완전하게 이원화되어 서로 대립만 하는 개념일까? 결론부터 말하면 아니다. 쌍방 간의 입장에서 생각하면 공격과 방어는 대립하는 개념이지만 이 중 어느 한쪽의 입장에서 생각하면 상호

---

18) 이러한 경우의 예로써, 제2차 세계대전 당시 소련군은 스탈린그라드 전투에서의 승리를 기점으로 공세로 전환할 능력을 이미 갖추었으나 쿠르스크(Kursk) 돌출부에 종심 깊은 강력한 방어진지를 편성하고 주도권을 되찾기 위한 독일군 주력의 공세를 흡수한 다음 총공세에 나선 것을 들 수 있다.

보완적인 개념이다. 즉 어느 일방이 공격 또는 방어를 선택했더라도 공격 또는 방어 일변도의 전투를 수행하기란 쉽지 않다.

예를 든다면, 어느 일방이 공격을 하고 있어도 적의 역습에 대응해야 하는 경우, 공격 중인 주력부대의 측방을 방호해야 하는 경우, 공중강습작전을 성공한 후에 공격하는 본대와의 연결을 위해 그 지역을 계속 확보해야 하는 등의 경우에는 방어를 병행하지 않을 수 없다. 즉 부분적으로 방어를 수행하여 공격의 취약점을 보완하는 것이다. 이와 반대로 방어를 하고 있더라도 적을 의도적으로 유인하여 타격하고자 하는 경우, 상실된 방어지역을 회복하거나 돌파구 내에 투입된 적을 격멸하기 위해 역습을 하고자 하는 경우, 후방지역에 침투한 대규모의 특수작전부대를 격멸하는 등의 경우에는 공격을 병행해야만 한다. 부분적인 공격을 통해 수세를 탈피하고 주도권을 획득할 수 있는 계기를 마련할 수 있기 때문이다.

이처럼 전체적인 전투를 대관(大觀, prospect)한다면 어느 일방은 공격, 다른 일방은 방어라는 간판을 내걸고 전투를 수행하고 있지만, 쌍방의 전투행위를 세부적으로 들여다보면 쌍방 공히 공격과 방어가 병행해서 이루어지고 있다. 특히 부대의 규모가 크면 클수록 공격 또는 방어 일변도의 작전은 이루어지지 않는다.

■ 공격과 방어의 속성

공자와 방자가 본질적으로 지니고 있는 유리점과 불리점은 다음의 〈표 2-5〉와 같다.

〈표 2-5〉 공자와 방자의 본질적인 유·불리점

구 분	유리점	불리점
공 격	• 행동의 자유로 인한 기습 달성 ＊공격 시기, 장소, 방향 선택	• 전투력 노출 • 마찰: 지형, 기상, 저항, 전투하중 등
방 어	• 지형의 이점 • 시간의 이점	• 유휴 전투력 발생

먼저 공자는 공격하고자 하는 시기, 장소, 방향 등을 자신의 의지대로 선택할 수 있어 기습을 달성하는 데 유리한 반면, 공격 중에는 전투력이 노출되어 피해를 감수할 수밖에 없고 지형이나 기상, 적의 저항, 무기와 휴대장구에 따른 전투하중 등의 마찰이 심하다는 불리점이 있다. 이에 비해 방자는 사전에 방어하기에 유리한 지형을 선정하여 장애물과 전투진지로 보강함으로써 지형의 이점을 이용한 전투력 발휘가 가능하다. 또한 시간도 방자에게 유리하게 작용하는데, 공자가 이동하여 진지 전방에 도달하는 순간까지도 방어 준비를 계속할 수 있으며, 공자의 전투력 감소율이 상대적으로 크기 때문에 전투가 오래 지속될수록 상황은 방자에게 유리하게 전개될 가능성이 높다. 그렇지만 적이 공격하지 않는 지역에 배치된 방자의 전투력은 유휴화(遊休化)될 수 있다는 불리점이 있다.

공자(功者)든 방자(防者)든 공히 상대방의 유리점과 자신의 불리점은 최소화하고, 상대방의 불리점과 자신의 유리점을 최대한 활용하는 방향으로 전투를 수행함으로써 전투를 승리로 이끌고자 하는 것이 기본적인 속성이다.

■ 전투의 진행

전투가 진행되는 과정에서 공자와 방자는 각각 자신의 속성에 따라 행동해 나가는데, 다음의 [그림 2-7]은 전투가 진행되는 일반적인 과정에서 나타나는 현상을 나타낸 것이다. 이 그림에 제시된 몇 가지 요소들을 먼저 설명해 보면, 그래프의 종축(縱軸)은 전투력 수준을, 횡축(橫軸)은 전투가 진행되는 시간의 경과를 나타낸다. 적색과 청색 실선은 각각 공자와 방자의 전투력 수준이 전투가 진행되면서 감소되는 추세를 제시한 것이다. 그리고 전투가 개시되는 시점에서 공자의 전투력 수준이 방자보다 높은 것은 통상 전투력이 우세한 측이 공격을 선택하기 때문이다.

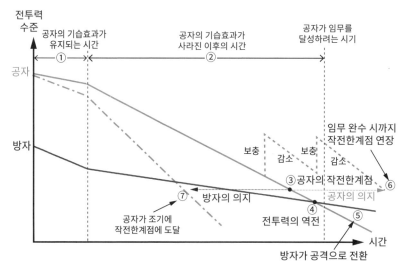

[그림 2-7] 전투의 일반적인 진행 과정

① 전투 개시 직후부터 일정 시간까지는 공자의 기습효과로 인해 일

반적으로 방자의 전투력 소모 정도가 공자보다 더 크게 나타난다.

▶ 통상 공자는 우세한 전투력과 행동의 자유를 보유하고 있으므로 자신이 원하는 시간과 장소에 선제타격을 가하거나 전투력을 집중함으로써 기습효과를 얻을 수 있다는 유리점이 작용

▶ 반면에 방자는 공자에 비해 행동의 자유가 제한되므로 공자의 선제행동에 피동적으로 대응하거나 공자의 기습과 집중에 취약하며, 공격하지 않거나 견제를 당하는 지역에서는 유휴전투력이 발생한다는 불리점이 작용

② 초기의 기습효과가 사라진 이후에는 공자의 전투력 소모 정도가 방자보다 크다.

▶ 공자는 노출된 상태로 기동하기 때문에 생존성에 취약하고, 기동 간에는 지형·전투하중·방자의 저항 등의 마찰로 인해 전투력이 급격히 소모된다는 불리점이 작용

▶ 방자는 유리한 지형을 선택하여 장애물과 진지를 구축할 수 있는 지형의 이점과 방어 준비와 진지의 강도를 증가시킬 수 있는 시간의 이점을 이용할 수 있으며, 이로 인하여 생존성 보장과 전투력 발휘가 용이하다는 유리점이 작용

③ 지속적인 마찰로 인해 공자의 전투력이 계속 감소하게 되면 결국 작전한계점(culminating point)에 도달하게 된다. 작전한계점이란 더는 작전을 수행하기 어렵게 되는 시점으로 추가적인 조치 없이는 임무 달성이 불가능하다.

④ 공자가 작전한계점에 도달했음에도 불구하고 그에 대한 대책을 강구하지 않은 상태에서 공격을 계속한다면 공자와 방자의 전투력이 역전되는 시점에 도달하게 된다.

⑤ 공자와 방자의 전투력이 역전되었어도 공자는 공격하던 관성(慣性)으로 인해 어느 정도 공격을 계속할 수는 있지만 결국에는 방자가 공격으로 전환하고, 공자는 이에 방어로 대응할 수밖에 없다.

⑥ 그러므로 공자는 임무를 완수하기 이전에 작전한계점에 도달하지 않도록 병력, 장비, 물자 등을 보충하거나 새로운 전기를 마련함으로써 공격기세를 유지하려 할 것이다.
   * 임무 완수 시까지 작전한계점을 연장하려는 공자의 의지

⑦ 반면에 방자는 공자의 전투력을 더 빨리 작전한계점에 도달케 함으로써 보다 조기에 공격으로 전환하고자 할 것이다.
   * 공자의 작전한계점을 단축시키려는 방자의 의지

결론적으로 전투의 본질은 작전한계점에 도달하기 이전에 임무를 달성하려는 '공자의 의지'와 공자를 최대한 이른 시기에 작전한계점에 도달시켜 공격으로 전환하려는 '방자의 의지' 간의 싸움이라 할 수 있다. 그리고 이러한 의지를 상대방에게 관철시키기 위해서 공자와 방자는 자신에게 주어진 유리점과 불리점을 극대화 또는 최소화하기 위해 모든 노력을 경주하는 것이다.

미국의 군사학자인 듀푸이(Trevor N. Dupuy)는 그의 저서『전쟁의 이해: 전쟁의 역사와 이론』에서 25년 동안의 연구를 통해 도출해 낸 '전투에 있어서 영구불변의 진리'로서 다음과 같은 13가지를 강조하였는데, 이는 전투의 원리를 이해하는 데 도움을 준다.

1. 공세적 전투는 긍정적인 결과를 얻는 데 필수적이다.
2. 방어는 공격보다 훨씬 강하다.[19]
3. 성공적인 공격이 불가능하면 방어하는 것이 상책이다.
4. 측 후방 공격이 정면 공격보다 성공 확률이 높다.
5. 주도권 장악은 우세한 전투력 발휘를 가능하게 한다.
6. 방어의 성공 확률은 방어진지의 강도에 비례한다.
7. 아무리 강한 방어선이라도 희생을 각오한 공격에는 돌파된다.
8. 방어에 성공하려면 종심과 예비대가 필요하다.
9. 우세한 전투력을 가진 자가 항상 승리한다.
10. 기습은 실제적으로 전투력을 증강시킨다.
11. 적을 살상, 격멸, 제압, 분산시키는 것은 화력이다.
12. 모든 전투는 예상보다는 느리고, 저생산적이며, 비능률적으로 진행된다.
13. 전투는 복잡하여 한 개 또는 단일 경구(警句)로 표현할 수 없다.

---

19) 방어는 공격보다 강력한 형태라고 강조한 클라우제비츠의 의견과 동일하다. 지형과 시간의 이점을 활용한 방어가 전투력이 노출된 공격에 비해 강하기 때문에 전투력이 열세라면 방어로서 전투력을 상쇄시키고 공격으로 전환해야 한다는 것이다. 결국 방어가 보다 강력하지만 적에게 나의 의지를 관철시키기 위해서는 공격을 해야 하는 것임을 알 수 있다.

3. 전투의 특성

전투는 시간과 공간이라는 전장 환경 속에서 피·아 전투력의 의지가 충돌하는 약육강식(弱肉强食)의 현장이다. 전투에서는 쌍방이 서로의 의지를 상대방에게 관철시키기 위해 물리적인 힘을 사용하여 상대

전투 현장

를 제압하려 한다. 따라서 전투 수행과정의 모든 순간들이 인간의 생명을 위협하고 그 의지를 시험하는 것과 관련되므로 전투에는 죽음, 공포, 두려움 등이 필연적으로 내재되어 있다.

전술의 본질을 정확하게 인식하기 위해서는 전투의 3요소라는 현상만을 피상적으로 이해할 것이 아니라 전투의 3요소의 역학적인 관계 속에서 파생되는 전투의 특성을 반드시 이해해야 한다. 인간적 요소에 의한 지배, 위험, 마찰, 불확실성, 역동성 등으로 요약되는 전투의 특성을 이해해야만 전투 현장에서 직면하게 될 난관들을 슬기롭게 극

복하고 전장을 지배할 수 있다.

교리에서는 전술을 전투에서 승리하기 위해 적용되는 '과학'과 '술'이라고 정의하고 있다. 전투에서 승리할 수 있는 보편적인 원리와 원칙을 따르는 것이 '과학'이라면, 전투의 특성으로 인해 그 과학은 쓸모없는 것으로 전락할 수 있다. 그래서 '술'이라는 차원이 공존할 수밖에 없는 것이다. 클라우제비츠는 전쟁 수행이 몇 개의 함축적인 원칙들에 의해 지도될 수 있다는 생각을 배격하면서 '군사적 천재(military genius)'[20]의 개념을 도입하였는데, 그 이유가 바로 지휘관이 전투의 특성을 올바로 이해해야만 전투를 승리로 이끌 수 있다는 생각에서 비롯된 것이다.

> • 군사적 천재의 요체는 어떤 단일 요소의 재능으로 구성되는 것이 아니라 요소들의 통합된 자질을 의미한다. 예컨대 용기는 뛰어난 반면에 다른 정신적·기질적 요소가 결핍되었거나 전쟁에 쓸모없는 경우에는 군사적 천재라 할 수 없다. 군사적 천재란 모든 요소의 조화로운 결합체로서 하나 또는 다른 재능이 우세할 수는 있지만, 어떤 요소도 나머지 요소들과 갈등 관계에 있을 수는 없다.
>
> 〈클라우제비츠〉
>
> • 소방관이 화재를 이해하듯이 전사는 전투를 이해해야 한다.
>
> 〈Dave Grossman, 『전투의 심리학』〉

---

20) 클라우제비츠가 제시한 군사적 천재의 개념은 하늘이 내려준 특별한 존재이거나 범접할 수 없는 비정상적인 인물과 같은 신비적인 요소를 배격한다. 즉 타고난 것이기도 하지만 길러지기도 하는 존재인 것이다. 군사적 천재의 지적(intellectual) 분야는 지성, 직관력 또는 혜안, 공간감각, 정치와 인간본성에 대한 깊은 이해 등을 말하는데 이는 교육, 훈련, 경험에 의해 길러지는 것이고, 기질적(temperament)·심리적(personality) 분야에는 용기, 결단력, 야심, 자제력, 대담성 등이 포함되는데 이는 천부적인 재능이기도 하지만 후천적인 노력 없이는 천재성을 발휘할 수 없다고 하였다. 즉 군사적 천재는 타고난 부분도 있지만 후천적인 경험과 연마가 더 중요하다는 것을 알 수 있다.

■ 인간적 요소에 의한 지배

> 지난 1세기 반 동안 기술은 매우 많은 전쟁의 변화를 일으켰다. … 많은 변화에도 불구하고 본질적으로 달라지지 않은 두 가지가 있다. 전쟁은 인간이 수행하며, 지난 5천년간 기록된 역사를 통해 볼 때 인간의 본성은 달라지지 않았다는 사실이다. 인간의 본성이 달라지지 않았기 때문에 그가 전쟁에 임하는 기본적인 목적, 즉 상반되는 견해를 가진 사람에게 무기를 사용하여 자신의 의지를 관철시키려 하는 것도 달라지지 않았다는 것이다.
>
> 〈듀푸이(Trevor N. Dupuy)〉

인간이 보유하고 있는 의지와 본성, 정신적·육체적인 능력, 감정, 판단력 등은 전투를 지배하는 요소이다. 위험, 마찰, 불확실성, 역동성 등 전투의 특성은 인간적 요소로부터 출발한다. 왜냐하면 인간은 전투의 특성을 인지하는 유일한 존재인 동시에, 무형 전투력을 창출하고 전투를 수행하는 주체이기 때문이다. 오늘날에는 과학기술의 발전으로 첨단 무기체계가 전투에서 다양하게 사용되고 있지만, 이것들은 인간과 결합되지 않는다면 무용지물(無用之物)에 불과하다. 또한 전장 상황을 인식하고 판단하며 이에 적절히 대응하는 것도 결국 인간의 몫이다. 그러므로 부단한 교육과 훈련, 연습 등을 통해 인간적 요소의 능력을 향상시켜야 한다.

인간적 요소에는 부정적인 측면과 긍정적인 측면이 공존한다. 부정적 측면은 위험에 따르는 공포[21], 불안감, 공황, 갈등[22], 육체적인 고

---

21) 공포는 운동 기능과 인지 처리 능력을 저하시키고, 배변과 배뇨 능력을 상실하게 할 수도 있다. (제2차 세계대전 참전 용사의 절반가량이 바지에 배뇨를, 1/4가량이 배변을 보았다고 조사됨)
22) 제2차 세계대전 시 실제 전투에서 총을 쏜 미군 병사는 15~20% 정도였으며, 남북전쟁 시 게티즈버그 전투 후 수거된 2만 7천여 정의 소총 중에서 2만 4천여 정이 장전된 상태였다(Dave

통과 기능 저하[23], 수면 부족[24] 등으로 인해 전투력 발휘가 제한될 수 있다는 것이다. 반면 긍정적 측면은 용기, 책임감, 사기와 군기, 단결, 전투 승리에 대한 확신과 자신감, 전우애[25], 충성심, 강인한 정신력과 체력, 상황에 대한 적응력 등이 전투력으로 승화되어 어려운 여건을 극복하고 전승을 달성할 수 있다는 것이다. 따라서 지휘관은 부정적인 측면을 최소화하고 긍정적인 측면을 극대화하기 위해 노력해야 한다. 부정적인 측면을 최소화하기 위해서는 전투 상황과 유사한 방식을 적용한 훈련을 강화하고, 전장의 불확실성을 최대한 제거하며, 악조건하에서도 결코 흔들리지 않는 초연한 자세와 강인한 의지력을 견지함으로써 부하들이 심리적인 안정감을 유지할 수 있도록 해야 한다. 또한 긍정적인 측면을 강화하기 위해서는 부하들과 생사고락을 함께하면서 솔선수범의 기풍을 견지하고, 신상필벌을 엄정하게 시행해야 하며, 명령과 지시를 간명하게 내리고 불필요한 간섭이나 통제를 배제해야 한다. 이러한 조치들은 부정적 측면 최소화 또는 긍정적

Grossman, 『살인의 심리학』). 이러한 사실은 전장에서 전투 살해에 대한 거부감으로 인한 갈등이 크게 작용했다는 의미이다.

23) 격렬한 전투 후에는 아드레날린이 방출되어 곯아떨어지는 현상이 일어나게 되며, 이때 적이 공격하게 되면 속수무책으로 당한다. 나폴레옹도 군대가 가장 취약한 시기는 싸움에서 이긴 직후라고 강조하였다.(Dave Grossman, 『전투의 심리학』)

24) 미군 포병대대를 대상으로 연구한 결과 하루 7시간을 수면한 부대의 임무 수행률은 98%였던 반면, 4시간 이내로 수면한 부대는 15%에 불과하였다.(Dave Grossman, 『전투의 심리학』)

25) 미 육군참모대학 전략연구소의 『그들은 왜 싸우는가?: 이라크 전쟁에서 전투 동기』에서 제시한 바에 따르면, 2003년 이라크 전쟁에 참전한 병사를 대상으로 한 전투 동기에 대한 설문조사 결과, 이라크군 병사들은 탈영자에 대한 공개 처형과 가혹한 처벌, 부모 투옥 등과 같은 강압에 의한 것으로 나타났으나, 미군 병사들은 주로 부대 생활과 훈련을 통한 인간적 친밀감과 연대감 등 동료 간의 전우애가 주요 동기로 나타났다. 오히려 애국심, 충성심, 이념 등은 전투 동기의 결정적 요소가 되지 못했다고 밝히고 있다. 또한 마셜 장군은 『사격을 거부하는 군인들(Men Against Fire), 1947』을 통해 "병사들로 하여금 계속 전투에 임하게 하는 가장 단순한 진리는 동료의 존재 그 자체다"라고 강조하였다.

측면 강화라는 목적에 따라 구분하여 제시하였지만, 이는 목적의 비중에 따라 구분한 것이지 실제로는 두 가지 목적을 모두 추구하고 있음을 인식해야 한다.

또한 지휘관은 전투력을 행사할 때 도덕적인 측면까지도 고려해야 한다. 무절제한 폭력에 의한 불필요한 살상은 인간을 격정으로 몰아가 급기야는 피·아 공히 극단의 감정이 개입함으로써 돌이킬 수 없는 폐해를 낳게 된다. 어떤 경우에는 우군의 내부에서조차 부도덕성에 대한 불만으로 조직력이 붕괴되는 사태가 발생할 수도 있는 동시에, 적에게는 전투의지를 더욱 공고히 하는 계기를 제공하기도 한다. 특히 비전투원인 민간 요소에 대한 무력의 사용은 철저하게 절제되어야 한다.[26] 현대에 들어서부터는 다양한 언론매체와 네트워크의 발전으로 전투 현장의 실상이 대내외적으로 적나라하게 전달되므로 무절제한 전투력의 행사는 국내 및 국제적인 지지를 상실케 함으로써 아무리 많은 전투를 승리로 이끌었더라도 전략적·작전적 수준의 승리로 연결시키기 어렵다.

베트남 전쟁 시 민간인 학살

---

26) 미라이(My Lai) 학살을 그 예로 들 수 있다. 이는 베트남 전쟁 중인 1968년 3월 16일 남베트남 미라이에서 발생한 민간인 대량 학살 사건이다. 당시 미군 제11경보병 여단 소속 C중대는 월맹의 구정 대공세에 대한 반격작전의 일환으로 미라이 마을로 진입하였으나 이미 베트콩 및 그 동조자는 다 도주한 상태였다. 하지만 계속되는 전투로 극도로 예민해 있던 C중대는 마을을 수색하면서 남아 있는 모든 주민을 끌어내고 여성, 아동, 노인을 가리지 않고 무차별로 학살하였다. 이 마을에서 학살당한 민간인은 약 500명 정도로 추정하고 있다. 이 사건은 약 18개월 뒤에야 세상에 알려졌다. 이로 인해 미국은 전쟁의 명분이 날아가 버리고 베트남 주민의 민심은 이반되었으며 국내외 여론은 극단적으로 악화되어 결국 베트남 전쟁에서 미국이 손을 떼는 계기 중 하나가 되었다.

■ 위험(危險, Risk)

피·아 간의 전투행위는 주로 '적 부대 격멸'을 추구하기 때문에 그 자체에 '파괴'라는 속성을 지니고 있다. 이로 인해 전장에서는 크고 작은 위험이 항상 도사리고 있다. 전투원 개개인이 체감하는 위험도 있지만 이는 인간적 요소에 해당하며, 여기에서는 작전을 수행하는 부대 차원에서 인식하는 수준의 위험으로 의미를 한정한다.

위험은 그 위험을 인식하는 정도에 따라서 감수할 만한 위험도 있으며, 감수할 수 없을 만큼 중대한 위험도 있다. 말 그대로 감수할 수 없을 정도의 위험은 적극적으로 대응해야 하지만, 임무를 달성하기 위해 감수할 만한 위험은 감수하는 대담성이 필요하다. 위험을 감수하는 대담성은 '군사적 도박'과 같은 근거 없는 만용(蠻勇)이 아니라 철저한 손익 계산에 근거한 '계산된 모험'을 의미한다. 군사적 도박(military gamble)[27]은 지휘관이 그 결과에 대한 합리적인 수준의 정보 없이 무작정 모험을 감수하려는 결심을 뜻하는 데 반해, 계산된 모험(calculated risk)[28]은 지휘관이 임무 달성에 비추어 그 결과나 부대의 피해를 미리 예상해 볼 수 있고 비용의 가치에 따른 결과를 판단할 수 있을 경우에 그 피해나 손실의 위험에 부대를 노출시키는 것을 의미한다. 즉 위험을 그대로 방치하지 않고 최소한의 대책을 강구한 상태에서, 위험으로 인해 발생한 손해보다 위험을 감수하고 실행한 주요

---

27) 롬멜은 "군사적 도박이란 완전한 승리가 아니면 완전한 패배라는 이판사판식 승부수를 던지는 무모한 모험이다."라고 역설하였다.

28) 롬멜은 "계산된 모험이란 성공 여부에 대한 완전한 확신은 없으나 실패했을 경우 어떤 상황이 발생하든 이에 대처할 수 있는 충분한 전투력을 보유하는 것이다."라고 하였다.

행동의 결과가 더 큰 이익을 얻을 수 있다는 계산에 근거해서 대담성을 발휘한 것이다.

전투 간 위험은 언제, 어디서나 발생하기 때문에 크고 작은 모든 위험에 동일하게 반응하는 것은 오히려 소탐대실(小貪大失)의 우를 범할 수 있다. 따라서 임무를 기준으로 경중완급(輕重緩急)을 고려하여 적시 적절하게 대처해야 한다.

▌ 마찰(摩擦, Friction)

마찰은 행동에 저항하고 의지와 능력을 빼앗아 버리는 힘을 말한다. 마찰은 단순한 상황을 어렵게 만들기도 하고 어려움을 불가능한 것으로 만들기도 한다. 전투는 수많은 마찰의 연속이기 때문에 언제든지 예상치 못했거나 예상보다 강도가 센 마찰에 봉착할 수 있다.

마찰이 발생하는 외부적인 원인은 자유의지에 따라 행동하는 적의 저항과 지형 및 기상의 여건 등이며, 내부적인 원인은 불분명한 목표 설정, 협조 부족, 복잡한 계획과 전투 편성, 애매한 지휘관계 설정, 보급의 부족, 리더십의 부재, 전투원들의 정신적·육체적 능력 등을 들 수 있다. 지휘관은 자신이 직접 다룰 수 있는 내부적인 원인부터 우선적으로 제거해 나가야 한다.

마찰을 최소화하기 위해서는 주도면밀한 전장환경 분석 및 이해, 정찰 및 예행연습, 제대 및 참모 간 협조, 사기 및 군기 유지, 작전지속지원 능력 유지 등의 대책을 강구해야 한다. 이러한 대책들은 계획 수립에 착수한 이후부터 작전 준비를 완료할 때까지 최대한 조치되어야 하고 작전을 실시하는 과정에서도 새로 식별되었거나 추가적으로 예상되는 마찰 요소를 계속 제거해 나가야 한다.

수많은 마찰에도 불구하고 임무를 지속할 수 있는 원동력은 의지이다. 지휘관은 자신은 물론 부하들의 전투의지를 고양할 수 있도록 작전수행과정(계획 수립·작전 준비·작전 실시) 내내 계속적인 노력을 투자해야 한다.

> 기계와 마찬가지로 몇 가지 부분에만 국한되지 않는 그 엄청난 마찰은 모든 부분에서 우연히 부딪치고 측정할 수 없는 결과를 초래하곤 한다. … 전쟁에서의 행동은 저항체 속에서의 운동과 같다. 가장 간단하고 가장 자연스러운 운동인 걷기가 물 속에서 잘 안 되는 것과 같이 전쟁에서도 보통 노력으로는 평균적인 결과를 이루기가 어렵다. 이른바 마찰이라는 것은 명백히 쉬워 보이는 것을 매우 어렵게 만들어버리는 요인이다.
>
> 〈클라우제비츠〉

■ 불확실성(Uncertainty)

오늘날과 같은 전장감시체계의 발달에도 불구하고 대부분의 전투행동들은 여전히 불확실성의 안개 속에서 이루어지고 있으므로 전장에서는 항상 예기치 못한 사태가 도처에서 발생한다.

상대방은 아군의 오판을 유도하기 위하여 가능한 모든 시도를 할 것이다. 또한 예하 부대로부터 접수되는 보고는 부정확하거나 불완전할 수 있고, 지연되거나 단절될 수 있으며, 심지어는 조작될 수도 있다. 그리고 지형과 기상의 조건은 예상과 다를 수도 있으며 언제라도 변화할 수 있다. 이러한 것들이 바로 전장의 불확실성을 증대하는 요인이다.

불확실성과 우연성은 밀접한 인과관계를 맺고 있다. 불확실성을 해소하지 못하면 반드시 우연과 직면하게 된다. 우연은 피 · 아 공히 통제할 수 없고 합리적으로 예견할 수 없는 사건들(events)을 말한다. 아무리 치밀하게 수립한 작전계획이라도 사소한 요인이나 환경의 변화로 인하여 최초 자신의 의도와는 전혀 다른 방향으로 상황이 전개될 수 있고, 일사불란한 지휘체계 속에서도 예상치 못한 혼란이 일어날 수 있으며, 완벽한 승리를 지향하는 상황 속에서도 갑자기 패배의 요인이 출현할 수도 있는 것이다.

불확실성은 또한 개연성에 의존한 부대의 행동을 유발하기도 한다. 전투를 수행하는 과정에서 모든 행동을 확실한 정보에 근거할 수는 없다. 전투수행 과정에서는 불확실성을 완전히 제거할 만큼 시간적인 여유가 충분하지도 않기 때문에 지휘관은 적시적인 행동을 위해 그렇게 될 것이라는 개연성에 근거하여 행동을 결심할 수밖에 없는 경우가 허다하다. 오로지 지휘관의 군사적인 지식과 재능, 경험만이 개연성과 사실의 차이를 좁힐 수 있다.

전장의 불확실성을 극복하기 위해서는 현 상황에 기초한 타당성 있는 예측, 우발계획의 준비, 적시 적절한 임기응변 등이 요구된다. 또한 지휘관은 불완전하거나 부족한 정보 속에서도 우유부단하지 않고 전술적인 감각과 직관력을 발휘하여 과감한 결심을 할 수 있어야 한다. 그리고 항상 예비대를 준비하여 우연에 대비할 수 있는 융통성을 구비해야 한다. 흔히 예측한 것과 다르다는 이유로 우연히 발생한 사태를 모두 나에게 위험이라고 생각하는 경향이 있다. 그러나 우연이 항상 위기로 나타나는 것은 아니고 얼마든지 호기로 나타날 수 있음을 인식해야 한다. 이런 경우에는 시기를 상실하지 않고 지체없이 이를 활용할 수 있어야 한다.

전술에 있어서 10개 중 9개는 확실하다고 책에 나와 있다. 그러나 불확실한 10번째는 전혀 예상할 수 없는 것으로서 장군을 시험하는 것이다. 그것은 오직 위기 상황에서 조건반사적으로 단련된 직관으로만 해결할 수 있다.

〈T. E. Lawrence〉

전황은 시시각각 변화한다. 산의 뒤에 있는 적이 무엇을 하는지 모른다. 그러므로 가장 중요한 것은 산의 배후를 뚫어 보는 통찰력이다.

〈Wellington〉

▌ 역동성(Dynamic)

전투는 끊임없이 변화하는 전장 상황에 적응해 나가면서 대립하고 있는 상대방과의 물리적인 충돌이 연속적으로 이어지는 과정이다. 즉 피·아 전투력이 시간 및 공간 요소와 상호 작용하면서 한 치의 양보도 없이 자유의지에 따라서 활발하게 대립하는 역동적인 과정인 것이다. 래프팅을 하는 경우를 상상해 보자. 계곡이나 강의 급류는 대단히 빠르고 물살이 매우 거세며 물줄기가 어느 방향으로 형성되어 있는지 모른다. 그야말로 역동적인 물의 흐름 속에서 보트를 타고 내려오려면 구성원 모두가 합심하고 협동해야 함은 물론 모든 상황에 자발적이고 적극적으로 대응해야 한다.

전투에서의 역동성은 유동 적인 전장 상황과 대립하는 상대방과의 상호관계 속에서 다양한 조직과 기능으로 이 루어진 전투력을 적극적이고 효율적으로 운용하는 과정에 서 나타난다. 이러한 역동적

래프팅

인 환경하에서 소극적이고 피동적으로 행동하거나 서로 협동하지 않 는다면 임무 달성은커녕, 생존하기도 힘든 것은 당연하다. 그러므로 역동적인 상황에 적응하기 위한 필사적인 노력과 적과의 생존경쟁에 서 싸워 이기기 위한 자발적이고 적극적인 행동만이 전투에서 살아남 고 승리할 수 있는 유일한 방법이다.

또한 지휘관은 예하부대에게 변화되는 상황에 대한 정보를 적시 적 절하게 제공해 줌으로써 필승의 신념으로 전투에 임할 수 있도록 하 고, 임무형 지휘[29]를 통해 유동적이고 혼란한 상황 속에서 자발적으로 작전을 주도해 나갈 수 있도록 여건을 조성해 주어야 한다.

---

29) 임무형 지휘(任務型 指揮, Mission Command)란 전·평시 모든 부대활동에서 부여된 임무를 효율 적으로 완수하기 위한 기본적인 지휘개념이다. 지휘관은 자신의 의도와 예하부대의 임무를 명 확히 제시하고 임무 수행에 필요한 자원과 수단을 충분히 제공하되 임무수행 방법은 최대한 위 임해 주며, 예하부대는 상급 지휘관의 의도와 자신의 임무에 기반하여 자율적이고 창의적으로 임무를 수행하는 사고 및 행동체계를 말한다.

군사적 · 천재(military genius)

클라우제비츠가 전쟁의 본질을 규명하기 위해 주장한 전쟁의 삼위일체론(Trinity)은 그의 저서인 『전쟁론』의 정수(精髓)로 평가받고 있다. 군사적 천재의 개념은 전쟁의 3극 체제 중의 하나인 제2극(군대, 지휘관의 영역)에서 도출된 것이다.

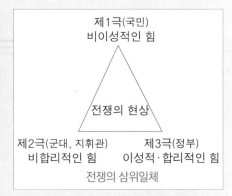

제1극(국민)
비이성적인 힘

전쟁의 현상

제2극(군대, 지휘관)   제3극(정부)
비합리적인 힘   이성적 · 합리적인 힘

전쟁의 삼위일체

전투력이 운용되는 전장은 불확실성과 우연성이 지배하는 영역이며 육체적 고통, 피로, 혼란, 공포가 이에 더해지면서 현실적으로 군사적 행동에 많은 제약을 받게 되는데, 클라우제비츠는 이를 마찰(friction)의 개념으로 설명하였다. 군사적 천재는 이러한 마찰을 극복하고 전투를 승리로 이끌 수 있는 이상적인 대안으로 제시된 개념이다.

군사적 천재는 지적 분야와 기질적 · 심리적 분야의 재능이 조화롭게 내면화된 존재를 의미하는데 분야별 재능은 다음과 같다.

▶ 지적(intellectual) 분야
- 지성(intellect): 편협하지 않고 포괄적이고 광범위한 지식
  "일찍이 제한된 지성을 가진 어떤 사람도 위대한 지휘관이 된 예가 없다."
- 직관력 또는 혜안(intuition, coup d'oeil)
  - 내적인 통찰력, 거의 본능적인 능력
   * 한 번 척 보고도 사태의 본질과 대처 방안을 순식간에 도출하는 능력(一見, 一別)
  - 예기치 않은 사태에 직면해서도 침착함(presence of mind)과 평정심 유지
  - 지식과 경험의 내면화(內面化)로 보강
- 공간감각(spatial awareness, sense of locality)
  - 위치감각과 지형감각
   * 지형과 지세를 신속 · 정확하게 파악하여 자신 · 우군 · 적의 위치, 필요한 접근로와 목표지역들을 식별하는 능력

- 상상력: 육안 파악+학습과 경험에 바탕을 둔 心眼의 예측작업
  * 산 너머의 적을 헤아릴 수 있는 능력
• 정치, 인간 본성(human nature)에 대한 깊은 이해
- 최고 지휘관의 정치와 정책에 대한 이해
- 인간의 지적·정신적 힘의 역할 이해

▶ 기질적·심리적(temperament, personality) 분야
• 용기(courage)
- 위험에 처했을 때의 육체적 용기와 책임감에 입각한 정신적 (윤리적) 용기
  "전쟁은 위험의 영역이므로 용기야말로 군인에게 요구되는 최우선적 자질이다."
- 육체적 용기: 위험에 무관심한 용기+애국심, 의지 등 긍정적 동기에서 비롯된 용기
- 윤리적 용기: 책임을 수용하는 용기(지성적 각성에 의해 발휘되는 용기, 용기의 정수)
• 결단력(determination, resolution)
- 지성(지적인 통찰력)과 용기(강인한 정신력)로부터 도출: 장기적 용기
  "명석한 두뇌보다 강인한 정신력이 결단력에 보다 크게 작용한다."
  "전투 중에 지휘관은 자신의 판단을 믿고 의지해야 하며, 성난 파도가 닥쳐도 꿈쩍하지 않는 바위와 같은 자세를 견지해야 한다. 그것은 결코 쉬운 일이 아니다."
• 야심(ambition)
- 명예와 명성에 대한 갈망: 모든 감정 중 인간을 고취시키는 가장 강력하고 항구적인 것
  "역사상 위대한 장군들 가운데 과연 야심이 없었던 사람이 있었던가?"
• 자제력(self-control)
- 균형을 유지하려는 정신적인 힘(strength of mind)
- 엄청난 심리적 압박과 난폭한 흥분 가운데서도 이성을 잃지 않는 능력
• 대담성(boldness)
- 전장에서 위험을 극복하고 적절한 리더십을 발휘케 하는 원동력
- 무모함과 다름: 맹목적인 열정은 자제력에 의해 통제
  "대담성은 칼날에 광채를 실어 주는 값진 금속이다."

"소심함은 도를 넘은 대담성보다도 1,000배나 더 큰 손실을 입힐 것이다."

클라우제비츠는 군사적 천재의 개념에 대해 비정상적인 인물이나 신이 내려 준 특별한 존재가 아니고 위의 재능들이 조화롭게 결합된 존재라고 강조함으로써 신비적 요소를 배격하였다. 그는 군사적 천재란 타고 날 뿐만 아니라 길러지는 것(nature and nurture)으로서, 지성적 분야는 교육, 훈련, 경험에 의해 갈고 닦아지는 것이고 기질적·심리적 분야는 천부적 재능이지만 아무리 훌륭한 보석의 원석(原石)도 연마의 과정이 없이는 한낱 돌에 불과한 것처럼 후천적 노력 없이는 천재성 발휘가 제한된다고 보았다. 훌륭한 전술가가 되기 위해서는 이론적인 지식을 넘어 군사적 천재가 구비해야 할 재능을 획득하기 위해 노력해야 할 것이다.

4. 전투 승리의 요결, 주도권

차이점은?

야구경기   축구경기

아마 우리나라의 스포츠 종목 중에서 야구와 축구만큼 국민적인 관심과 사랑을 받는 종목은 없는 것 같다. 그런데 야구와 축구의 경기 규칙에서 가장 큰 차이점은 무엇일까? 그것은 아무래도 야구는 공격과 수비를 두 팀이 번갈아 가며 할 수 있도록 동등한 기회가 주어지는 반면, 축구는 각 팀의 전술에 따라 공격과 수비를 마음대로 할 수 있다는 것이 아닐까 싶다. 야구는 그 팀이 공격을 아무리 잘해도 공격만할 수 없지만, 축구는 공을 빼앗기지 않으면 계속 공격할 수 있으며 적을 전술적으로 잘 몰아붙이면 상대보다 많은 점수를 내고 이길 수 있는 것이다.

전투를 굳이 이 두 가지의 스포츠 경기에 비유하자면 축구경기와 가깝다. 축구 경기에서 승리하기 위해 볼의 점유율을 최대한 높이면서 적절한 패스와 기동으로 상대의 약점이나 실수를 파고들수록 공격하는 측은 능동적으로 경기하고 상대방은 피동적으로 방어하는 데 급급하게 된다. 이것이 바로 주도권을 장악하고 행사하는 것인데 전투에서도 이와 동일한 원리가 적용되며 이는 전투에서의 승리와 직결된다.

내친김에 이번에는 두뇌 활동의 스포츠라 불리는 바둑에 관한 이야기를 조금 해보고자 한다. 바둑이 시작되기 전 두 명의 기사(棋士)는 먼저 돌 고르기를 해서 흑돌을 잡을 것인지, 백돌을 잡을 것인지를 결정한다. 그리고 흑돌을 잡게 된 기사가 먼저 첫수를 두면서 바둑 경기가 시작된다. 흑돌을 잡은 기사는 반상(盤上, 바둑판)에서 가장 큰 이익을 차지할 수 있는 곳에 먼저 돌을 놓을 수 있고, 백돌을 잡은 기사는 당연히 그다음으로 큰 이익을 차지할 수 있는 곳에 돌을 놓을 것이다. 이처럼 먼저 두는 쪽이 이익인 것을 '선착(先着)의 효(效)'라고 하는데, 흑돌을 가진 기사가 선착의 효를 끝까지 잘 살린다면 분명히 이길 것이다. 그래서 바둑을 다 끝내고 나서 계가(計家)[30]를 할 때 흑돌을 잡은 쪽은 선착의 효를 가졌던 만큼의 집 수를 빼고 계산한다. 이를 '덤'이라고 하는데, 우리나라는 보통 6집 반을 적용한다. 그러나 선착의 효를 바둑이 끝날 때까지 행사하는 경우는 거의 없는 것 같다. 사소한 실수 하나로 인해 가장 중요한 곳에 돌을 놓을 수 있는 권리가 상대방에게 넘어가 버리기 때문이다.

---

30) 집의 수(數)를 헤아리는 것으로서 바둑의 승패는 최종적으로 확보한 집의 수를 비교해서 많은 쪽의 승리로 결정된다.

또한 우측의 그림과 같이 상대방이
대응하지 않을 수 없는 곳에 돌을 두
면 상대방은 이에 대응하기 위해 따라
둘 수밖에 없다. 전자를 선수(先手)라
하고, 후자를 후수(後手)라 한다. 치밀

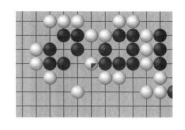

한 계산 속에서 선수를 계속 행사하면 후수는 따라둘 수밖에 없고, 바
둑은 어느새 선수를 잡은 측이 원하는 형세로 진행된다. 후수를 두는
측은 형세가 불리해질수록 그만큼 고민하는 시간이 많아지고 그러다
보면 제한시간에 몰리게 되며 시간초과로 실격당하지 않기 위해 충분
한 고민도 하지 못한 상태에서 따라두기에도 바쁘게 된다. 바둑 경기
를 해 사람이라면 이런 경우에 마치 상대방의 장단에 내가 춤을 추는
것과 같은 참담함을 느껴보았을 것이다.

생뚱맞게 바둑에 관한 이야기를 장황하게 늘어놓은 이유는 전투에
서 승리하는 요결이라 할 수 있는 '주도권(主導權)'의 개념과 중요성을
비교적 쉽게 인식할 수 있는 적절한 '예'라고 판단했기 때문이다.

■ 주도권의 개념

우리 군의 교리에서는 '주도권(主導權, Initiative)이란 전장에서 아군
에 유리한 상황을 조성하여 아군이 원하는 방향으로 제반 작전을 이
끌어 나가는 능력이나 상태'라고 제시하고 있다. 그런데 주도권은 육
안으로 식별할 수 있는 물리적인 개념이 아니기 때문에 주도권의 실
체를 설명하기가 매우 어렵다. 마치 바람이라는 존재가 보이지는 않

지만 나뭇잎과 가지가 흔들리는 것을 보고 느낄 수 있는 것과 같다. 앞에서 느닷없이 바둑 이야기를 꺼낸 이유이기도 하다.

바둑에서 흑돌을 잡음으로써 먼저 '선착의 효'를 가져가는 것, 그리고 선수(先手)를 행사하는 것이 바로 전투에서 주도권을 잡은 것으로 비유할 수 있다. 승부를 결정하기 위해 집 수를 헤아릴 때 바둑을 먼저 둔 측의 집 수에서 6집 반을 빼는 것은 경기를 진행할 목적으로 공짜로 먼저 주도권을 행사할 수 있는 권한을 주었으므로 마지막에 공정한 계산을 위해 그만큼의 대가(代價)를 빼는 것이다.

처음에는 인위적으로 주도권을 어느 한쪽에 주고 시작하지만 일단 경기가 시작되면 주도권 쟁탈전이 치열하게 벌어질 수밖에 없다. 바둑에서 주도권을 잡은 측은 선수를 행사할 수 있고, 주도권을 놓친 측은 선수에 따라두기 급급하다. 그리고 대응할 시간이 점점 촉박해지면서 결정적인 패착(敗着)을 둘 가능성이 많아진다. 그러나 선수를 놓치지 않고 계속 행사하여 '선착의 효'를 끝까지 살리는 것은 쉽지 않다. 한번 실수하면 그 순간부터 선수는 상대방에게 넘어가 버리고, 그때부터는 다시 내가 상대방을 따라두어야 하는 어려운 처지에 내몰린다. 전투에서 주도권도 마찬가지이다. 즉 먼저 주도권을 획득해야 하고, 한번 획득하면 이를 놓치지 않고 계속 유지한 상태에서 주도권 획득에 따른 이권(利權)을 최대한 행사함으로써 마침내 전투에서 승리를 달성할 수 있는 것이다.[31]

---

31) 전투와 바둑이 다른 점이 있다면 바둑은 어느 한쪽에게 주도권을 준 상태에서 시작하지만, 전투는 주도권을 먼저 가져가기 위해 처음부터 노력해야 한다는 것이다. 간혹 공격하는 측이 주도권을 가지고 전투를 시작하는 것으로 인식하는 경우가 있는데, 이는 잘못된 생각이다.

■ 주도권의 장악 및 행사

위에서 살펴본 바와 같이 전투 간 어느 일방이 계속적으로 상대방을 압박하면서 자신의 의지를 관철시키는 원동력은 주도권을 장악하고 이를 행사하는 것이다. 만일 공자와 방자 중에서 어느 일방이 상대를 피동적인 상태로 몰아넣고 자신은 행동의 자유를 확보한 상태에서 자신의 의지대로 전투를 이끌어 나가고 있다면 이는 주도권을 장악하고 있음을 의미한다.

주도권을 장악하면 적의 행동을 구속한 상태에서 내가 싸우고자 하는 시간과 장소에서, 전투 수단과 방법을 자유롭게 선택하면서 전투를 수행해나갈 수 있다. 이것이 바로 주도권을 행사하는 것이며, 전투에서 승리하는 요결(要訣)이라고 하는 이유이다.

> 善戰者, 致人而不致於人
> 전쟁을 잘하는 자는 적을 (능동적으로) 조종하지, 적에게 (피동적으로) 조종당하지 않는다.
>
> 〈孫子兵法, 兵勢編〉

전투 초기에는 우세한 전투력과 강인한 전투의지를 보유한 측이 주도권을 장악할 가능성이 크다. 일반적으로 공자(攻者)는 방자(防者)에 비해 우세한 전투력을 보유하고 공세적인 의지를 견지한 상태에서 자유롭게 행동할 수 있다는 유리점이 있으므로 주도권을 장악하기가 상대적으로 용이(容易)하다. 그러나 우리가 분명히 알아야 할 것은 '공자는 주도권을 장악하기가 용이할 뿐이지 애초부터 주도권을 장악하고 있는 것이 아니라는 사실'이다. 예를 들어 공격을 선택한 부대가 적이 어디에서 방어하는지도 모르고 적에게 전진하다가 적과 접촉도 하기 전에 기습적인 화력에 의해 많은 피해를 받은 경우를 가정한다면, 이런 상태임에도 불구하고 공자이기 때문에 주도권을 쥐고 있다고 할 수 있겠는가? 아마 그 부대는 심각한 상처와 과도한 출혈로 비틀거리면서도 상급부대의 일부로서 마지못해 공격에 계속 가담할 수밖에 없는 곤혹스러운 상황에 처해 있을 것이고, 주도권은 이미 기습적인 타격을 가한 방자에게 넘어간 상태일 것이다. 즉 주도권은 공자의 전유물(專有物)이 아니고 이를 확보하려고 노력하는 측이 가져가게 되는 것이다.

공자가 항상 주도권을 장악하고 있다는 그릇된 사고는 오판을 불러일으켜 작전을 그르칠 수 있으므로 공자이든 방자이든 경각심을 가져야 한다. 공자의 입장에서는 무조건 자신이 주도권을 가진 상태라고 전제하고 방자에 대한 정보와 이에 기초한 주도면밀한 계획이 부족한 상태에서 공격을 감행한다면 주도권은 초기부터 방자의 몫이 될 수 있다.

특히 방자의 입장에서 공자가 주도권을 확보하고 있다는 사고는 대단히 위험하다. 방자가 그러한 사고로 인해 능동적으로 행동하지 못하고 공자의 행동에 대해서만 그때그때 피동적으로 대응한다면, 그것은 주도권 장악을 스스로 포기하는 것과 같다. 방자일지라도 공세적·적극적·능동적으로 사고하고 행동한다면 얼마든지 주도권을 장악하고 행사할 수 있는 것이다.[32]

---

32) 예를 들어, 1976년 미군 주도의 NATO군은 포병화력과 대전차무기를 활용하여 구소련군의 공격을 저지하는 적극방어(Active Defense) 교리를 채택하였으나 구소련군이 작전기동군(OMG,

주도권은 확보하는 것도 중요하지만 이를 지속적으로 유지하고 행사하는 것도 중요하다. 왜냐하면 주도권은 전투의 진행 과정에서 어느 일방에 머무르지 않고 이를 확보하려는 노력의 정도에 따라 얼마든지 상대방에게 넘어갈 수 있기 때문이다. 즉 전투 전반에 걸쳐 누가 더 많은 기간 동안 주도권을 행사하였는가, 그리고 결정적인 국면에서 누가 주도권을 행사하였는가에 따라 전투의 승패가 귀결된다.

■ 주도권의 장악을 위한 활동

결과론적으로 볼 때 전투에서 이루어지는 모든 활동들의 성공과 실패는 결국 주도권 장악과 결부된다. 그러나 주도권 장악과 직결되는 중요한 활동을 몇 가지 제시해 본다면 다음과 같다.

정보의 우위 달성

눈을 뜨고 달리는 사람과 눈을 가리고 달리는 사람이 달리기 경주를 한다면 그 결과는 뻔할 것이다. 지금 말하고 싶은 것은 눈을 가린 사람의 심리상태이다. 눈을 가린 사람은 먼저 중심을 잡기도 힘들다. 더구나 주변을 볼 수도 없기 때문에 가야 할 방향을 잡기도 어려우며,

---

Operational Maneuver Group) 전법을 발전시키자 1982년에 공지전투(ALB, Airland Operation) 교리로 전환하였다. 적극방어 교리로는 대규모 기갑부대의 공격에 대해 주도권을 확보할 수 없으므로 초기부터 전장을 적 지역으로 확대하고 화력과 기동을 통합하여 적의 후속역량을 조기에 격멸함으로써 조기에 주도권을 장악하기 위한 공세적인 교리를 발전시킨 것이다. 결국 공지전투 교리는 걸프전에서 전장의 주도권을 장악하면서 큰 성과를 거뒀고, 이를 확대 적용한 공지작전(ALO)으로 진화하였다.

행여 돌부리에라도 걸려 넘어지지 않을까 하는 불안감으로 인해 움직임도 작아질 수밖에 없다.

전투에 있어서도 적에 대해 명확하게 파악하지 못한 상태라면 전투에서 승리할 것이라는 확신이 없으므로 자신감은 결여되고, 어디서 나타날지도 모를 적의 위협 때문에 위축된 행동을 할 수밖에 없다. 만일 그렇게 된 상태라면 이미 수동적인 입장으로 들어섰다고 보아야 한다. 이것이 알고 싸우는 자와 모르고 싸우는 자의 차이다. 따라서 정보의 우위를 달성하는 것은 주도권 장악의 전제조건이라 할 수 있다.

선제 행동(타격)

월남전이나 대침투작전에 참가한 경험이 있는 사람들은 적과 조우하게 되면 무조건 먼저 쏘라고 강조한다. 그 이유는 대부분 그 자리에 얼어붙어서 아무 생각도 하지 못하기 때문에 명중 여부를 떠나서 먼저 사격(선제행동)을 해야 기선을 제압할 수 있다는 것이다. 기선을 제압한 이후의 교전에서 누가 더 우위에 서게 될지는 설명이 필요 없을 것이다.

전투에서도 선제행동은 상대에게 심리적인 충격을 가하는 동시에 이를 계기로 자신 있는 다음 행동으로 이어질 수 있다. 특히 명확한 정보에 기초한 선제행동은 적의 균형을 상실시키는 데 매우 효과적이다. 최초 선제행동의 성공은 상대방의 기선을 제압함으로써 앞으로 전개될 전투에 많은 영향을 미칠 수 있다. 예를 들어 공자가 공격대형으로 전개하기도 전에 방자의 화력에 의해 많은 피해를 입는다면 앞으로의 작전에 혼선과 차질을 일으키게 될 것이며, 계획한 공격 방향대로 작전을 진행해야 할 것인지 여부를 재판단하기 위해 깊은 고민에 빠져들게 될 것이다. 여기에서부터 공자는 주도권과는 거리가 멀어지고 있는 것이다.

작전 속도의 증가

작전의 속도는 전투부대들의 물리적인 속도와 지휘관 및 참모에 의한 전투지휘의 속도를 모두 의미한다. 전투에서 작전 속도가 증가하면 적시성 있게 전투력을 운용할 수 있고 전투가 지속될수록 나의 행동에 대한 적의 반응 사이의 시간 격차가 점점 더 벌어지므로 작전을 주도적으로 이끌어 나갈 수 있다.

축구 경기에서도 선수들이 일단 빠르고, 적시 적절하게 움직이면서 패스를 주고받는 경우에는 볼 점유율도 높아지면서 자연스럽게 경기를 지배하게 된다. 마찬가지로 전투에 참가하는 부대들의 기동 속도가 빠르다면 적보다 먼저 유리한 장소를 선점한 상태에서 전투를 수행할 수 있고, 하나의 행동에서 다른 행동으로 신속히 전환하거나 하나의 행동에 소요되는 시간을 단축시킴으로써 보다 능동적이고 융통성이 있는 작전이 가능하다. 또한 예상보다 빠른 속도는 적으로 하여금 대응할 수 있는 시간을 박탈함으로써 자괴감을 갖게 할 수 있다. 또한 기동뿐만 아니라 화력을 집중하거나 다른 곳으로 전환하는 속도가 빠르다면 아군의 기동 속도을 촉진시킴은 물론 다수의 적 위협에도 적절하게 대응할 수 있다.

지휘관 및 참모가 전투지휘를 하는 과정은 '상황 판단[33]-결심[34]-대

---

33) 상황평가는 임무변수(METT-TC)에 입각해서 현행작전을 평가하여 전반적인 상황을 이해하고 대응방책을 세우는 과정이다.

응[35]의 연속이다. 이 주기를 적보다 빠르게 적용할 수 있으면 전반적인 작전의 진행속도 역시 적보다 빠르게 진행할 수 있으므로 적에게 조치해야 할 상황을 지속적으로 누적시킬 수 있다. 적은 하나의 상황을 조치하기도 전에 다른 상황이 누적되는 현상이 반복되어 결국 수동적인 입장에서 전투를 수행하게 된다.

전투가 진행되는 과정에서 지휘관과 참모는 수시로 발생하는 주요 상황에 대해서 '상황 판단-결심-대응'의 절차를 적용하여 조치해나간다. [그림 2-8]은 서로 전투를 벌이고 있는 A부대와 B부대가 각각 당면하는 상황별로 전투지휘 과정에서 소요되는 평균 시간을 산술적으로 나타낸 것이다. 여기에서는 A부대의 전투지휘 속도(상황 판단, 결

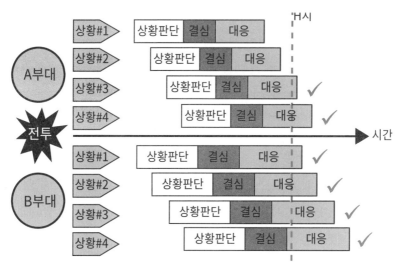

[그림 2-8] 전투지휘의 속도에 따른 효과

---

34) 결심은 참모가 건의한 대응방책을 지휘관이 최종적으로 결심하는 과정이며, 이 과정에서 대응방책은 조정되거나 다른 방책으로 변경될 수도 있다.
35) 대응은 지휘관이 결심한 방책을 행동으로 실행하는 과정이다.

심, 대응에 소요되는 시간의 총체적인 합)가 더 빠르다고 가정하였다. H시를 기준으로 보면, A부대는 2개의 상황을 이미 해결하고 2개의 상황을 조치 중에 있는 반면에 B부대는 하나의 상황도 조치하지 못하고 4개의 상황이 모두 누적되어 있음을 알 수 있다. 전투가 계속 진행된다면 B부대가 조치해야 할 상황은 지금보다 더 누적되면서 점점 더 어려운 처지에 놓이게 될 것이고, 결국 A부대가 주도권을 장악하고 행사할 것임을 쉽게 추측할 수 있다. 이처럼 전투지휘의 속도를 단축하는 데 가장 핵심적인 역할을 하는 것은 지휘관의 적시적인 결심이라 할 수 있는데, 그 이유는 아래의 그림에 잘 나타나 있다. 정보가 너무 불확실한데도 성급하게 결심하여 대응한다면 그만큼 위험이 커지고, 반대로 정보가 완전한 사실로 확인될 때까지 결심하기를 주저한다면 적시성을 상실하여 작전을 그르칠 가능성이 높아지기 때문이다. 따라서 지휘관은 정보의 양이 턱없이 부족하지 않은 적절한 시기에 자신의 경험과 직관력으로 부족한 부분을 대체하면서 적시에 결심할 수 있어야 하는데, 이것이 곧 전투지휘의 속도를 촉진하는 관건이기도 하다.

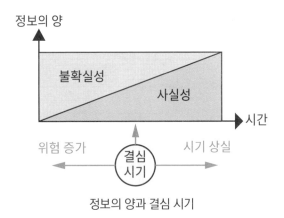

정보의 양과 결심 시기

또한 작전의 속도를 증가시키기 위해서는 임무형 지휘(Mission Command)가 필요하다. 전투 간 필요한 모든 행동에 대해 상급부대에 일일이 보고하고 승인을 기다리는 것은 불필요한 시간의 낭비를 초래할 수 있다. 상·하 제대 간에 공동의 전술관(戰術觀)을 형성한 상태에서 임무형지휘에 입각하여 예하부대들이 상급지휘관의 의도에 부합하는 방향으로 자발적으로 전투를 수행해 나간다면 보다 빠르고 주도적으로 작전을 진행할 수 있다.

전투력의 상대적인 우세 달성

결정적인 시간과 장소에서의 상대적인 전투력의 우세는 주도권을 장악하게 되는 중요한 계기가 될 수 있다. 그러나 특정 시간과 장소에서의 전투력의 집중은 다른 시간과 장소에서의 전투력 절약을 전제로 할 수밖에 없으므로 전투력의 집중과 절약을 효과적으로 조화시켜야 한다. 또한 적의 약점을 조성하거나 적 전투력을 분산시킴으로써 상대적으로 집중의 효과를 달성하려는 노력을 병행해야 한다.

전투의 성패에 커다란 영향을 미치지 않는 부분적인 불리점을 수용하는 대신에 결정적인 국면에서 전투력의 우위를 점한다는 것은 주도권을 확보하는 차원에서 대단한 가치가 있다. 따라서 다소의 위험을 감수하더라도 전투력을 과감하게 집중할 수 있는 대담성을 견지하는 것이 중요하다.

공세적인 전투력 운용

수세적이고 피동적으로 전투력을 운용한다면 주도권 장악은 요원(遼遠)하다. 주도권을 장악하기 위해서는 전투력을 공세적으로 운용함으로써 적의 약점을 조성하여 전세를 유리하게 이끌 수 있는 호기(好機)를 창출할 수 있어야 한다. 적의 약점과 과오를 조성하거나 발견하려는 부단한 노력과 이를 집요하고 단호하게 응징하는 공세적인 행동은 주도권의 확보는 물론 이를 확대해 나갈 수 있게 하는 중요한 요인이다.

기만과 기습 달성

전투는 동일한 양상으로 반복되지 않기 때문에 항상 획일적인 방법으로 전투를 수행해서는 승리를 기대할 수 없다. 지휘관은 전체적인 국면을 통찰하고 지식과 경험, 직관력에 기반을 둔 창의력을 발휘하여 적의 예상을 벗어나는 방법으로 전투력을 운용해야 주도권을 탈취할 수 있다. 창의력 발휘는 결국 적에게 기만과 기습을 달성할 수 있는 전투력 운용방법을 적용하는 것이다.

보편타당한 방법으로 작전을 수행하는 것은 적도 이를 충분히 예상하고 대비할 수 있다는 의미이므로 효과를 기대하기 어렵다. 따라서 적을 최대한 기만함으로써 과오를 유발하고, 이를 이용하여 자신의 의지대로 작전을 주도해 나갈 수 있어야 한다. 기만작전을 성공하기 위해서는 기만작전을 직접 수행하는 부대 자체도 기만을 목적으로 작전한다는 사실을 모를 정도로 철저하게 보안을 유지해야 한다.

기습은 적에게 물리적인 피해는 물론 심리적인 충격을 가할 수 있는 전투력의 운용방법이다. 전투력을 기습적으로 운용한다는 것은 적이 예상하지 못한 시간 또는 장소에서, 적이 예상하지 못한 수단과 방법으로 적을 타격하는 것이다. 기습이 성공하면 적은 조직적인 대응능력을 상실하게 되므로 아군은 기습의 성과를 이용하여 주도적으로 작전을 수행할 수 있다.

▌주도권과 주도성

주도권(主導權)이 확보해야 할 대상이라면 주도성(主導性)은 이를 확보하기 위한 의지와 성향을 말한다. 주도권을 확보하지 못했다고 해서 주도성마저 잃어버리면 그야말로 적에게 끌려다닐 수밖에 없는 지경에 이르고 만다.

전투에서는 피·아 간의 의지와 기세의 싸움에서 이기는 것이 중요하다. 전장에서 적의 의지와 기세에 한번 압도되어 버리면 단시간 내에 회복하기 어렵다. 이러한 상황이 지속되면 선택의 폭은 감소하고 상황 조절 능력이 상실되어 그저 적의 의도에 따라가는 수동적인 작전이 불가피해진다. 따라서 비록 주도권이 적에게 넘어간 상태라 해도 지휘관은 주도성만큼은 굳건하게 견지해야 한다. 주도성을 잃지 않은 지휘관은 어떤 어려운 전장 상황에 처하게 되더라도 기어이 전세를 역전시키겠다는 의지를 가지고 물리적·심리적으로 적보다 유리한 형세를 조성하기 위해 노력할 것이다.

제3장

전투수행의 원칙

■ 전투수행 원칙의 의미

전술학을 간단하게 표현한다면 "전투에서 승리하려면 어떻게 해야하는가?"라는 질문에 대한 해답을 연구하는 것이다. 그 질문에 답하려면 먼저 전투에서 승리하기 위해 적용해야 할 원칙(原則, Principles)[1]을 도출하고, 이들에 대한 구체적인 적용 방안을 연구하고 검증해야한다. 즉 전투에서 승리하기 위해 적용해야 할 원칙을 도출하는 것이 전술학의 시발점인 것이다.

이 원칙들을 도출하기 위해서는 경험주의적 접근이 필요하다는 것은 두말할 필요가 없다. 전투수행의 원칙[2]은 동서고금의 수많은 전투 사례들의 승인(勝因)과 패인(敗因)을 연구 분석함으로써 이를 적용하면 승리를 보장할 수 있겠다고 인정되는 공약수(公約數)를 도출해 낸 것이다. 이는 전쟁이라는 현상을 체계적으로 관찰한 결과를 바탕으로 보편적인 법칙 및 원리를 발견하고 그것에 대한 방법론을 발전시켜 결합한 체계적인 지식으로서 과학(科學, Science)적인 접근을 통해 만들어진 것이다. 즉 군사문제를 과학화함으로써 학문으로서 가치를 가질 수 있게 한 단초(端初) 역할을 한다고 볼 수 있다.

---

1) 사전적인 의미는 여러 현상이나 사물에 두루 적용되는 법칙이나 원리이다. 군사적인 의미로 해석하자면 '전투수행에 관한 지배적인 원리'로서 이는 작전을 계획, 준비, 실시하는 데 일반적인 지침을 제공한다.

2) 과거에는 전략적·작전적·전술적 수준에 관계없이 '전쟁의 원칙'이란 통일된 용어를 사용해왔다. 그러나 전쟁은 비군사적인 분야를 망라하여 수행된다는 점을 고려하여 군사작전에만 국한되어 적용하도록 '군사작전의 원칙'으로 변경되었다(2003년도 합참 군사기본교리). 그러나 이 군사작전의 원칙도 전쟁의 수준(전략적 수준, 작전적 수준, 전술적 수준)을 모두 포괄하는 개념이므로 본 책자에서 다루는 전술적 수준을 넘어서는 개념이다. 따라서 필자의 개인적인 의견에 따라 본 책자에서는 '전투수행의 원칙'이란 용어를 사용하였고, 현 교리에 몇 가지 원칙을 추가하거나 용어를 변경하였다.

■ 과학과 술의 측면(이론과 실제)

　전투수행에 관한 원칙들에 대한 견해에는 과학적인 차원을 중시하는 입장과 술적인 차원을 중시하는 입장이 공존한다. 먼저 전자의 입장을 취했던 대표적인 군사이론가는 조미니(Antoine-Henri Jomini)라할 수 있는데, 그는 프리드리히 대제(大帝)와 나폴레옹이 수행한 전투를 중점적으로 분석하는 실증적이고 과학적인 방법으로 전쟁에서 승리를 결정짓는 불변의 원칙들을 도출하고 그 원칙에 기초한 전투수행 방법과 방향을 제시함으로써 전쟁이론을 체계화하였다. 반면 조미니와 동시대에 나폴레옹을 연구한 군사사상가 클라우제비츠는 전쟁에서 보편적으로 통용될 수 있는 행위지침, 즉 기본 원칙은 아예 성립이 불가능한 것으로 인식하고, 이를 이론화하려고 시도하는 세력을 교조주의(dogmatism)라고 비판하면서 전쟁은 인간의 자유의지가 작용하는 정신적·심리적 영역임을 강조하였다. 그가 전쟁의 본질을 규명하기 위해 제시한 삼위일체론(三位一體論, trinity)에서 마찰과 불확실성으로 인해 우연성과 개연성이 지배하는 힘의 제2극(군대와 지휘관의 영역)에서 '군사적 천재(military genius)'라는 개념을 제시한 것도 술적인 차원을 강조한 것이라 볼 수 있다.

❖ 전쟁원칙에 대한 견해들

● 긍정적인 입장
"전쟁은 구체적인 과학적 법칙성에 따라 수행될 수 있는데, 이 법칙은 기하학적이고 수학적으로 표현되며 전장에서 지휘관에게 명백한 지침을 제공한다."

〈폰 뷰로우(von Bülow)〉

"어느 시대를 막론하고 전쟁은 승패를 좌우하는 근본원칙이 반드시 존재하였다. … 그리고 이 원칙은 불변이며 무기의 종류와 역사적 시간 및 장소와는 아무런 관계가 없는 것이다. 전쟁의 모든 작전에 있어서 채택된 모든 방책을 통합하여 성공을 가져올 수 있는 어떤 근본적인 원칙이 반드시 존재한다."

"전쟁은 항상 위대한 법칙들에 따라 수행되며, 다만 주어진 환경을 고려한 작전의 본질에 따라 올바르게 선택, 수행되어야 한다."

"올바른 원칙에 기초를 두고, 실제적인 전쟁을 통해 입증되며, 정확한 군사사에 가미된 합당한 이론은 장군들을 위한 진실한 교육의 장을 형성할 것이다. 만일 이러한 수단들이 위대한 인물을 양성시키지는 못할지언정 적어도 전쟁술을 익히고 난 이후에는 충분한 기술을 가지고 지휘할 수 있는 장군은 양성시킬 것이다."

〈조미니(Baron De Jomini)〉

"전쟁의 여러 가지 조건들은 무기체계의 발전과 함께 시대에 따라 변하지만 역사 연구를 통해 볼 때 이 중에는 변하지 않는 어떤 교훈이 있으며, 이것은 보편적인 적용을 통해 일반적인 원칙으로 격상시켜 사용할 수 있다."

〈마한(Alfred Thayer Mahan)〉

● **부정적인 입장**

"전쟁은 암흑으로 덮인 과학이다. 그 속에서는 아무도 자신 있는 발자국을 옮겨 놓지 못한다. 모든 과학은 원칙을 가지고 있지만 전쟁의 경우에만은 없다."

〈삭스(Maurice de Saxe)〉

"모든 이론은 정신적 가치의 영역에 이르는 순간 훨씬 더 어려워진다. … 기계적이고 시각적인 구조는 논란의 여지가 없다. 그러나 창조를 위한 정신적 활동이 시작되면서 모든 원칙은 모호한 관념 속으로 용해될 것이다."

〈클라우제비츠(Carl von Clausewitz)〉

"전략의 교리는 상식의 초보적인 명제에 지나지 않으며, 이 명제를 과학이라고 부를 수는 없다. 예술에서와 마찬가지로 전쟁에서는 일반적인 기준이 없고 재능이 규칙에 의해 대체될 수는 없다."

〈몰트케(Moltke)〉

우리는 용병술[3]을 정의할 때 술(術, Art)과 과학(科學, science)이라고 표현한다. 용병에 적용되는 전투수행의 원칙도 마찬가지로 과학적인 차원뿐만 아니라 술적인 차원이 공존하는 것이다. 즉 과학적인 측면은 경험적이고, 객관적이며, 합리적인 성격일지언정 그것이 진리는 아니기 때문에 이를 실제로 적용하는 데에는 직관, 통찰력, 창의력, 전투감각 등과 같은 술적인 능력이 요구된다. 예를 들어서 특정의 전투에서 승리한 어느 한 부대가 그 당시와 동일한 시간과 장소에서, 동일한 적과 또다시 전투를 치르게 되었다고 가정하였을 때 이전에 승리했던 방법을 그대로 적용한다고 해서 승리한다는 보장이 없는 것과 같다. 적도 아군과 마찬가지로 자유의지대로 행동하며 전장의 상황은 한 치 앞을 내다보기 어려울 만큼 가변적이기 때문이다. 즉 과학적인 차원의 지식과 실제 전장 상황의 변화에 따른 술적인 차원의 적용 능력이 조화를 이루어야만 승리할 확률이 높아지는 것이다.

■ 전투수행 원칙의 적용

앞에서 알아본 바와 같이 전투수행의 원칙에 대해 우리가 중요하게 여겨야 할 점은 원칙의 존재 필요성에 대한 흑백논리 차원의 대립적인 접근이 아니라 과학과 술을 상호 보완적으로 조화시키는 실용적인 접근이 이루어야 한다는 것이다. '과학과 술'을 바꾸어 말하면 '이론과 실제'라고도 할 수 있는데, 흔히 어떠한 일을 할 때 이론과 실제는

---

3) 용병술은 '국가안보전략을 바탕으로 전쟁을 준비하고 수행하는 지적 능력으로서, 국가안보목표를 달성하기 위한 군사전략, 작전술, 전술을 망라한 과학과 술'이라고 정의되어 있다.

다르다는 표현을 자주 한다. 어떤 일을 시작할 때 그 일을 하는 절차와 방법 등과 관련한 서적을 열심히 공부하고 나서 자신 있게 달려들었으나 막상 그 일을 하다 보면 이론적인 지식이 전혀 통하지 않는 경우가 허다하다. 반대로 규칙을 모르고 경기에 참가할 수 없는 것과 마찬가지로 어떤 일에 관련된 지식을 충분히 습득하지 않고 무작정 달려들 수도 없는 일이다. 이처럼 전투수행의 원칙도 '전투력을 운용하는 기본적인 사고와 행동의 지침'으로서 반드시 알아야 하고, 실제로 전장에서 이를 적용할 때에는 현재 및 예상되는 상황을 고려하여 창의적이고 융통성 있게 적용하는 것이 중요한 것이다.

다시 강조하자면, 전투는 동일한 양상으로 반복되지 않으므로 원칙을 적용하기만 하면 승리가 보장되는 것이 아니다. 제시된 원칙들은 과거의 사례를 통해서 전장을 지배하는 요소들을 도출하여 체계적으로 정리한 것일 뿐이며 그대로 적용해야 하는 형판(型板, Template)이 아니기 때문이다. 또한 아무리 원칙을 잘 따랐다 하더라도 누구나 알 수 있는 보편타당한 방법으로는 성공하기 어렵다. 용병의 진수는 기(奇)와 정(正), 허(虛)와 실(實)이 조화를 이루어야 한다. 지휘관은 통상적이거나 모방된 기법을 지양하고 적이 생각하지 못하는 독창적인 전술을 구사하여 전투를 주도해 나가야 한다. 즉 모든 원칙들은 창의력과 결합하였을 때 성공적인 적용이 가능한 것이다.

대부분의 지휘관들은 공히 각 원칙이 무엇을 의미하는지는 알고 있다. 그러나 그 원칙을 적용하는 능력은 제각기 다르다. 전투에서 승리한 지휘관은 원칙의 깊은 의미를 이해한 상태에서 창의적으로 이를 적용하였으며, 패배한 지휘관은 원칙을 몰라서가 아니라 그것을 피상적으로만 이해하거나 구태의연한 방법으로 적용하였기 때문이다.

일본 전국시대의 명장 오다 노부나가는 기존의 전투 관례를 뒤집고 혁신적인 근대식 전법을 도입하였다. 당시 조총이라는 막강한 화기가 있었지만 재장전 시간이 긴 반면 유효사거리가 길지 않아 재장전하는 시간에 공격을 받으면 쉽게 제압당하는 단점이 있었다. 따라서 당시의 전투 관례는 30~40명 정도의 조총병만 운용하였고 최초 사격 후에는 칼, 창으로 무장한 기마 전투를 통해 속전속결로 적을 제압하는 것이었다.

'나가시노 전투'에서 오다 노부나가는 마방책(馬防柵)이라는 목책장애물과 천여 명의 대규모 조총병을 운용하여 다케다 가쓰요리의 기마대를 전멸시켰다. 대규모 조총병은 3단의 횡대로 대형을 갖추고 '1열 사격 - 2열 준비 및 조준 - 3열 재장전'을 순환하면서 간단없는 사격이 가능토록 했기 때문이다. 즉 당시의 통념을 깬 창의적인 방식을 적용하여 승리를 거둔 것이다. 이처럼 창의는 없는 것을 만들어내는 것이 아니라 우리가 발견하지 못하는 것을 찾아내는 것이라 할 수 있다.

오다 노부나가의 馬防柵

■ 전투수행 원칙의 성격

전투수행의 원칙은 국가마다 오랜 기간 동안 형성된 군사사상이나 전장환경, 적의 위협, 지리적 특성, 국민성, 군사동맹 관계, 이념 등에 따라 다소 상이할 수도 있으며, 시대의 흐름에 따라 변경될 수도 있다. 그러나 대부분의 원칙들은 모든 국가에서 대체적으로 인정하고 공통적으로 적용되고 있으며, 무기체계나 전투수행 방법의 대폭적인 변화가 없는 한 시간이 흘러도 그 변화의 폭은 그리 크지 않다.[4] 그리고 이 원칙들을 적용하는 데 있어서 우선순위가 있는 것이 아니다. 우선순위는 주어진 상황을 고려하여 지휘관이 어떠한 원칙을 가장 중요시 하느냐에 달려 있다. 그리고 원칙들은 서로 밀접하게 연계되어 있으며, 일반적으로 상호 보강되지만 상황에 따라서는 서로 상충될 수도 있기 때문에 당시의 상황에 필요한 원칙들을 효율적으로 결합할 수 있어야 한다.

현재까지의 군사적인 관점에서 중요시하고 있는 원칙들을 제시해 본다면 대체로 다음과 같다.

• 정보	• 목표	• 공세	• 기동	• 집중
• 기습	• 융통성	• 통일	• 보전	• 사기
• 창의	• 경계	• 간명	• 절약	• 방호
• 보안	• 지속성	• 주도권	• 합법성	

여기에서 제시된 내용들을 보면 군사작전의 지향점('무엇을')이 되거나[5] 이를 달성하기 위한 방법적인 측면('어떻게')[6], 그리고 작전을 효율적으로 수행하기 위한 태세적인 측면(대비 수준)[7] 등과 관련되어 일정한 체계를 이루고 있다. 이렇게 원칙들이 체계적인 상관관계를 유지하는 이유는 하나의 군사작전에 각각의 원칙들이 개별적으로 적용되는 것이 아니라 수 개의 원칙들이 통합적으로 적용되기 때문이다.

---

4) 시간의 경과에 따른 변화의 폭이 크지는 않지만 영구불변은 아니므로 법칙(Law)이 아닌 원칙(Principle)이라는 용어를 사용한 것이다.

5) 목표의 원칙

6) 공세, 기동, 집중, 기습, 절약, 통합, 주도권의 원칙

7) 정보, 통일, 보전, 사기, 간명, 방호, 지속성, 합법성, 보안의 원칙

이러한 원칙들 가운데 일부는 서로 중복된 의미를 공유하거나[8] 어떤 원칙이 다른 원칙을 촉진하는 역할[9]을 하기도 하며, 동일한 내용이지만 각각 다른 용어로 표현[10]한 경우도 있다. 이러한 상호 연관성을 고려하여 본 장에서는 대표적인 성격인 정보, 목표, 공세, 기동, 집중, 기습, 융통성, 통일, 보전의 원칙에 대해 설명하되, 템포(tempo)를 이들 원칙에 추가하고자 한다.[11]

---

8) 경계의 원칙과 방호의 원칙은 생존성을 보장하여 전투력을 효과적으로 유지해 나가는 보전의 원칙과 일부 의미가 중첩된다. 또한 간명의 원칙은 융통성의 원칙을 적용하는 방법 중 하나이기 때문에 그 의미가 중복된다.

9) 절약의 원칙을 예로 든다면, 절약은 전투력을 경제적으로 사용한다는 의미와 결정적인 시간과 장소에서의 집중을 달성하기 위해서는 다른 지역에서의 전투력 절약이 전제가 되어야 한다는 의미를 갖는데, 이 중 후자의 경우가 이에 해당한다고 볼 수 있다.

10) 보전의 원칙과 지속성의 원칙은 공히 생존성을 보장하고 전투를 계속 수행할 수 있는 능력을 유지한다는 의미를 갖는다.

11) 템포(tempo)는 아직까지 원칙으로 제시된 바가 없으나, 현대는 물론 미래전쟁의 기본적인 시스템이라 할 수 있는 네트워크중심전(NCW, Network Centric Warfare)의 핵심적인 개념이므로 군사작전을 수행함에 있어서 반드시 적용해야 할 기본원칙에 반영하였다. 이는 순수한 필자의 개인적인 주장임을 밝혀둔다.

1. 정보

지극히 당연한 이야기로 들리겠지만 두 눈을 뜨고 갈 길을 보는 사람은 자기가 원하는 방향으로 거침없이 뛰어다닐 수 있지만 두 눈을 가린 사람은 바로 앞에 무엇이 있지는 않은가 하는 불안한 마음에 뛰기는커녕 제대로 균형을 잡고 걸을 수조차 없으며, 실제 바로 앞에 장애물이 있어도 부딪쳐봐야만 그것을 인식할 수 있음을 우리는 경험적으로 잘 알고 있다. 이것은 내가 해야 할 행동(앞으로 달려 나가는 것)에 필요한 정보(달려 나갈 방향에서의 기복 정도나 장애물 존재 여부)를 알고 있는 것과 모르는 것의 차이이다.

'정확한 상황 인식이 곤란하다는 점이 전쟁에서 마찰을 일으키는 가장 심각한 요인들에 중 하나이다'라고 한 클라우제비츠의 말처럼 정보의 열세 속에서 행동하는 것과 정보의 우세 속에서 행동하는 것은 행동의 자유 측면에서 엄청난 차이가 있다. 정보의 우위를 점한 부대는 적보다 먼저 볼 수 있으므로 적보다 먼저 결심해서 먼저 타격(先見-先決-先打)할 수 있다. 또한 행동의 결과에 대한 확신으로 과감한 행동이 가능하다. 전투에서 이보다 더 유리한 상황이 있을 수 있겠는가?

탄넨베르크 전투는 제1차 대전 시의 여느 전투들과는 달리 빠르고 명확하게 승자와 패자가 결정되었다. 이 전투가 2,000여 년 전 카르타고와 로마 간에 펼쳐졌던 칸네(Cannae) 전투의 완벽한 재현이라 할 정도로 찬란한 전사로서 평가받는 이유는 소수가 다수를 완벽하게 섬멸하였다는 것이다. 독일군의 승인(勝因)에는 전투력의 과감한 집중과 절약, 지휘관 및 참모의 능력 등 여러 가지가 있지만 우리가 결코 간과해서는 안 될 것은 정보 수집 능력이었다. 러시아는 정보 수집을 게을리하여 독일의 동태를 전혀 눈치채지 못하였지만 독일은 러시아의 움직임을 정확히 파악하고 있었다. 한심하게도 러시아군은 평문(平文)이나 구식 암호로 통신을 하였기 때문이다. 러시아 제2군과 제1군이 연속해서 독일 제8군의 동일한 기동 포위방법에 갇혀 최후를 맞았다는 것 자체가 정보수집를 수집하려는 노력과 능력의 차이를 설명해 준다.

▌아군과 민간에 대한 정보도 중요하다

정보(情報, Intelligence)[12]는 작전과 관련이 있는 적 부대와 작전지역의 지형 및 기상 등에 대한 사실을 의미한다. 이는 부대가 현재 처해 있거나 앞으로 처해질 상황을 파악하고 어떻게 작전을 전개해 나갈 것인지를 판단할 수 있게 하는 필요조건이다. 그런데 모든 정보활동을 오로지 적에 대해서만 집중하는 오류를 범하는 경우가 매우 흔하

---

12) 첩보(諜報: Information)는 다양한 출처로부터 획득된 처리되지 않은 자료이며, 정보는 이러한 첩보들을 수집, 처리, 평가 및 해석하여 얻어진 결론을 말한다.

다. 예를 들어 준비태세가 취약한 적을 발견하여 이를 타격하기 위한 부대를 막상 투입하려 하는데 나에게 가용한 전투력이 어느 정도의 수준을 유지하고 있고, 어디에서 어떤 행동을 하고 있는지를 파악하지 못하고 있다가 그때서야 비로소 어떤 부대를 투입할 것인지를 따지다 보니 적시성을 상실하는 경우가 빈번하다. 정보는 단순히 적과 작전지역에 관한 것만을 의미하지는 않는다. 전투의 성패(成敗)는 전투를 성립시키는 3가지 요소(피·아의 전투력, 시간, 공간)를 얼마만큼 효과적으로 조화시키느냐에 따라 좌우되므로 정보는 당연히 이 3가지 요소에 초점을 두어야 한다. 적뿐만 아니라 나의 전투력과 준비태세 정도를 동시에 고려해야 하고, 작전지역 내의 민간인과 그들의 거주지역 및 시설 등에 대한 사항까지 포함해야 하며, 지형적인 측면 이외에도 기상과 기후, 시도 조건 등에 대한 정보까지 파악해야 작전의 성공 확률이 높아지는 것이다.

知彼知己 百戰不殆. 不知彼而知己 一勝一負. 不知彼不知己 每戰必殆
적을 알고 나를 알면 백번 싸워도 위태롭지 않고, 적을 모르고 나를 알면 한번은 이기고 한번은 질 것이며, 적을 모르고 나도 모르면 싸울 때마다 위태롭다.

〈孫子兵法, 謀攻篇〉

※ 적뿐만이 아니라 자신에 대한 정보의 중요성을 잘 나타내고 있다.

知彼知己, 勝乃不殆, 知天知地, 勝乃可全.
적을 알고 나를 알면 승리하되 위태롭지 않으며, 천시(天時)와 지리(地理)를 알면 온전한 상태로 승리할 수 있다.

<孫子兵法, 地形篇>

※ 적과 나의 정보뿐만 아니라 기상, 지형에 대한 정보까지 알아야 완전한 승리가 가능함을 강조하고 있다.

▋ 많이 안다고 현장 부대의 융통성을 제한하지 마라

현대전에서 정보 수집을 위한 감시(surveillance) 및 정찰(recon-naissance) 수단과 이를 전파하는 네트워크 체계는 과거에 비해 현저하게 발전하였고 향후에는 우리의 상상을 초월할 정도로 그 능력이 향상될 것임은 분명하다. 어찌 보면 미래에는 정보의 홍수 속에서 전투를 수행해야 할 것이다. 그런데 이처럼 정보의 수집 및 전파 수단이 계속적으로 발전한다면 전투 현장의 부대나 후방에서 이 부대들을 지휘 및 통제하는 상급부대가 거의 동일한 수준의 세밀한 정보를 접하게 될 것이며, 이런 경우에는 상급부대가 하급부대의 세세한 부분까지도 일일이 통제하고자 하는 유혹에 빠질 수 있다. 상급부대가 하급부대 못지않게 전투현장의 상황을 세밀하게 파악할 수 있다고 하여 하급부대의 행동에 과도하게 개입함으로써 융통성을 제한한다면 오히려 작전을 그르치는 결과를 초래할 수 있다. 전투 현장에서 느끼는 감각과 모니터링(monitoring)을 통해서 느끼는 감각은 분명히 다르며, 상황의 긴박성에 대한 체감 정도와 파악되는 정보의 정확성 및 구체성이 실제적으로 다를 것이고, 이로 인하여 상황에 대한 조치의 적절성과 반응속도는 차이가 날 수밖에 없다. 또한 모든 상황에 대해 일일이 간섭과 통제를 받는 하급부대는 피동적인 사고와 행동이 습성화됨으로서 스스로 책임을 지는 과감한 행동보다는 책임을 회피하기 위해 눈치를 보거나 지시만을 기다리는 과오를 범하게 될 것이다.

▌적 지휘관의 입장에서 판단하고 이에 대응하라

전투의 본질적인 특성인 불확실성 속에서 가능한 한 자신이 의도하는 방향으로 전투를 진행하려면 정확한 상황 파악이 전제되어야 하는데, 이는 정보를 얼마나 효율적으로 수집하고 활용하는가에 달려 있다.

'역지사지(易地思之)'란 상대방의 입장에서 생각해 보라는 의미로서 주로 인성적인 측면을 강조하기 위해 사용하는 말이지만, 정보를 수집하고 활용하는데 있어서도 딱 들어맞는 말이다. 정보를 수집하기 위한 계획을 수립하고 획득한 정보를 분석 및 평가할 때에는 부지불식간에 나에게 유리한 방향으로 생각하지 않도록 유의하고 철저하게 적 지휘관의 입장에서 판단하여야 한다.

> 자신이 합리적으로 판단했다고 하여 적도 그와 같이 생각한다고 볼 수 없다. 윤리관과 가치관이 다르면 합리성의 척도는 달라지기 때문이다. 정보판단이 적중하지 않는 것은 자기 척도로 적을 추측하기 때문이다.
>
> 〈리델 하트〉

효율적인 정보수집 수단의 운용

정보수집 수단[13]은 적이 있음 직한 지역에서 운용하도록 계획해야 한다. 예를 들어 기동 여건이 양호한 곳에 전차부대가 있을 것이고, 진지로 활용할 수 있는 공간과 생존 여건이 좋은 곳에 포병부대가 위

---

13) 적 지역에 침투하여 정보를 수집하는 인간정보자산, 무인항공기나 정찰기 등과 같은 영상정보자산, 통신감청 등의 신호정보자산 등이 있다. 인간정보자산은 시간과 수집지역이 제한되며, 영상정보자산은 기상에 따라 수집활동이 제한되고, 신호정보자산은 정확한 위치 탐지가 어렵고 적의 기만에 취약하다는 단점이 있다.

치할 것이다. 포병부대와 전투근무지원부대, 지휘소 등은 생존성을 보장하기 위해 통상 후방에 위치하되 전체 부대들에 대한 지원이 용이하도록 도로망이 잘 발달한 시·공간적인 중앙에 위치할 것이며, 전차부대는 예비대로서 차후에 운용하기 위해 후방에 집결할 확률이 높지만 도로망이 발달된 지역에서는 그 일부가 전방에 위치한 보병부대와 함께 배치될 수도 있다. 즉 적이 어떠한 단위대들로 편성되어 있으며, 편성된 각 단위대들은 적 교리와 작전지역의 지형을 고려해 볼 때 어디에 배치되어서 어떻게 운용될 것인가를 판단해 보면 정보수집수단을 어디에 운용해야 할지 유추할 수 있다.

작전에 지대한 영향을 미치는 적의 핵심적인 요소는 신뢰도를 증대시키기 위해 정보수집 수단을 중복해서 운용하는 것이 좋다. 그러나 정보수집 수단이 충분치 못하다면 가장 확률이 높은 지역(찾고자 하는 적이 가장 있음 직한 지역)부터 우선순위에 의해 운용하는 것이 효율적이다.

만약 식별된 적의 핵심요소가 원거리에 있어 곧바로 나에게 영향을 미치지 않거나 아군부대를 인지하지 못하고 있는 경우에는 적 핵심요소에 대한 기만 또는 기습을 통해 전기(戰機)를 마련할 수 있어야 한다.

실시간 타격 또는 이용

버스가 떠난 후에는 아무리 손을 흔들고 소리쳐 봐야 아무 소용이 없다. 적의 주요 전투력이 식별되었다면 즉시 타격함으로써 현재 및 장차 작전에 유리한 여건을 조성해 나가야 한다. 만일 자체적인 타격수단이 제한된다면 상급부대의 자산을 요청해서라도 타격해야 하며, 이마저도 불가한 경우에는 이들에 의해 나의 작전이 방해받지 않도록 회피하되 타격수단이 가용할 때 언제든지 타격할 수 있도록 계속해서 추적 감시해야 한다.

간첩 또는 범죄조직을 송두리째 소탕하고자 할 때 식별된 조직원을 그때그때 바로 체포하지 않고 그의 접선행위를 계속 추적하여 일거에 소탕하는 것처럼 전투 시에도 적이 식별되었다고 해서 무조건 타격하는 것이 능사(能事)는 아니다. 타격하지 않고 이를 이용하는 것이 더 큰 성과를 올릴 수 있기 때문이다. 예를 들어 가치가 떨어지는 표적을 타격하기 위해 타격수단을 동원하였다가 오히려 나의 전력이나 기도가 노출됨으로써 득보다는 실이 클 수 있다. 이런 경우에는 식별된 적을 기준으로 좀 더 많은 정보를 획득할 수 있을 때까지 추적 감시하면서 기다리는 것이 더 나을 수 있다. 또한 적의 주요 전투력을 식별했다고 해도 이를 타격하지 않고 기만함으로써 더 큰 이익을 추구할 수도 있다. 즉, 식별된 적을 즉시 타격할 것인지, 아니면 이를 이용하여 더 큰 이익을 추구할 것인지는 지휘관이 현명하게 판단해야 한다.

분석 및 평가를 통한 대응방안 구상

전투 경험이 부족하거나 훈련 수준이 미흡한 부대의 지휘소에서는 적을 단편적으로 인식하고 단순하게 이를 타격하는 데 그치는 오류를 자주 범한다. 개별적으로 존재하는 단편적인 정보의 조각들은 단순한 타격의 대상으로 삼을 수는 있으나 전반적인 전투력 운용의 근거로 삼을 수는 없다. 따라서 마치 그림 조각을 맞추는 퍼즐게임처럼 식별된 정보의 조각들을 배열하고 빠진 부분의 정보들을 추정하여 채워 넣음으로써 전체적인 그림을 맞추어 보는 것이 중요하다. 이것이 바로 수집된 정보를 분석 및 평가하는 것이다. 즉 적에 대한 전체적인 구성과 배치를 추정하고, 그 상태에서 '적이 기도하는 바는 무엇인가', 그리고 '적은 기도하는 바를 달성하기 위해 어떠한 행동으로 나올 것인가'를 분석함으로써 가장 가능성 있는 적 행동이 무엇인지를 평가하는 것이다. 이는 앞으로 내가 어떻게 싸워 나갈지를 구상하고 이를 실행에 옮기기 위한 기초를 제공한다. 수집된 정보에 대한 분석 및 평가가 적보다 빠르고 정확하다면 전체적인 국면을 대관(大觀)하면서 작전 전반에 걸쳐 주도권을 행사할 수 있다.

전장의 상황은 계속해서 변화하기 때문에 정보를 수집하고 이를 분석, 평가하는 절차를 부단하게 반복함으로써 항상 최신화된 상황을 파악하고 있어야 한다. 즉 확인된 적은 계속해서 변동 사항을 추적하는 동시에, 식별되지 않은 적을 추가적으로 찾아냄으로써 필요한 시기에는 언제라도 적절한 대응방책을 구상하고 이에 대한 시행 여부를 결심할 수 있어야 한다.

▌ 직관에 의한 결심도 필요하다

시간적인 여유가 있는 경우에는 수집된 정보를 분석 및 평가하고 이를 토대로 적절한 대응조치를 하게 된다. 그렇지만 시간이 긴박한 경우나 빠른 속도의 작전이 요구되는 경우에는 필요한 정보를 적시에 획득하는 것이 제한될 수도 있고, 설령 정보를 획득했다 하더라도 이를 분석 및 평가할 수 있는 시간은 제한되기 마련이다. 이런 현상은 정보수집 능력이 제한되고 전투현장에서 행동 위주로 작전을 수행하는 하급제대로 갈수록 더욱 두드러진다.

이런 경우에는 지휘관의 직관력에 의존할 수밖에 없다. 직관력(直觀

力, intuition)이란 추리나 판단 따위의 사고과정을 거치지 않고 직접적으로 대상을 파악할 수 있는 능력을 말한다. 즉 한 번에 통찰하는 능력으로서 프랑스어로 coup d'oeil이라고 하며, '혜안(慧眼)', '한눈에 꿰뚫기', '전술 감각(tactical sense)' 등으로 표현하기도 한다. 직관력은 신비한 능력도 아니고, 타고난 재능도 아니다. 이는 수많은 경험을 통해 형성되고 교육과 연습을 통해서 계속적으로 발전시킬 수 있는 능력이다. 직관의 정확도는 지휘관의 능력과 결심하기 이전까지의 상황을 얼마나 잘 파악하고 있는지에 따라 많은 차이를 보인다.

직관에 의한 결심은 적시적인 조치를 위해 매우 중요하다. 정보가 턱없이 부족한 상태에서 너무 빨리 섣부른 결심을 하거나 정보가 확실해질 때까지 기다리다가 때가 지난 결심을 하는 것으로 인해 작전을 그르칠 수 있다. 이것이 작전 성패의 책임을 져야 하는 지휘관의 가장 큰 딜레마이다. 지휘관은 너무 빠르게 어설픈 결심을 하지 않으면서도 너무 늦지 않게 적시적인 행동을 취하기 위해서는 정보의 양이 다소 부족한 상황에서도 자신의 직관에 의존하여 결심할 수 있어야 한다.

2. 목표

목표(目標, Objective)란 부대의 가용 전투력을 운용하여 확보 또는 달성해야 할 대상을 말한다. 지휘관은 임무에 기초를 두고 제한된 시간과 능력의 범위 내에서 최소의 희생으로 최대의 성과를 달성할 수 있도록 목표를 선정하고 그것에 부대의 모든 노력과 활동을 지향시켜야 한다.

■ 단계적인 목표를 설정하라

다음의 [그림 3-1]과 같이 상급부대는 단일(單一)의 작전으로 목표를 달성할 수도 있지만 통상 예하부대에 중간목표를 부여함으로써 단계적으로 목표를 달성해 나간다. 단일의 단계로 작전을 수행하려면 최초부터 전 부대가 전개하여 정면 공격을 하면서 모든 적을 소탕하고 지역을 확보해 나가야 하므로 전투력의 손실이 크고, 모든 부대가 투입되었기 때문에 예상치 못한 우발상황이 발생할 경우 이에 대처할 예비수단이 없다. 따라서 작전을 단계화하고 단계별 주력으로 지정된 부대는 적의 약점이나 간격을 이용한 돌파 또는 포위기동으로 중간목표를 확보해 나가는 것이 효율적이다. 이때의 중간목표는 해당 단계의 작전 성공을 결정함은 물론 다음 단계의 작전으로 전개되는 데 기여할 수 있도록 설정되어야 한다.

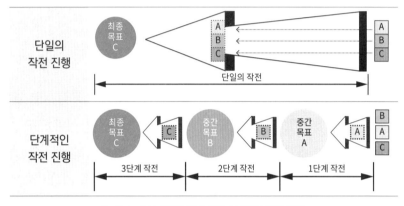

[그림 3-1] 단계적인 작전 진행과 단일의 작전 진행

■ 명확하고, 결정적이며, 달성 가능한 목표를 선정하라

전투의 가장 궁극적인 목적은 적 부대와 전투의지를 분쇄하는 것이다. 그러나 나의 피해를 고려하지 않고 목적 달성만을 추구할 수는 없는 일이다. 따라서 지휘관은 임무에 기초를 두고, 제한된 시간과 능력 범위 내에서 최소의 희생으로 최대의 성과를 달성할 수 있도록 목표를 선정하고, 모든 활동과 노력을 그것에 지향시켜야 한다. 이를 위해서는 명확하게 한정되고, 결정적이며, 달성 가능한 목표를 선정해야

한다.

  목표는 개념적이거나 추상적이 되어서는 곤란하다. 즉 목표는 명확하고 구체적으로 선정되어야 부대가 전투력을 지향해야 할 방향을 결정할 수 있으며, 다음 작전과의 연계성을 유지할 수 있다. 그리고 적 주력을 격멸하거나, 병참선 또는 퇴로를 차단하여 적의 균형을 무너뜨림으로써 임무를 완수하는 데 결정적으로 기여할 수 있는 곳을 선정하여야 한다.[14] 또한 목표가 아무리 명확하고 결정적이더라도 부대의 능력으로 달성하기가 제한된다면 아무런 의미가 없을 것이다. 즉 의지만을 앞세워 달성이 불가능한 목표를 선정하는 우(愚)를 범하지 말아야 한다.

1916년 2월 연합군의 경제봉쇄로 위기에 몰린 독일은 교착된 전선을 타개하고 국면을 전환하기 위해 프랑스 베르덩(Verdun) 요새에 대한 집중적인 공격을 시작했다. 베르덩 요새는 불패의 보루(堡壘)처럼 프랑스 국민들에게 정신적인 의미가 매우 강한 지역이었다. 보불 전쟁 당시 베르덩 요새는 가장 마지막까지 버틴 요새였고 로마시대로부터 이어진 이 요새의 의미는 프랑스 국민들에게 프랑스 방위를 위한 하나의 보증수표와도 같은 존재였기 때문이다. 독일군 참모총장 팔켄하인(Von Falkenheyn)은 바로 이점을

〈베르덩 전투에서의 독일군 전사자〉

---

14) 현 교리에서는 전술제대의 목표는 통상 부대의 가용 전투력을 운용하여 '확보해야 할 지형이나 격멸해야 할 적 부대'를 선정한다고 명시되어 있지만, 실제적으로 전술제대의 목표는 지형으로 귀결될 수밖에 없다. 왜냐하면 적 부대는 유동적이기 때문에 그 부대가 위치를 변경하면 목표를 기준으로 작성한 모든 계획은 무효가 될 수밖에 없기 때문이다. 따라서 목표로 기동하고 탈취하는 과정에서 적 부대를 격멸할 수 있는 지형적인 목표를 선정하여 전투를 수행해야 하는 것이다.

노리고 '백색의 요새를 프랑스인의 피로 물들이자(bleed France white)'라는 슬로건을 내걸고 공격을 명령했다. 즉 프랑스군은 자존심 때문에 모든 예비대를 투입해서라도 이 지역을 지켜내려고 할 것이므로 펌프로 물을 퍼내듯 프랑스군을 고갈시킬 수 있다고 판단했다. 즉 과도한 출혈을 강요하거나 정신적인 패배를 겪게 함으로써 국면 전환의 돌파구를 마련하고자 한 것이다. 이러한 이유로 약 11개월에 걸쳐 8×4km 정도의 지역 내에서 42개의 프랑스 사단과 30개의 독일 사단이 전투에 참전하였고, 전투 결과로서 프랑스군이 55만 명, 독일군이 43만 4천 명의 사상자를 기록했으며, 이중 절반은 전사자였을 정도로 치열한 전투를 치렀다. 그러나 결과적으로 양측은 아무런 성과도 얻지 못했다. 특히 독일의 입장에서는 베르덩이라는 명확한 지형을 확보하는 것보다는 병력을 끌어들여 격멸하겠다는 상징적인 개념의 목표를 추구했으며, 피해 정도가 5 대 2 정도로 독일이 유리할 것이기 때문에 목표를 달성할 수 있을 것이라 오판하였다. 더구나 쌍방의 피해 정도가 비슷한 결과를 보면 목표 자체가 난국을 타개할 수 있을 정도로 결정적이지도 않았던 것이다. 오히려 프랑스의 강점에 주력을 투입함으로써 엄청난 손실을 감수할 수밖에 없었다고 생각된다. 또한 당시 연합군에 비해 인적·물적 자원이 제한되었던 독일은 달성 가능성도 의문스러운 목표였다고 볼 수 있다. 결국 베르덩 전투의 결과는 난국을 타개한 것이 아니라 연합국 측으로 전세가 넘어가는 계기가 되고 말았다.

■ 목적(Purpose)과 목표(Objective)를 혼돈하지 마라

작전의 목적이 적 부대를 격멸하는 것이라고 해서 적의 주요 전투 부대를 직접 목표로 설정하는 우를 범하는 경우가 있다. 물론 계획상으로는 적 주요부대가 실제로 위치해 있거나 위치하고 있을 것으로 추정한 곳을 목표로 설정할 수는 있을 것이다. 일견(一見) 그럴듯해 보인다. 그러나 전투를 수행하는 전 과정 동안 그 부대가 그 위치에 그대로 고정되어 있을 가능성은 거의 없다. 더욱이 목표로 삼은 부대는 그만큼 전투에서 핵심적인 역할을 하는 부대일 것이므로 아군이 목표에 도달하기 전에 이미 그 위치를 벗어나 사용되었을 확률이 높다. 목표가 움직여 버린 것이다. 더구나 부대가 위치해 있을 것으로 추정되는 지역을 목표로 선정하였다면 애초의 목표는 텅 비어버린 무의미한 목표였을 수도 있는 것이다. 이런 경우에는 목표인 적의 주요 전투부대를 찾아 헤매다닐 것인지, 일단 포착되었다면 이를 계속 쫓아다닐 것인지, 아니면 늦었지만 아예 다른 목표를 선정해서 공격할 것인지 매우 난감해지는 상황을 맞게 될 것이다.

작전의 목적과 목표는 다른 것이다. 작전의 목적은 '왜 이 작전을 실시하는가?'를 설명하는 것으로서 작전을 실시하는 이유이며, 작전의 목표는 작전의 목적을 달성하기 위해 선정하는 것이다. 즉 적 부대를 격멸하는 것이 작전의 목적이라면 적 부대를 격멸하기 위해서 적의 퇴로를 차단하고 적 주력부대를 전방과 측방에서 협공하여 격멸할 수 있는 지역을 목표로 선정해야 한다. 그 목표에 주 전투력을 지향하면서 전투를 수행해 나가는 과정에서 '적 부대 격멸'이라는 작전의 목적을 달성할 수 있는 것이다. 또한 적 부대가 실제 위치하고 있거나 추정되는 위치에는 적을 확인할 수 있는 정보수단과 확인된 적을 타격할 수 있는 포병, 육군항공, 전술공군 등이 통합된 화력을 계획하고 운용하면 된다.

3. 공세

공세(攻勢, Offensive)란 전장의 주도권을 장악하여 전세를 유리하게 이끌고 아군의 의지를 적에게 강요하는 능동적이고 적극적인 공격행동 또는 부대가 공격을 하고 있는 상태를 말한다.

■ 이(利)를 얻고자 한다면 공세를 취하라

각박한 세상에서 공짜로 주어지는 것은 없는 법이다. 즉 이득을 보기 위해서는 무엇인가는 투자를 해야 한다. 이와 마찬가지로 전투를 통해서 내가 원하는 바를 적에게 관철시키고자 한다면 공세를 취해서 적의 고삐를 말아 쥘 수 있어야 한다. 방어 또는 수세적인 행동으로 일관하면서 내가 원하는 바대로 적이 행동하게 하는 것은 불가능하다. 적도 바보가 아닌 이상 자신에게 특별한 위협이 가해지지 않는데도 불구하고 상대방이 원하는 행동을 할 리는 없으며, 만일 그렇게 행동했다면 그것은 단지 요행일 뿐이거나 적이 거짓된 행동으로 기만을 시도하고 있을 확률이 매우 높다. 나는 전혀 투자도 하지 않으면서 상대로부터 이득을 챙겨 보겠다는 심산은 전투에서는 통하지 않는다.

전투에서 공세를 취함으로써 얻을 수 있는 이익은 다양하다. 공세적인 행동을 취하는 동안만큼은 주도적인 위치에 설 수 있으며, 공세가 성공하여 작전 전반에 대한 주도권 확보로 연결된다면 나는 그만큼 행동의 자유를 유지한 상태에서 자유자재로 작전을 수행할 수 있다. 또한 공세적인 행동은 적에게 부득이한 대응을 강요하기 때문에 이로 인한 적의 취약점을 노출시킴으로써 적을 결정적으로 격멸할 수 있는 기회를 창출할 수 있다. 수세에 몰려 있는 줄로만 알고 있던 상대가 기습적으로 공세를 취하는 경우처럼 적이 전혀 예상하지 못한 공세적인 행동은 성공 가능성과 효과가 더욱 클 것이다. 공세적인 행동은 아군에게도 자신감과 사기를 고취하는 효과를 제공한다.

▌공세적인 사고는 필수이다

공세적인 사고가 결여된 전투부대는 아무짝에도 쓸모가 없다. 그런 부대는 설령 공세적인 행동에 나서게 되더라도 성공할 것이라는 확신이 서지 않고, 오히려 공세의 실패로 인해 야기될 수 있는 불리한 상황에만 집착하게 됨으로써 어떠한 행동도 주저하게 되어 결국 현상을 유지하는 데 급급할 수밖에 없게 된다. 반대로 이러한 부대를 상대하는 적의 입장을 생각해 본다면 정말로 쉽게, 마음먹은 대로 작전을 구사할 수 있을 것이다. 어디를 찔러보아도 상대는 그것을 막기에만 급급하고 심지어 자신의 약점이 노출되었는데도 상대가 공세를 취하지 않고 있다는 것을 감지하고 나서부터는 그야말로 자유자재로 능수능란하게 상대를 다루게 될 것이다.

지휘관은 공격과 방어를 막론하고 언제, 어디에서, 어떠한 상황에서도 적의 약점을 포착하거나 절호의 기회를 잡았다면 가차 없이 공세적인 행동을 하겠다는 적극적인 사고와 이를 감행하는 실천력을 구비해야 한다.

> 공격하라! 공격하라! 피로가 극심할 때까지 공격하라! 피로가 극에 도달할 때에도 계속 공격하라!
>
> 〈팻튼〉

■ 공세정신은 방자에게 더욱 요구된다

'공격이 최선의 방어'라는 말이 있듯이 시종일관 고분고분한 상대는 인정사정 볼 것 없이 대할 수 있어도 조금이라도 틈을 보이면 용수철처럼 반응하는 상대를 다루는 것은 상당히 조심스럽고 주저할 수밖에 없다. 공자가 전투력이 우세하다고 하여 공세의 특권이 자동적으로 공자에게 부여되지 않는다. 방어

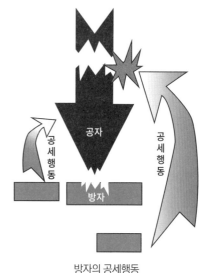

방자의 공세행동

는 불리한 전세를 만회하기 위해 취해지는 임시적인 방편(temporary expedient)으로 선택하는 것이므로, 방자가 불리한 상황을 극복하고 주도권을 빼앗아 오기 위해서는 공세적인 사고와 행동이 최우선의 덕목임을 인식해야 한다. 방자라고 해서 공자의 행동에 대해 수세적이고 피동적인 대응으로만 일관하는 것은 더욱더 수세로 빠져들게 하는 과오를 범하는 것이다. 방어 간에도 적의 약점을 발견하거나 조성하기 위해 모든 기회를 추구하고 이를 포착한 경우에는 이에 대해 적극적이고 과감하게 공세행동을 가함으로써 공자로부터 주도권을 탈취하고 전세를 유리한 국면으로 전환할 수 있어야 한다.

> 공격으로의 전환은 방어에서 가장 빛나는 부분이다.
>
> 〈클라우제비츠〉
>
> 你打你的, 我打我的: 너는 너의 목표를 타격해라. 나는 나의 목표를 타격하겠다.
> * '상대방의 의도대로 따라주지 않을 것이다', '방어 일변도의 작전만을 고수하지 않겠다'라는 의지가 반영됨
>
> 〈중국군 전술학 교범〉

1951년 중공군 4월 공세 시 사창리 전투에서 참패를 당했던 국군 제6사단은 와신상담(臥薪嘗膽)하며 명예를 회복할 기회를 찾고 있었다. 제6사단은 결국 중공군 5월 공세 기간에 실시된 용문산 전투(1951. 5. 18~20)에서 공세적인 행동을 통해 중공군 3개 사단을 격퇴하고 유엔군이 반격작전으로

〈'결사(決死)' 머리띠를 둘러맨 장병〉

전환하는 계기를 마련함으로써 원래의 명성을 되찾았다.

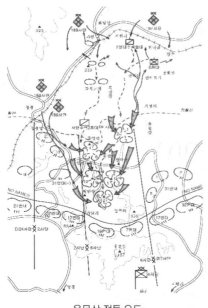

용문산 전투 요도   승전기념비

　제6사단은 제19연대와 제7연대를 주저항선인 용문산 일대의 고지에 배치하고, 북한강과 홍천강 남쪽에 경계부대인 제2연대를 배치하였으며, 북한강과 홍천강 건너 가평까지 수색정찰부대를 보내 중공군의 남하를 감시하였다. 국군 제6사단 정면으로 공격한 중공군은 제63군 예하의 3개 사단(187, 188, 189사단)이었다.

　제2연대는 경계부대임에도 불구하고 축차적인 사주방어진지를 점령하면서 결전을 전개하였다. 이로 말미암아 중공군은 제2연대 지역을 주저항선으로 오판하고 예비대까지 투입하여 총공세를 감행하였다. 제2연대는 10여 차례의 항공지원과 6개 포병대대의 화력지원(약 3만 발)을 받으며 이틀간 적을 저지하였다.

　5월 20일 05:00시에는 주저항선에 배치된 제7연대와 제19연대가 공세로 전환하여 진지를 박차고 나가 경계부대인 제2연대와 연결하였고, 계속해서 화천호[15]까지 약 60km를 추격하여 중공군을 궤멸시켰다.

　전투결과로서 국군 제6사단의 피해가 전사 107명, 부상 494명, 실종 33명인 것에 비해 중공군에게는 전사 1만 7,177명, 포로 2,183명이라는 엄청난 피해를 안겨

---

15) 이승만 대통령은 화천호를 '오랑캐를 무찌른 호수'라는 의미로 파로호(破虜湖)라고 명명하였다.

줄 만큼 실로 대단한 전과를 남겼다.[16]

국군 제6사단은 중공군의 대규모 5월 공세 속에서도 기존의 관례대로 주저항선에서의 피동적인 방어를 선택하지 않았고, 오히려 경계지역부터 강력한 방어를 통해 10:1로 우세한 중공군의 전투력을 흡수하고 주저항선의 부대를 공격으로 전환하는 공세적인 행동을 통해 역사에 기록될 전과를 올릴 수 있었다.

---

16) 6·25전쟁에서 국군과 유엔군을 통틀어 사단급 부대가 단일 전투에서 거둔 최대의 승리였으며, 이로 인해 용문산대첩이라 불리기도 한다.

4. 기동

기동(機動, Maneuver)은 차후 작전에 유리한 상황을 조성하기 위하여 적보다 유리한 위치로 병력, 장비, 물자 등을 이동시키는 것이다.

■ 기동을 통해 유리한 위치를 선점하고 전과를 확대하라

기동은 전장에서의 힘의 흐름이라 할 수 있다. 그 힘은 적의 약점을 파고들어 가면서 점차 그 폭과 깊이가 확장되고 급기야 전장 전체를 장악할 수 있도록 작용해야 한다. 작전을 주도적으로 수행하고자 한다면 부대가 전투에 유리한 위치를 선점할 수 있어야 하고, 적의 약점을 타격하여 균형을 깨뜨리고 적 진영을 붕괴시킬 수 있어야 하며, 이렇게 획득한 성과를 적의 종심지역으로 확대해 나갈 수 있어야 하는데 이는 기동을 통해서 가능해진다.

제1차 세계대전의 독불전역에서는 마르느(Marne) 돌출부 전투 이후로 형성된 일련의 참호선이 도버해협까지 이르는 소위 '바다로의 경주(Race to the Sea)'를 시작하여 전선(戰線)이 연장되었고 급기야 약 1,000km에 달하는 참호선을 중심으로 교착상태에 빠져들었다. 결국 독불전역은 장기 지구전의 양상으로 치닫게 되어 속전속결을 기도했던 독일군은 패전의 길로 들어설 수밖에 없었다.

제1차 세계대전: 소모전. © Wikipedia

아무튼 참호선을 중심으로 진행된 지독한 소모전에서 승리한 프랑스군은 제2차 세계대전이 발발하기 전까지 방어제일주의 사상에 젖어있었으며, 급기야 천문학적인 예산을 쏟아부어 독일과의 국경지대에 마지노선(Maginot Line)을 구축하고, 이것을 이용하면 독일군의 어떠한 공격도 막아낼 수 있다고 굳게 믿었다. 반면에 독일군은 제1차 세계대전에서 등장한 전차와 항공기를 이용한 기동의 중요성을 인식하

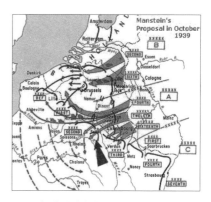

제2차 세계대전: 기동전. © Wikipedia

고 독립작전이 가능한 기갑부대를 편성하여 종심 깊은 타격과 기동화된 제병과의 협동작전이 결합된 전격전(電擊戰, Blitzkrieg Tactics)을 수행함으로써 단 6주 만에 프랑스군을 궤멸시켰다.[17] 이는 진지전의 양

---

17) 전차를 이용한 기동전을 통해 적의 심리적 마비를 추구하는 사상은 영국의 풀러(Fuller)와 리델하트(Liddell Hart), 그리고 프랑스의 드골(De gaulle) 등 연합국 측의 혁신적인 군사 엘리트들에 의해 나타났다. 그러나 방어제일주의 사상에 물든 군 수뇌부는 이를 받아들이지 않았고 오히려

상이 기동전의 양상으로 바뀌는 계기가 되었으며, 기동의 중요성을
단적으로 보여주는 사례이다.

▌기동의 특성을 이해하고 그 효과에 대한 확신을 가져야 한다

부대를 기동시킨다는 것은 전투력을 정적(靜的)으로 운용하지 않고
동적(動的)으로 운용한다는 것을 의미한다. 따라서 기동의 본질을 이
해하기 위해서는 전투력의 동적인 운용이 정적인 운용과 비교하여 어

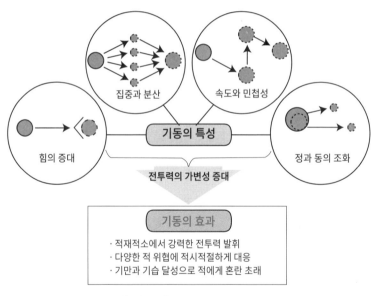

[그림 3-2] 기동의 특성과 효과

패전국인 독일의 젊은 엘리트 장교들에 의해 이 사상이 흡수되었으며, 구데리안(Guderian)은 이
를 전격전 이론으로 완성하여 제2차 세계대전 초기 폴란드 전역과 프랑스 전역에서 놀라운 성
과를 보여주면서 세계를 충격에 빠뜨렸다.

떠한 특성을 갖고 있으며, 그 특성으로 인해 어떠한 효과를 가져올 수 있는지를 알아야 한다. 앞의 [그림 3-2]는 기동의 특성과 효과를 제시하고 있다.

기동의 특성

부대가 기동할 경우에 나타나는 특성은 힘의 증대, 집중과 분산, 속도와 민첩성, 정(靜)과 동(動)의 조화 등이 있으며, 이러한 특성들은 작전에 영향을 미치는 요인으로 작용한다.

① 힘의 증대

F(힘)=M(병력)×C(속도)^{2}이라는 공식에서 보여 주는 것처럼 기동하는 부대의 힘은 정지된 부대의 힘과 비교할 때 기동 속도에 의해 기하급수적으로 증대된다. 이러한 힘은 적의 정면보다는 측방 또는 후방으로 기동할 경우에 훨씬 효과적으로 작용한다.

② 집중과 분산

집중하면 힘이 강해지지만 둔중해지고 적으로부터 대량의 피해를 받을 수도 있다. 반면 분산하면 민첩성이 향상되고 대량 피해의 가능성이 줄어들지만 힘은 약해진다. 집중과 분산의 장단점을 조화시키려면 기동을 함으로써 흩어져 있는 전투력이 필요한 시간과 장소에 다시 모이거나, 모여 있는 전투력이 다시 흩어질 수 있다. 즉 기동은 전투력의 적절한 집중과 분산을 통해서 필요에 따라 힘을 취합하거나 배분하고 위치를 조정할 수 있게 하므로 다양한 형태의 작전이 가능해진다.

③ 속도와 민첩성

  기동은 속도와 민첩성을 추구한다. 적보다 빠른 속도와 민첩성을 유지한다면 동일한 시간 내에서 적보다 많은 과업을 수행할 수 있으며, 다양한 적 위협에 적시 적절하게 대응할 수 있다. 그리고 적의 예상보다 빠른 기동 속도와 행동의 민첩성은 그 자체로도 생존성을 보장하는 방호수단이 될 수 있으며, 적에게 혼란과 오판을 유도하거나 적의 대응시간을 박탈할 수도 있다. 이로 인해 종종 실제적인 전투 없이 적이 항복하는 경우가 발생하기도 한다.[18]

④ 정(靜)과 동(動)의 조화

  공격이나 방어 공히 여건이 자신에게 유리하면 전투를 강요하고 불리하면 전투를 회피하는 것이 기본이다. 그리고 적과 전투를 하는 경우에는 적의 강점을 고착하고 약점을 타격해야 한다. 적과 교전을 회피하거나 적의 약점을 타격하기 위해서는 전투력을 동적으로 운용하고, 적의 강점을 고착하기 위해서는 전투력을 정적으로 운용해야 한다. 이처럼 전투력을 정적인 운용과 동적인 운용이 필요한 곳으로 전환하면서 탄력적으로 전투를 수행하는 것은 기동을 통해서만 가능하다.

기동의 효과

  위에서 설명한 기동의 4가지 특성을 상황에 따라 적절하게 조화시킨다면 적과 동일한 전투력일지라도 적보다 훨씬 변화무쌍하게 운용할 수

---

18) 기동은 화력과 더불어 적을 직접 격멸하는 주수단이지만 기동 그 자체로서 적의 전투의지를 마비시킬 수도 있다. 예를 들어 조기에 적 방어진지를 돌파하여 적이 미처 준비하지 못한 후방의 종심으로 기동해 들어간다면 후방이 노출된 적은 싸우고자 하는 의지를 상실하고 항복할 수밖에 없을 것이다.

있다. 기동의 특성을 활용하면 전투력의 가변성(可變性)이 크게 향상되기 때문이다. 이러한 가변성으로 인해 획득할 수 있는 효과는 다음과 같다.

① 적시적소(適時適所)에서 강력한 전투력을 발휘할 수 있다.

전투력이 적보다 압도적이지 않은 이상 전장의 모든 시간과 장소에서 적보다 우세한 전투력으로 대응하는 것은 실제적으로 불가능하다. 따라서 요구되는 시간과 장소에 전투력을 집중할 수 있는 능력이 필요하며 기동이 이를 가능케 한다. 또한 전투력의 집중으로 인해 증대된 힘과 기동을 통해 증대된 힘이 결합한다면 결정적인 시간과 장소에서 더욱 강력한 타격력을 발휘할 수 있다.

② 다양한 적의 위협에 적시적절하게 대응할 수 있다.

속도와 민첩성을 기반으로 하여 전투력을 자유자재로 집중하거나 분산할 수 있다면 전투력을 보다 탄력적으로 운용할 수 있게 되어 수시로 변화하는 적의 위협에 적시적절하게 대응하고 적의 조직적인 작전활동을 방해할 수 있다.

③ 기습과 기만을 달성함으로써 적에게 혼란을 초래한다.

적이 예상보다 빠른 기동의 속도와 예상치 못한 방향으로의 기동은 적에게 기습을 달성할 수 있다. 그리고 전투력의 정적인 운용과 동적인 운용을 조화시킨다면 적으로 하여금 아군에 대한 기도파악을 어렵게 하고, 양공[19]이나 양동[20]을 통해 기만효과를 달성할 수 있다.

---

19) 양공(陽攻, Feint): 적을 기만하기 위해 실시하는 제한된 목표에 대한 공격작전
20) 양동(陽動, Demonstration): 적을 기만하기 위해 아군이 결정적인 작전을 기도하고 있지 않은 지

❖ 기동의 백미(白眉), 셔먼 장군의 '바다로의 진군'

남북전쟁의 영웅 셔먼(William Tecumseh Sherman, 1820~ 1891) 장군은 일명 '셔먼의 바다로의 진군(Sherman's March to the Sea)'을 계기로 역사에 명성을 떨치게 되었다. 이는 북군이 남부 주요 도시를 초토화시키며 진격한 사건을 일컫는다. 셔먼 장군은 1864년 9월 3일 조지아주(州)의 수도 애틀랜타를 함락시킨 이후, 그 해 11월 15일부터 사반나(Savannah) 해안까지 도시들을 초토화하며 진격한다. 당시 셔먼의 6만 대군은 진군하는 곳에 있는 철도, 공장, 창고들을 철저하게 파괴했다. 조지아주의 500㎞를 지나는 동안 그들이 남긴 것은 오직 불에 타지 않는 철도의 레일뿐이었다고 한다. 중요한 것은 남군이 어디를 방어해야 할지 모르게 아주 애매한 진격로를 선택하는 독특하고 창조적인 기동을 하였다는 사실이다. 셔먼은 실제 자신이 목표로 하는 도시의 중간선을 따라 진격했다. 애틀랜타에서 출발한 셔먼은 남군으로 하여금 그의 목표가 오거스타(Augusta)인지 메이컨(Macon)인지, 혹은 오거스타인지 사반나인지 판단하기 어렵게 기동하였다.

셔먼의 넥타이[21]

그해 12월 사반나를 함락하고 대서양 연안에 도착한 셔먼군은 북으로 진로를 바꿔 노스 캐롤라이나주까지 진격하였는데, 그 과정에서 목표가 오거스타인지 찰스톤인지 헤아리지 못하도록 하고는 정작 양 지점의 중앙을 뚫고 남군 최대의 보급기지인 컬럼비아(Columbia)를 점령했다. 계속해서 최종목표를 향해 기동하였는데, 이 목표가 랠리(Raleigh)인지 골즈버러(Goldsborough)인지 윌밍톤(Wolmington)인지 모르도록 진격해 나갔다. 셔먼은 여러 대용목표[22]들을 선정해 놓고 자기 마음대로 진로를 열어나갔던 것이다. 기동 방식 면에서도 4개 이상의 종대를 이루어 진

역에서 실시하는 무력시위로서 양공과 비슷하나 적과 접촉하지 않는 것이 다르다.

21) 셔먼의 군대가 초토화 전술로 휩쓸고 지나간 자리에 남은 것은 철도의 레일뿐이었는데 이마저도 사용하지 못하도록 녹여서 나무에 묶어 메었다. 남부인들은 이를 '셔먼의 넥타이'라고 불렀다.

22) 대용목표(代用目標, Alternative Objective)란 여러 개의 목표 중에서 공자가 선택의 자유를 갖는 동등 목표군(目標群)으로서 예비목표, 택일목표라고도 한다. 이러한 대용목표를 위협하게 되면 방자는 어느 곳을 방어해야 할지 몰라 궁지에 빠지게 된다.

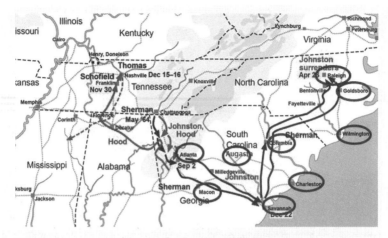

[그림 3-3] 셔먼의 '바다로의 진군'

격하면서 1개의 종대가 차단당하면 다른 종대가 거침없이 계속 진격해 나가는 방식을 취해서 남군에게 매우 강한 인상을 심어주었기 때문에 남군은 셔먼의 부대를 만나면 퇴로부터 생각하게 될 정도였다고 한다. 이는 기동 자체가 적을 마비시키는 수단이 될 수 있음을 잘 보여주는 사례이다. 셔먼은 결국 다음 해 4월 26일 존스턴 장군의 항복을 받음으로써 4년간의 전쟁에 종지부를 찍었다.

☞ 셔먼의 명성은 제2차 세계대전에서 맹활약한 미국의 M4 Sherman 전차로 다시 부활한다. 남북전쟁 당시 남군이 '악마'라고 부르며 두려워한 셔먼 장군의 명성답게 M4 셔먼 전차도 독일군의 간담을 서늘케 하였다.

M4 셔먼 전차
출처: 영어 Wikipedia 의 BonesBrigade

攻其無備, 出其不意
적이 대비하지 않은 곳으로 공격하고, 적이 예상하지 못한 곳으로 나아간다.

〈孫子兵法, 始計編〉

5. 집중

집중(集中, Mass)은 결정적인 장소와 시간에서 전투력의 상대적 우세를 유지하는 것을 의미한다. 집중은 우승열패(優勝劣敗)[23]라는 필연적인 이치에 근거한다. 즉 결정적인 국면에 전투력을 집중하여 적보다 우세한 전투력으로 그 국면을 승리로 이끌고 이를 기반으로 전체 작전을 성공시켜야 한다.

■ 상대적인 전투력 우세를 달성하는 것이 중요하다

그렇다면 왜 결정적인 시간과 장소에서 전투력의 우세를 달성하는 것이라고 한정된 의미를 부여하였을까? 전투력의 절대적 우세는 상대방의 전투력을 고려하지 않아도 문제가 없을 정도의 압도적인 우세를 말한다. 하지만 전투에 참가하는 부대에게는 통상 적 부대에 대응할 수 있는 수준의 전투력이 주어지기 때문에 어느 일방의 전투력이 절

---

23) 전투력이 우세하면 승리하고 열세하면 패배한다는 이치

대적으로 우세한 경우는 극히 드물다. 따라서 전투의 가장 중요한 국면에서 맞부딪치는 쌍방의 전투력 중에서 우세한 측이 그 국면의 전투를 승리로 이끌고, 그 전과를 확대해 나감으로써 전체적인 국면을 승리로 종결할 가능성이 높아지는 것이다. 설령 전체적인 전투력의 비율이 다소 불리하더라도 결정적인 시간과 장소에서 승리를 획득할 수 있다면 다른 방면에서의 일시적인 불리함을 극복하고 전체적인 승리를 달성할 수 있다. 제2장 전술의 원리에서 언급한 '란체스터의 제2법칙(리베르타의 원칙)'은 이를 잘 설명해 준다.

『삼국지연의』에 나오는 박망파(博望坡) 전투는 란체스터의 법칙이 적용된 사례로서 곧잘 비유되는 전례이다. 당시 제갈공명은 절대적으로 열세한 전투력을 가지고 평범한 지형인 신야 지역에서 싸운다면 승산이 없다고 보고 박망파로 나가 싸울 것을 건의하였다. 박망파에 이르는 긴 협곡은 비록 많은 병력을 보유하고 있어도 전방의 일부 병력만이 직접적으로 전투에 가담할 수 있고, 길게 늘어진 대열을 효과적으로 지휘하기도 곤란할 것으로 생각했기 때문이었다. 결국 박망파 전투에서 유비군은 계곡으로 적을 유인하여 불과 몇천 명의 병력으로 화공과 매복작전을

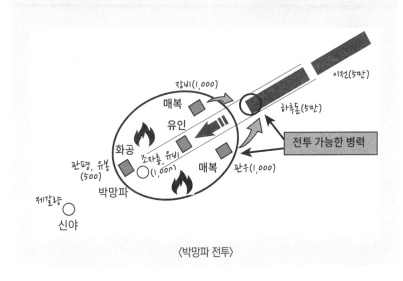

〈박망파 전투〉

감행함으로써 10만 대군에게 큰 피해를 입히고 퇴각시킬 수 있었다. 만약에 일반적인 지형에서, 일반적인 방법으로 전투를 했다면 유비의 군대는 숫적으로 압도적인 우위를 보인 적에 의해 단시간 내에 패배했을 것임은 자명한 사실이다.

아무리 10만 병력을 이끌고 왔어도 부대의 앞부분에 있는 일부의 병력만 전투에 참가할 수 있고 그 뒤부터는 이제나 싸울까 저제나 싸울까 기다리고 있다면 그 부대는 이미 10만 대군이라 볼 수 없다. 유비의 군대는 비록 수적으로 적었지만 모든 병력이 집중하여 전투에 참가할 수 있었던 반면 조조의 군대는 좁은 계곡에서 축차적으로 투입될 수밖에 없었던 것이다. 공명은 란체스터 제2법칙에 충실하게 아군이 적군보다 수적인 우위를 점하도록 시나리오를 짰던 것이다.

이 차이점을 쉽게 이해하기 위해서 간단한 예를 들어 보겠다. A측이 전차 9대를 집중하여 공격 중이며, B측은 동일한 성능의 전차 9대를 보유하고 있지만 3대씩 분할하여 축차적으로 투입한다고 가정하고, 그 전투 결과를 란체스터 제2법칙을 적용해서 판단해 보자.

[그림 3-4] 란체스터 제2법칙을 적용한 교전 결과

위의 [그림 3-4]처럼 A측과 B측의 전차는 세 차례에 걸쳐 교전할 것이며, 각 교전 결과를 란체스터 제2법칙에 의해 계산해 보면 최종적으로 A측의 전차만 6대 이상이 생존할 것이다. 즉 쌍방 모두 9대의 전차를 투입하였지만 집중 투입한 측이 축차 투입한 측에 비해 압도적으로 우세한 결과가 나온 것이다. 이를 볼 때 박망파 전투 당시 제갈공명은 비록 전체적인 병력은 적었지만 축차적으로 투입할 수밖에 없는 조조의 군대에 대해 전투가 벌어지는 장소에서만큼은 수적 우위를 점할 수 있는 작전을 구상하였을 것이다.

란체스터의 제2법칙은 최초에는 군사 분야에 적용하였으나 1960년대부터는 기업전략으로 전환되었고 나아가 경영학의 한 분야로 발전하였다. 이 법칙이 기업전략으로 적용된 '예'를 몇 가지 제시해 본다.

- HIS라는 일본의 여행업체는 대기업 여행사에 맞서 여러 가지 여행 아이템 중에서 초저가 항공권 판매에만 집중하였다. 그 결과 젊은 여행자들에게 입소문이 나면서 고객층이 크게 늘었고 사업은 많은 분야로 확장되는 성과를 이룩하였다.

- 세계적인 패스트푸드 체인점 KFC가 일본에 처음 상륙했을 때에는 일본 전체가 아닌 중부지역을 타깃으로 삼아 최강자의 매장보다 유리한 장소에 매장을 차렸고 인원을 대규모 투입해 서비스에 만전을 기했다. 특정지역에서 1위를 차지한 후 다른 지역으로 전장을 옮겨 차례차례 상권을 넘보게 되었다.

- 만도는 가전의 거인인 삼성과 LG에 일반냉장고로 승부하지 않고 김치냉장고 '딤채'라는 차별화된 제품을 개발하여 자동차 관련 기계부품 제조기업이 가전업계의 스타로 부상하게 되었다.

- 만년 2위였던 크라운맥주는 지하 150m 암반수라는 차별화된 상품인 '하이트맥주'를 개발하여 맥주 시장 1위를 석권하였다.

☞ 이처럼 약자는 매스 마케팅보다는 상품판매든 고객관리든 확실한 하나의 'No 1'을 추구하는 개별마케팅에 힘쓰고, 강자의 몸집이 큰 만큼 취약한 부분이 반드시 존재하므로 그러한 틈새시장을 공략해야 하는 것이 기본이다. 이는 전투력이 약한 측이 강한 측의 약점에 전투력을 집중하여 상대적인 우세를 달성하고 이를 확대해 나가는 것과 같은 이치이다.

▌집중하려면 위험을 감수할 수 있는 과감성이 필요하다

전투력 집중이 얼핏 대단히 쉬운 것처럼 생각할 수도 있지만, 실제로는 고도의 판단력과 감각을 요구한다. 왜냐하면 전투력의 집중은 다른 시간과 장소에서의 전투력 절약(Economy)이 전제되어야 가능하기 때문이다. 부대의 가용한 전투력은 한정되어 있으므로 어느 한 곳에 집중시키려면 다른 어느 곳에서 전투력을 절약하여 그곳으로 보내야 하는데, 전투력을 절약한 지역은 그만큼 약해질 수밖에 없고, 상대방은 이 약점을 집요하게 파고들 것이다. 그러므로 지휘관의 입장에서 어느 곳의 전투력을 절약해서 어느 곳을 집중할 것인가를 결심하려면 매우 큰 용기가 필요할 것이다. 그래서 지휘관은 전투력을 집중함에 있어 신중을 기하는 동시에 전투력을 절약한 지역에서의 위험은 감수하려는 과감성이 요구된다.

『손자병법』 허실편에는 '無所不備, 則無所不寡(무소불비, 즉무소불과)'라는 구절이 나온다. 직역하면, '대비하지 않은 곳이 없다는 것은 곧 부족하지 않은 곳이 없다는 것과 같다'라는 의미인데, 쉽게 이해하기 위해 '모든 곳을 다 충분하게 대비했다는 것은 제대로 준비한 곳이 한 군데도 없다는 것과 같다'라고 의역할 수 있다. 즉 절약할 곳과 집중할 곳을 구분하여 전투력을 운용하지 않고 어떠한 곳이라도 전부 대비하려고 병력을 분산시키면 상대가 집중하는 지역의 전투력은 그만큼 엷어질 것이고, 상대방이 오지 않는 지역의 전투력은 유휴화(遊休化)되므로 비효율적이라 하겠다. 따라서 전장의 상황을 세밀하게 파악하여 절약해도 될 곳은 절약해서 정말로 중요한 곳에 집중해야 한다.

그런데도 전투력을 여러 지역에서 보다 다양하게 사용해야 한다는 이유로, 또는 대량 피해가 우려된다는 이유로 전투력을 과감하게 집중하지 못하고 시종일관 불필요하게 전투력을 분산하여 운용하거나 축차적으로 운용하는 것은 분명한 과오(過誤)라 할 수 있다. 이러한 경우에는 단 한 번도 전투력을 집중하여 상대에게 결정적인 타격을 가해 보지도 못한 채 서서히 소진해 가는 자신의 전투력을 인식하고 어느 순간에는 '시도라도 한번 해 볼걸' 하는 뼈저린 후회를 하게 될 것이 뻔하다. 집중하기 위해서는 과감한 용기가 필요하다는 것은 분명하다.

그러나 과감한 것은 만용이나 무모함과는 다르다. 전투력의 과감한 집중은 면밀한 손실계산에서 기인하며 화력, 장애물, 감시 및 경계부대, 예비대 등으로 전투력이 절약된 지역의 위험을 최소화하는 노력이 전제되어야 한다. 집중을 위해 전투력을 절약한 지역에서의 위험이 감수할 수 없을 정도로 크면 안 되기 때문이다.

❖ 과감한 집중과 무모한 집중(스탈린그라드전투)

1942년 9월부터 시작된 스탈린그라드 전투는 제2차 세계대전의 전세를 전환시킨 커다란 사건이었다. 당시 볼가강 도하가 불가능했던 독일군은 스탈린그라드에 대한 정면 공격을 할 수밖에 없었기 때문에 많은 손실을 입게 되었다. 그래도 히틀러는 스탈린그라드라는 도시 명칭에 대한 증오심으로 인해 어떠한 희생을 감수해서라도 이를 필사

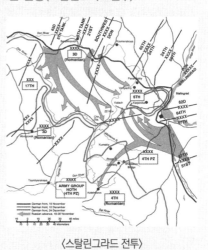

〈스탈린그라드 전투〉

적으로 점령하려 했다. 스탈린그라드에 대한 독일의 전투력 집중은 측방의 방호능력을 약화시켰다. 더구나 제6군의 좌·우측은 전투력이 약한 루마니아 부대가 위치하고 있었다.

소련군 사령관 주코프는 스탈린그라드에서 최소한의 병력으로 독일군의 주력을 고착, 흡수하면서 대규모의 반격을 위해 3개의 새로운 집단군을 증강시켰다. 이에 따라 이 지역에서 소련군은 약 3 : 1이라는 전투력의 상대적인 우세를 달성하게 되었으며, 결국 이듬해 11월 말에는 독일 제6군 전체와 제4기갑군의 절반인 28만여 명을 포위망에 가두는 데 성공하였다. 이를 계기로 독소전역의 전세는 완전히 소련으로 기울었다. 이는 독일군의 무모한 집중과 적의 약점을 이용하기 위한 소련군의 과감한 집중이 대비되는 전례라 하겠다.

❖ 결정적인 시간과 장소에 집중(영천지구전투)

영천지구 전투는 낙동강 방어선을 돌파하려는 북한군의 9월 공세를 막아내고 불리한 전세를 역전시켜 반격작전으로 전환하는 데 기반이 되었다. 영천은 국군이 담당하는 정면의 전략적 축에 해당하는 요충지로서 이곳이 돌파되면 국군 제1군단과 국군 제2군단이 분리되어 협조된 작전이 불가능해지며, 포항-안강-대구로 이어지는 횡적 병참선이 차단되고, 대구 또는 경주 방면으로 진출이 이어진다면 방어선의 좌 또는 우측면이 후방으로부터 절단되어 부산교두보가 일거에 무너질 수 있었다. 북한군의 입장에서는 한계점에 도달한 상황에서 전쟁을 종결하기 위한 최후의 일격이 필요한 곳이고, 유엔군의 입장에서는 반격작전을 위해 반드시 사수해야 할 곳으로 피차 사활을 걸 수밖에 없는 절대적 가치를 지닌 지역이었다.

영천지구 전투에서 국군의 승인(勝因)은 여러 가지를 들 수 있겠으나 그중 전투력의 신속한 전환과 집중으로 결정적인 시간과 장소에서 전투력의 상대적 우세를 달성한 점이라 하겠다. 〈표 3-1〉에서 보는 것처럼 영천에서 접촉한 피 아의 주력부대는 국군 제8사단과 북한군 제15사단이었으며, 국군은 1 : 1.6으로 열세한 전투력 비율을 극복하지 못하고 영천지역이 돌파되는 위기를 맞았다.

〈표 3-1〉 영천지구 전투 시 전투력 비율의 변화

구분	국군	북한군	전투력 비율
최초	- 제8사단 2개 연대 - 제7사단 제5연대 - 제3연대 제1대대	- 제15사단 제45연대 - 제15사단 제50연대 - 제15사단 제56연대	1 : 1.6 (열세)
전투력 증원 후	- 제7사단 제8연대 - 제7사단 공병대대 - 제1사단 제11연대 - 제6사단 제19연대 - 제8사단 제10연대 - 미군 전차소대	- 제73독립연대 - 제103치안연대 - 제21전차대대 - 제15사단 제45연대 - 제15사단 제50연대 - 제15사단 제56연대 - 제73독립연대 - 제103치안연대 - 제21전차대대	1.5 : 1 (우세)

이러한 위기를 극복하기 위해 우측 그림과 같이 제8사단을 국군 제1군단에서 제2군단으로 배속을 전환시키고, 이 지역으로 국군 제1사단과 제6사단에서 각각 1개 연대씩을 차출하여 지원하였으며, 포항지구에서 임무 중이던 제10연대를 원복 조치하여 돌파구 확장을 저지하였고, 국군 제7사단에서 1개 연대를 제8사단의 예비

로 전환함으로써 이 지역에서의 전투력 비율은 1.5 : 1 정도로 역전되었다. 이처럼 다른 지역의 전투력을 신속하게 전환하여 결정적인 영천지구로 집중함으로써 영천을 탈환하고 반격작전을 위한 기반을 마련하게 되었다.

■ 단순한 물리적 집중보다는 효과의 집중이 중요하다

전투력의 집중이 단순하게 여러 전투력을 모아놓은 것에 불과하다면 아무런 의미가 없다. 집중된 전투력을 조직적으로 적의 약점에 지향시켜야 한다. 또한 현대전에서는 감시 수단의 발달과 화력의 사거리, 치명성, 정확도의 증대로 인해 전투력의 물리적인 집중(부대의 집중, concentrating forces)은 오히려 대량의 동시 피해를 유발할 수 있다. 따라서 전투력은 분산된 상태에서도 결정적인 시간과 장소에 효과를 집중(massing effects)시킬 수 있어야 한다. 예를 들어 병력이 직접 특정 목표나 표적으로 기동하지 않아도 이를 감시하고 장애물로 정지시킨 상태에서 화력으로 타격할 수 있다면 전투력의 통합적인 운용으로 효과를 집중시킨 것이다.

■ 적을 분산시켜 집중의 효과를 달성할 수 있다

집중은 피·아 간의 상대적인 개념이므로 아군의 집중을 위한 활동뿐만 아니라 적의 분산(decentralization)을 강요함으로써 전투력의 상대적인 집중 효과를 달성하는 것도 중요하다. 즉 아군 전투력과 이에 접근하는 적군의 전투력이 1 : 1인 경우에 적 전투력의 일부를 다른 곳으로 전환시키는 데 성공하였다면 나의 전투력을 집중하지 않았어도 집중의 효과를 본 것과 같다. 이처럼 적의 전투력을 분산시키는 방법으로는 [그림 3-5]처럼 중요지형을 확보하고 이를 이용하여 적을 고착하는 방법, 기만으로 적의 주의를 전환하거나 적 전투력의 일부를 전환시키는 방법, 소규모의 공세행동으로 적의 대응을 강요하는 방법, 접근해 오는 적을 원거리에서부터 축차적으로 감시 및 타격하여 적 전투력을 점차적으로 감소시키는 방법 등이 있다. 이처럼 나의 전투력을 집중하는 것도 중요하지만 적의 전투력을 분산시킴으로써 나의 전투력이 집중한 것과 같은 효과를 거두는 것에도 관심을 가져야 한다.

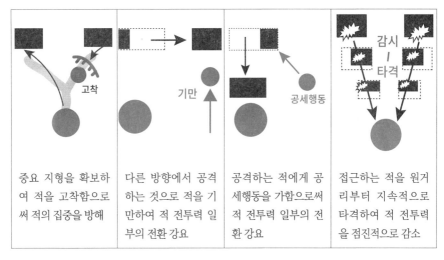

고착	기만	공세행동	감시 / 타격
중요 지형을 확보하여 적을 고착함으로써 적의 집중을 방해	다른 방향에서 공격하는 것으로 적을 기만하여 적 전투력 일부의 전환 강요	공격하는 적에게 공세행동을 가함으로써 적 전투력 일부의 전환 강요	접근하는 적을 원거리부터 지속적으로 타격하여 적 전투력을 점진적으로 감소

[그림 3-5] 적을 분산시키는 방법 '예'

내가 전우들에게 조언할 수 있는 것은 방어 시 모든 전면을 다 엄호하려고 병력을 과도히 분산해서는 안 된다는 점이다.

⟨George Patton⟩

레이테도(島) 상륙작전에서 성공한 원인은 병력상에서 2대 1의 열세였으나, 일본군은 분산된 데 반하여 아군은 집중한 데 있다.

⟨Douglas McArthur⟩

6. 템포

걸프전쟁 후 미군의 전 합참의장 예르미아(David E. Jeremiah)는 미군과 이라크군의 차이점을 정보화군과 산업화군으로 비교하면서 "정보화군과 산업화군의 격돌은 한편은 눈을 뜬 반면에 다른 한편은 눈을 감고 체스를 두거나, 한편은 한 번에 몇 수씩 두는 반면에 다른 한편은 한 번에 오직 한 수만 두는 것과 같다. 이처럼 이들 군 간의 전력은 전혀 비교할 수 없을 정도이다."라고 하였으며, 페리(William Perry) 전 미 국방장관도 "실질적인 전력은 다국적군이 이라크군의 1,000배 이상이었다."라고 강조하였다. 이는 정확한 정보에 기초한 템포의 압도적인 우위는 표면적인 군사력의 차이점보다 훨씬 큰 효과를 거둘 수 있다는 사실을 의미한다고 볼 수 있다.

어떠한 교리 또는 이론에서도 아직까지 템포를 전투수행의 원칙으로 제시한 바가 없지만 컴퓨터 네트워크가 군사작전 수행의 기본적인 시스템으로 작동하는 현재 및 미래 전쟁의 특성을 고려할 때 반드시 반영되어야 할 필요가 있다고 판단하였다. 템포(Tempo)라는 용어는 군사작전을 수행하는 데 있어 매우 보편적으로 사용되고 있다. 그만 큰 작전에서 중요한 요소임을 뜻한다. 하지만 용어의 사용 빈도에 비해 그것이 갖는 진정한 의미를 파악하지 못하고 흔히 피상적으로 물리적인 기동속도 정도로만 이해하고 사용하는 경우가 많다. 그럼에도 불구하고 이 용어가 적절한 우리말로 번역되지 않고 원어를 그대로 사용하는 것은 우리말로는 정확한 의미를 표현하기가 어렵고, 그렇게 한다고 하더라도 진정한 의미를 상실할 우려가 있기 때문일 것이다.

■ 템포란 무엇을 의미하는가?

『군사용어사전』에서는 템포란 '군사행동의 속도율로서, 전장에서 수행되는 일련의 군사 활동 속도와 리듬을 말하는데, 이는 단순히 속도만을 의미하는 것이 아니라 전투상황과 적의 탐지 및 대응능력 평가에 따라 작전을 조정하는 능력을 의미하고, 주도권 장악의 필수요소로써 작전상황에 따라 빠를 수도 있고 느릴 수도 있으며 속도와 집중을 적절히 통합함으로써 달성된다.'라고 설명한다. 이를 간략하게 정리해보면, 템포는 '지휘통제체제를 효율적으로 운용하여 전체적인 작전의 진행 속도를 자유자재로 조절하는 능력'이라고 할 수 있다.

존 보이드 대령

여기에서 '작전의 진행 속도'라는 의미는 보이드 주기 혹은 OODA Loop라 불리는 이론의 핵심을 고찰하면 보다 쉽게 이해할 수 있다. 보이드 대령[24]

---

24) 보이드(John Boyd) 대령은 한국전쟁시 공중전을 연구하면서 OODA 주기의 원리를 발견하고 이를 지상전에 대입한 결과 지상전에서도 동일한 원리가 적용됨을 밝혀냈다. 한국전시 공중전을

은 [그림 3-6]과 같이 '교전은 경쟁적 관측-판단-결심-행동의 연쇄적인 주기가 반복되는 반응시간의 경쟁으로 볼 수 있다'라고 하였다.

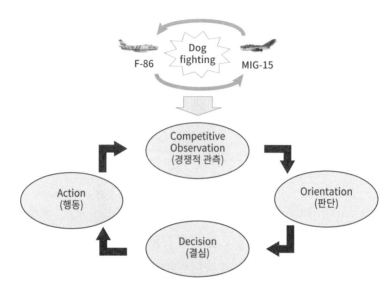

[그림 3-6] Boyd 주기: OODA LOOOP

즉, 적보다 빨리 발견하고, 적보다 빨리 판단 및 결심하며, 적보다 빨

분석한 내용은 다음과 같다.

당시 미 공군 조종사들은 북한 및 중공군 조종사들에 비해 10:1의 살상률을 기록했다. 일견 대단히 놀라운 일처럼 보인다. 적의 주력기종인 MIG-15 전투기는 몇 가지 면에서 미국의 F-86 보다 성능이 월등히 좋았다. 상승 및 가속 속도가 빨랐으며, 선회율도 보다 양호하였다. 그러나 F-86전투기는 고출력 유압 조종장치를 장착하고 있어 MIG 전투기보다 기동전환을 빠르게 할 수 있었다. 그리고 F-86전투기는 둥그런 캐노피를 부착하고 있었기 때문에 조종사가 보다 양호한 시계를 확보할 수 있었다. 이는 상황 파악을 상대보다 빠르게 할 수 있도록 하였으며, 이에 따라 방향 전환에 대한 결심과 행동 역시 빠를 수밖에 없었다. 이러한 장점은 당시의 Dog Fighting 전술에서 절대적으로 유리하게 작용하였다. F-86 전투기의 빠른 기동력은 시간상의 이점을 가질 수 있게 하였으며 조종사들은 보다 유리한 위치를 점할 수 있었다. 이로 인해 미그기 조종사들은 일련의 기동에 휘말리게 되었고 자신이 처한 상황을 알아차렸을 때에는 이미 당혹스러운 상태가 되어 있었다. 이와 같은 이유로 미군 조종사들은 언제나 쉽게 작전할 수 있었다.

리 행동함으로써 적보다 우세한 작전의 속도를 유지해 나갈 수 있다. 우리 군에서 강조하는 '선견(先見)-선결(先決)-선타(先打)'와 '상황 판단-결심-대응'의 개념은 모두 이 이론과 연관된 것이다. 상대보다 보이드 주기를 빨리 적용할 수 있다면 여기에서 발생하는 이점은 대단히 크다. 이 주기를 빨리 적용하는 편에서는 상대보다 먼저 관측하여 약점을 간파하고 또 먼저 대응할 수 있게 되어 늦은 편의 행동은 무위로 끝나게 된다. 쌍방 간에 이러한 주기가 계속될 때마다 반응속도가 느린 편은 반응시간의 차이가 점점 더 누적되어 가면서 그의 행동은 더욱더 부적절하게 된다. 가까스로 그가 취해야 할 어떤 대책을 실행했을 때 이미 그것은 상대방에게 효과를 주지 못하는 쓸모없는 것이 되고 만다. 결과적으로 상대편보다 점차 뒤처지게 되는 것이며, 궁극적으로 반응속도가 느린 편은 상대방의 주문에 따라 행동하기 바쁘고 급기야 주문이 감당할 수 없을 정도로 밀리게 되면 효과적인 대응책을 포기하기에 이르고 만다. 이러한 과정이 바로 '왜 템포가 주도권을 장악하는 필수요소인가?'라는 물음에 대한 해답이 될 수 있다. [그림 3-7]처럼 주도권은 작전의 템포를 상대보다 빠르게 가져가는 쪽으로 기울게 마련이며, 이렇게 되면 주도권을 틀어쥔 측이 자신의 의지대로 작전을 이끌어 나가고 상대방은 이에 끌려다니는 형국으로 이어진다.

[그림 3-7] 템포와 주도권의 관계

▌ 템포의 우위를 달성하기 위한 조건은 무엇인가?

　템포는 무조건적이고 절대적으로 빠른 작전속도를 추구하는 것이 아니라 제반 상황을 고려하여 작전의 속도를 효율적으로 조절하는 것이다. 템포가 군사행동의 단순한 속도가 아닌 속도율(速度率)이라고 표현한 것도 이러한 맥락이다. 작전의 속도를 효율적으로 조절하기 위해서는 동시적이고 연속적인 작전이 통합될 수 있도록 계획을 수립하고, 불필요한 전투는 최대한 회피하여야 하며, 예하부대가 주도적으로 작전을 수행할 수 있도록 재량권을 보장해야 한다. 또한 상황을 진전시키기 위해 대담하게 행동할 수도 있고, 결정적인 시간과 장소에 전투력을 집중할 수 있는 상황이 조성될 때까지 기다리며 인내할 수도 있어야 한다. 이러한 측면에서 템포는 상대성, 적시성, 지속성이라는 세 가지 조건을 구비해야 한다.

상대성(相對性, Relativity)

　상대성이란 적에 비해 상대적인 속도의 우세를 달성한다는 의미이다. 맹목적으로 빠른 속도만을 추구하는 것은 불필요한 힘의 낭비를 가져올 수 있다. 더욱이 군사작전은 일방적으로 진행되는 것이 아니기 때문에 적을 고려하지 않은 속도란 무의미하다. 예를 들어 A라는 수준의 속도만으로도 충분히 템포의 우위를 달성할 수 있는데도 무리하게 A 이상 수준의 속도를 발휘한다면 자원이 조기에 소모되어 작전지속능력이 급격히 감소하거나 체력, 사기 등의 저하를 가져와 상황이 반전되어 버린다면 이는 분명히 상대적인 속도가 아니라 절대적인 속도를 추구한 것이라 볼 수 있으며, 만약 이것이 적이 의도적으로 마련해 놓은 상황 때문이었다면 그 결과는 더욱더 위험해질 수 있다. 따라서 적과의 상대적인 관계 속에서 적과 나의 능력을 고려하여 적절하게 작전의 속도를 조절할 수 있어야 한다.

적시성(適時性, Timing)

적시성은 필요에 따라 속도를 발휘한다는 의미이다. 작전을 수행하는 과정에서는 예상하였거나 우발적인 일련의 주요 사태들(events)이 전개되는데, 이때에는 적시적인 결심과 이에 따른 신속한 행동이 요구된다. 이처럼 주요 국면에서는 속도를 발휘하여 템포의 우위를 점하는 것이 중요하다. 항상 최고도의 속도를 유지할 수는 없으므로 빠른 속도를 요구할 때와 그렇지 않을 때를 잘 구분하여 속도가 요구되지 않을 때에는 불필요한 시간과 자원의 낭비를 방지하고 결정적인 시간과 장소에서 전투력을 집중할 수 있도록 적절한 속도를 발휘해야 한다.[25] 빠른 속도가 요구되는 시기에는 적이 감당하기 어려울 정도의 속도와 집중을 적용하여 적을 무자비하게 압박해야 한다. 즉 결정적인 시간과 장소에서 속도와 집중이 적절하게 통합될 때 그 효과가 배가 될 수 있는 것이다.

❖ 적시성을 상실한 '예'

6·25전쟁 시 북한군은 개전 3일 만에 서울을 점령하여 최초 작전에는 일단 성공하였다. 그러나 3일간을 서울에서 지체함으로써 전과확대 및 추격을 위한 결정

---

25) 군사용어사전에 '템포는 적에 대한 상대적인 속도이자 리듬'이라고 정의되어 있다. 여기에서의 리듬(rhythm)은 상황에 따라서 적시적으로 속도를 늦추거나 빠르게 조절하는 것을 의미한다.

적인 시기를 상실하였다. 사실 그사이에 아군은 부대를 재편하고 완강한 방어선을 구축하여 적의 작전 주도권을 둔화시킬 수 있었다. 이에 대해 맥아더 장군은 "적은 별로 큰 지장 없이 부산까지 진격할 수 있었을 터인데도 불구하고 한강 도하 후 수원까지 10일간의 귀중한 시간을 허비하였고, 우방군은 이 기간에 미 24사단을 증원할 수 있었다."라고 증언함으로써 북한이 초전의 성공을 종심 깊은 돌파로 신속히 전과확대하여 전략적 승리로 이끌어가지 못한 데 있었다고 지적하였다. 김일성도 후일 "우리가 저지른 가장 큰 실수는 적을 완전히 포위섬멸하지 못하고 그들이 퇴각하는 동안 부대를 재편성하고 병력을 증강할 수 있는 충분한 시간을 주었다는 것이다."라고 당시의 결정적 과오를 후회하였다.

지속성(持續性, Continuity)

지속성은 작전 전 기간에 걸쳐 속도의 우위를 꾸준하게 유지해 나가야 한다는 의미이다. 작전을 조기에 종결시키는 것만이 능사는 아니다. 중요한 것은 최종 상태(End State)[26]를 달성하는 것이다. 이를 달성하는 가장 용이한 방법은 내가 의도한 대로 개개의 전투를 주도해나가고 그것으로부터 요망하는 결과를 이끌어 내는 것이다. 이를 위해서는 상대적인 작전 속도의 우세가 작전을 진행하는 전 기간에 걸쳐 꾸준히 유지되어야 한다. 어느 순간만 가끔씩 적보다 신속한 것은 효과적이지 못하다. 왜냐하면 아군이 신속하지 못할 때 주도권은 적에게 넘어가게 되며, 이는 전장에서의 강력한 무기를 적에게 건네주는 것과 같기 때문이다.

---

26) 군사작전을 통하여 달성해야 할 피·아의 군사적 조건으로써 임무와 작전의 목적을 기초로 군사력이 지향되어야 할 방향을 제시할 수 있도록 설정해야 한다. 최종 상태는 지휘관 의도에 포함하여 진술되며, 통상 작전이 종료되었을 때 지휘관이 요망하는 적과 지형, 아군부대의 상태로 표현된다.

결론적으로 템포는 작전의 속도를 자유자재로 조절할 수 있는 능력이나 상태로서, 이는 최소한 적보다는 우세한 속도를 발휘하고, 작전 기간 내내 적에게 속도의 역전을 허용하지 않으며, 필요한 경우에는 압도적인 속도를 발휘할 수 있다는 것을 의미한다. 템포야말로 적을 피동으로 몰아넣고 주도권 행사를 가능케 하는 필수요소이다.

> 전략은 시간과 공간을 사용하는 학문이다. 우리는 잃어버린 공간(空間)은 찾을 수 있으나, 잃어버린 시간은 회복할 수 없다.
>
> 〈Napoleon Bonaparte〉

7. 기습

적에 대해 승기(勝機)를 잡으려면 적의 예상에서 벗어나서 행동하는 것이 가장 중요하다. 기습(奇襲: Surprise)은 적이 예상하지 못한 시간, 장소, 수단, 방법 등으로 적을 타격하여 적을 심리적, 물리적으로 교란시켜 효과적인 대응을 하지 못하도록 하는 것이다. 기습은 상대방의 허(虛)를 찔러 적에게 대응할 수 있는 시간적인 여유를 주지 않음으로써 상대적인 전투력의 우위를 달성하기 위한 목적으로 실시한다. 기습을 하였는데도 상대방이 대응책을 강구하여 상대적 전투력이 아군보다 우위에 있다면 실패한 것이요, 반면에 신속 과감한 타격으로 적이 대응책을 강구할 시간적인 여유를 주지 않고 계속 상대적 전투력의 우위를 확보하고 있다면 그 기습은 성공한 것이다. 따라서 기습은 상대방에게 시간적인 여유를 주지 않는 것이 제일 중요하고 이를 위해서는 힘과 속도가 필요하다. 즉, 적의 대응능력을 초과하는 강도로, 그리고 적의 예상보다 빠른 속도로 타격하는 것이 중요하다.

보편적이고 일상적인 전투력 운용 방법을 적용했음에도 불구하고 기습을 달성하는 경우가 있다. 그러나 이는 자신이 의도를 가지고 기습을 시도한 것이 아니라 적 스스로의 오판에 의해서 요행히 기습의 효과가 나타난 것으로 필연이 아닌 우연적인 결과일 뿐이다. 요행을 바라는 마음가짐으로는 절대로 전투에서 승리할 수 없다.

■ 적을 기만하면 기습의 성공확률과 효과가 높아진다

　기습의 성공을 보장하기 위한 가장 적극적인 방법은 적을 속이는 것이다. 이를 군사적인 용어로 기만(欺瞞, Deception)이라 한다. 기만은 기습이 성공할 확률과 기습효과를 극대화하는 가장 좋은 방법이다.

　『손자병법』 제1편 시계(始計)에서는 '병자, 궤도야(兵者, 詭道也)[27]'라고 강조한다. 이는 '전쟁(또는 전투) = 적을 속이는 것'임을 단적으로 나타낸 것으로, 이를 달리 표현하면 전쟁 또는 전투에서 속임수는 반드시 강구해야 하는 필수요소라 할 수 있다. 육군의 야전교범인 「기만작전」에서는 1914년 이후에 벌어진 224건의 전투 사례 중에서 기만작전이 기습의 성공에 미친 영향을 다음의 〈표 3-2〉와 같은 통계를 들어 제시하였다.

트로이의 목마[28]

---

27) 손자병법에는 아래와 같은 14가지 궤도를 제시하고 있는데, 세부내용은 부록을 참고하기 바란다.
　① 故能而示之不能, ② 用而示之不用, ③ 近而示之遠, ④ 遠而示之近, ⑤ 利而誘之,
　　　고능 이시지불능　　용이시지불용　　　근이시지원　　　원이시지근　　　이이유지
　⑥ 亂而取之, ⑦ 實而備之, ⑧ 强而避之, ⑨ 怒而撓之, ⑩ 卑而驕之, ⑪ 佚而勞之,
　　난이취지　　실이비지　　강이피지　　　노이요지　　비이교지　　　일이노지
　⑫ 親而離之, ⑬ 攻其無備, ⑭ 出其不意.
　　친이리지　　공기무비　　출기불의
28) 트로이 전쟁(Trojan War)에 등장하는 트로이의 목마는 비록 신화 속 이야기임에도 불구하고 정

<표 3-2> 기만작전과 기습의 관계

구 분	계	기습 성공	기습 실패
기만작전 실시	140건	131건(94%)	9건(6%)
기만작전 미실시	84건	25건(30%)	59건(70%)

이번에는 다른 예를 들어 보겠다. 송양지인(松襄之仁)이란 '송나라 양공(襄公)의 어진 마음'이란 뜻으로 자신의 처지도 모르고 쓸데없이 인정을 베푸는 어리석음을 비유한 말로서 다음과 같은 일화에서 유래되었다.

춘추시대 송(宋)나라의 양공(襄公)은 초나라 군사를 홍수(泓水: 하남성 내에 위치)에서 맞아 싸우기로 결정하고 강 한쪽에 먼저 진을 쳤다. 그런데 양공은 초나라 군사가 강을 건너는 중인데도 공격하지 않았다. 송나라 군대가 열세임을 잘 알고 있는 목이 장군은 "적이 강을 반쯤 건너왔을 때 공격하면 이길 수 있습니다."라고 간했다. 그러나 양공은 듣지 않았다. "그건 의로운 싸움이 아니다. 정정당당히 싸워야 참된 패자(霸者)가 될 수 있다." 어느새 초나라 군사는 강을 건너와 진용을 가다듬고 있었다. 목이가 참다못해 진언했다. "적은 많고 아군은 적사오니 적이 전열(戰列)을 가다듬기 전에 쳐야 하옵니다." 양공은 재차 무시했다. "군자는 어떤 경우든 남의 약점을 노리는 비겁한 짓은 하지 않는 법이오." 양공은 초나라 군사가 강을 완전히 건너 전열을 가다듬은 다음에야 공격 명령을 내렸다. 그 결과 열세한 송나라 군사는 참패하였으며, 양공 자신도 허벅다리에 입은 부상이 악화되어 이듬해 죽고 말았다.

양공의 과오는 전투의 속성을 이해하지 못한 그야말로 순진무구한 생각에서 비롯된 것이며, 자신의 남다른 정직성과 인정을 과시하기

보전·심리전 등의 요소가 절묘하게 맞아떨어져 그리스군의 승리를 이끌어낸 가장 극적인 기만전술 사례로 평가된다.

위해 부하들의 목숨, 나아가서 나라의 몰락과 맞바꾼 것이나 다름없다. 한마디로 전장에 임하는 장수로서 자격이 없는 것이다. 약육강식의 법칙이 적용되는 밀림과도 같은 세계에서 정직하고 뻔한 방법으로는 생존할 수 없는 것과 같은 이치이다. 전투에서 승리하기 위해서 지휘관은 속임수에 능통해야 한다.

적을 기만하는 방법에는 양공, 양동, 계략, 허식 등이 있다. 양공(陽攻, feint)은 실제 의도와는 다른 목표를 공격하는 것이고, 양동(陽動, demonstration)은 주력이 지향하는 방향과는 다른 방향에서 병력, 장비, 화력 등의 무력시위를 하는 것이다. 양공은 제한된 목표를 실제로 공격하는 데 반해 양동은 공격행위를 수반하지 않고 기동만 한다는 것이 차이점이다. 계략(計略, ruse)은 고의적으로 허위 첩보를 흘려보내는 것이고, 허식(虛飾, show)은 적의 감시체계에 어떤 물건이나 활동을 제시하는 것으로 모의, 가장, 연출 등의 형태로 운용된다.

풍선으로 모의한 전차

전차로 가장한 트럭

도하작전 연출

진정한 기만은 기만작전에 직접 참가하는 부대조차도 자신의 임무가 기만인지 모를 정도가 되어야 하며, 이를 위해서는 철저한 보안이 요구된다.

▋ 자신의 능력 또는 활동을 은폐하라

행동으로 직접 나서서 적을 속이는 것보다는 소극적인 방법이지만 상대방에게 내가 가지고 있는 능력을 보여주지 않거나 나의 활동을 노출시키지 않는 것도 기습 달성을 위해 매우 중요하다. 적이 파악하고 있는 교리, 편성 등과 같은 아군의 기본적인 정보와 실제 전장에서 적이 실시간으로 파악한 정보가 일치하지 않는 경우에 적의 입장에서는 타당성 있는 예측을 통해 부족한 부분을 채울 수밖에 없다. 하지만 그 예측과 나중에 파악된 실제 상황이 다를 경우에는 급하게 계획을 변경해야 하며, 그것마저도 이미 시간이 늦었다는 판단을 하게 된다면 적은 상당한 심리적 충격과 압박을 느끼게 될 것이 분명하다.

예를 들어 부대의 수, 배치를 은폐하여 적의 판단 착오를 유발하는 방법, 적에 비해 월등하게 우세한 전력(예를 들어 전차, 포병부대 등)을 은폐하여 아군을 과소평가하게 하는 방법, 기도비닉(企圖祕匿, secrecy)을 유지한 기동을 통해 적이 준비되지 않은 시기와 방향으로 타격하는 방법, 주방어진지를 은폐하고 전방에 가상의 방어진지를 모의하는 방법 등을 적용한다면 보다 쉽게 기습을 달성할 수 있다.

▌새로운 수단과 방법을 사용하라

칼, 창, 활 등의 단순한 무기로 전투를 수행하던 시기에 출현한 총이나 대포, 또는 지상과 해상 위주로 전쟁하던 시대에 나타난 전투기, 잠수함 등의 출현은 그 자체로 물리적·심리적 기습 효과를 달성하였다. 제2차 세계대전에서 독일군이 구사한 전격전(電擊戰, blitzkrieg)이라는 전투수행 방식 역시 방어제일주의 사상에 젖어있던 프랑스군과 영국군에게는 대단한 충격이었다. 이처럼 지금까지 사용한 적이 없었던 새로운 무기체계를 사용하거나 예상치 못한 전투수행 방법을 적용하는 것은 기습효과를 배가시킬 수 있다.

제2차 세계대전시 프랑스 침공을 위한 길목인 네덜란드, 벨기에 방향으로 진격하는 독일의 B집단군에게는 대단히 위협적인 장애물이 존재하였다. 그것은 뮤즈강과 알베르트 운하가 합류하는 지점의 암벽에 세워진 에벤 에마엘(Eben Emael) 요새였다. 1932년부터 1935년까지 2천 4백만 프랑의 비용을 들여 만든 이 요새는 제2의 마지노선이라 불리었다. 엄청난 양의 콘크리트를 사용하여 암벽에 설치된 이 요새에는 4개의 포대와 3개의 강철 회전포탑에 18km의 사정거리를 가진 2문의 120미리 포를 비롯해 16문의 75밀리 포가 배치되어 있었고, 벨기에군 약 750명이 주둔하였다. 요새 주변은 대전차용 장애물과 철조망이 설치되었고 대량의 지뢰도 매설되었으며, 포대들은 총 길이 4.5km에 이르는 터널로 연결되었다. 또한 벨기에 병사들은 60밀리 포와 중기관총을 구비하고 탐조등을 운용하였다.

에반 에마엘 요새

독일군은 정면돌파로는 도저히 점령할 수 없었기에 글라이더 침공을 계획하고 요새 공사에 참여했던 업체로부터 설계도를 입수하여 유사한 모형을 만들었으며 그곳에서 공정부대원들을 6개월간 훈련시켰다. 1940년 5월 10일 새벽에 글라

이더를 연결한 JU-52수송기가 발진하
였으며 고도 2,600미터 상공에서 글라
이더를 투하하였다. 무동력 글라이더는
소음 없이 20km 전방의 목표로 날아갔
다. 86명의 공정대원이 11대의 글라이
더(DFS 230)를 이용하여 침투하였으나
2대는 목적지에 도달하지 못하고 9대

JU-52 수송기와 DFS-230 글라이더

가 정확하게 요새의 지붕에 착륙하였다. 요새에 대한 공격수단은 주로 FMW-35
화염방사기, 수류탄, 그리고 2차 세계대전 중에 최초로 사용된 신형 고성능폭약
(RSV)이었다. 결국 공정부대는 사망 6명, 부상 15명의 손실로 750명의 벨기에군
이 주둔한 난공불락의 요새를 탈취하였다. 독일군은 지상이 아닌 공중이라는 예
상치 못한 방향을 이용하였고, 글라이더라는 예전에 사용한 적이 없는 수송수단
과 신형폭약을 사용함으로써 거의 완벽에 가까운 기습을 달성한 것이다.

■ 통념(通念)에서 탈피하라

우리는 통상적으로 상식을 판단의 기준으로 적용한다. 통념이란 이
러한 보편적인 생각을 말하는데, 몇 가지 통념적인 판단을 예로 든다
면 다음과 같은 것들이다.

- 저 고지는 고도가 높고 산림이 울창하여 전차가 이를 가로질러 기
  동할 수 없을 것이다.
- 이 하천은 수심이 깊고 유속이 빠르며, 하상의 상태가 불규칙하므
  로 적이 도하작전을 수행하기 어려울 것이다.
- 적의 기동 속도를 고려했을 때 아 방어진지에 도달하려면 많은 시
  간이 소요되므로 방어를 준비할 수 있는 시간은 충분하다.

• 적은 이 지역을 통과하지 않고는 목표에 도달할 수 없을 것이다.

이 외에도 경험과 통계에 따른 여러 가지의 통념들이 존재할 수 있다. 하지만 가능성을 열어 놓지 않으면 낭패를 보기 쉽다. 통념에서 벗어난 방법으로 기습을 달성했던 사례로는 인천상륙작전, 독일군의 아르덴느 돌파 등을 들 수 있다.

❖ 통념적인 사고를 깨고 성공한 사례

인천상륙작전

인천상륙작전은 한국전쟁의 전세를 일거에 역전시키고 북한지역으로 공격해 나갈 수 있는 발판을 마련한 극적인 사건이었다. 당시 북한군은 물론 유엔군이 판단한 결론은 작전의 시기와 지형 및 기상적인 여건이 충족되지 않았기 때문에 인천으로의 대규모 상륙작전은 불가능하다는 것이었다. 이처럼 보편적인 판

인천상륙작전 시 한국군 해병대

단을 깬 과감한 시도는 대단한 기습효과를 달성하였고, 이로 인해 북한군은 급속하게 붕괴되었다.

아르덴느 돌파

1940년 5월 10일 히틀러는 「황색 계획」에 따라 공격을 개시했다. B집단군을 주공으로 가장하고 네덜란드, 벨기에로 진격시켰다. 이에 영·불 연합군은 곧바로 주력군을 벨기에로 북상시킨다. 그러나 10개 기갑사단으로 편성된 독일군의 주력 A집단군은 벨기에 남쪽 아르덴느숲 지대를 지나 프랑스 국경으로 다가가고 있었다. 프랑스군은 현지 정찰도 제대로 하지 않은 상태에서 대규모의 전차부대가 아르덴느 지역으로 기동할 리가 없다는 선입감에 사로잡혀 있었으며, 정찰기가 대부대의

이동을 탐지하고 보고했으나 이것마저 무
시하였다. 구데리안이 지휘한 기갑군단 선
봉은 5월 13일과 14일 뮤즈江을 도하(渡河)
하여 프랑스 세당으로 진격했다. 또한 후속
부대를 기다리지 않고 도하와 진격을 계속
했다. 기갑부대는 보병부대 지원이 없으면
적진에 고립될 수도 있지만 롬멜, 구데리안
처럼 창의력이 뛰어난 장군들의 임기응변

아르덴느를 돌파하는 독일군 경전차

에 의해 기갑군단의 진격은 거의 저항을 받지 않고 1주일 만에 도버해협에 도착함
으로써 영·불 연합군의 주력을 북쪽으로 포위하고 얼마 되지 않는 프랑스 예비병
력을 남쪽의 파리 방향으로 고립시키는 데 성공한다. 대혼란에 빠진 프랑스의 200
만 대군은 불과 6주 만에 궤멸된다. 아르덴느 돌파전이라고 불리는 이 작전은 한니
발의 칸나에 전투와 함께 세계전사에서 가장 뛰어난 기습전으로 꼽힌다.

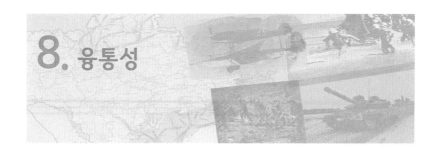

8. 융통성

전투는 주어진 각본에 따라 연출하는 것이 아니다. 아무리 잘 준비된 계획이라 할지라도 적과 접촉한 이후에는 계획할 때 예상했던 대로 상황이 진행되는 경우는 거의 없다. 불확실성과 마찰이라는 전투의 특성이 작용하기 때문이다. 따라서 계획에 반영된 행동들은 변화하는 상황에 따라 적절하게 적응해 나갈 수 있어야 하는데, 이를 위해서는 융통성이 필요하다.

융통성(融通性, Flexibility)[29]은 상황에 따라 적응하는 능력을 말하는데, 이 융통성을 발휘하려면 누군가에게 구속당하지 않고 행동의 자유를 갖고 있어야 한다. 예를 들어 전투 임무를 수행함에 있어 상급부대에서 통제하는 대로, 또는 계획된 대로만 행동해야 한다면 역동적인 전장 상황에 적

※ 사무실에 뱀이 나타나면?

• H사: 즉시 밟아서 죽여 버린다.
• S사: 매뉴얼부터 찾는다.
• P사: 보고서부터 작성한다.

Q1: 어느 기업이 발전 가능성이 높은가?
Q2: 그 이유는 무엇인가?

---

29) 상황에 적응한다는 의미에서 융통성을 적응성(適應性, Adaptability)라고도 표현한다.

응해 나가면서 임무를 달성하기는커녕 제대로 살아남기도 어려울 것이다. 또한 어느 순간에 포착한 천금 같은 기회를 날려버릴 수도 있다. 즉 부대가 폭넓은 행동의 자유를 가지면 가질수록 융통성을 발휘할 여지가 많아지기 때문에 자생적(自生的)·자발적(自發的)·주도적(主導的)인 임무 수행이 가능해지는 것이다.

善用兵者, 譬如率然. 率然者, 常山之蛇也.
선 용 병 자   경 여 솔 연   솔 연 자   상 산 지 사 아
擊其首, 則尾至. 擊其尾, 則首至. 擊其中, 則首尾俱至.
격 기 수   즉 미 지   격 기 미   즉 수 지   격 기 중   즉 수 미 구 지

용병을 잘하는 자는 솔연과 같다. 솔연은 상산에 사는 뱀인데, 머리를 치면 꼬리가 달려들고, 꼬리를 치면 머리가 달려들며, 허리를 치면 머리와 꼬리가 함께 달려든다.

〈孫子兵法, 九地編〉

융통성을 발휘하기 위한 기본조건으로는 상황에 대한 예측, 임기응변 능력, 간명한 계획을 들 수 있다.

▌예측하라(사전에 상황 변화를 예상하고 다양한 대안을 모색)

예측(anticipation)은 앞으로 전개될 상황을 예상해 보고 이에 대응할 수 있는 방법을 모색해 보는 것을 말한다. 이미 실행하고 있는 계획도 예측을 토대로 한 것이다. 하지만 이는 다양한 경우의 수 중에서도 가장 가능성 있는 것을 기초로 수립한 것일 뿐이다. 그러므로 불확실성과 우연성으로 점철된 실제 전투에서는 지금까지의 상황에 기초하여 앞으로 상황이 어떻게 변화할 것인가를 계속적으로 예측해 보고 이에

대한 대응방법을 강구해 나가야 갑작스러운 상황을 맞이해도 융통성 있는 조치가 가능해진다.

아무런 예측도 없이 무방비 상태로 새로운 상황을 맞이한다면 부대는 경직되고 주저할 수밖에 없다. 또한 뒤늦게 상황을 판단하고 이에 대한 대응방법을 구상하는 데 많은 시간을 허비할 것이며, 이를 실행에 옮기는 동안에도 상대방은 또 다른 접근을 시도할 것이다. 반면에 다양한 경우를 예측하고 준비한 상태에서 새로운 상황을 맞이하는 경우에는 사전에 예측한 결과를 토대로 재빠르게 대응할 수 있다. 설령 예측한 상황과 맞이한 상황이 일치하지는 않더라도 예측하는 과정에서 어떻게 대응할 것인가에 대해 다각도로 고민하면서 이미 새로운 상황에 대처할 수 있는 능력이 어느 정도 갖추어졌기 때문이다. 이처럼 예측은 선택할 수 있는 옵션(option)들을 미리 준비함으로써 운신의 폭을 넓혀 주는 역할을 한다고 볼 수 있다.

> 승리는 일이 벌어지고 난 후에야 그것에 적응하려고 기다리는 자가 아니라 미리 변화를 예측하는 자를 향해 웃음 짓는다.
>
> 〈Giulio Douhet〉

▌ 임기응변 능력을 구비하라

예측은 어느 정도 시간적인 여유가 있는 상태에서 앞으로 전개될 상황을 미리 파악하고 이에 대한 준비를 취하는 것이다. 이에 반해, 임기응변(improvisation)은 어떠한 준비도 없이 순간적으로 상황에 대처하는 것이다. 이러한 임기응변 능력은 기지(機智, tact)라고도 할 수 있는데 이는 경험, 창의력, 판단력이 전제되어야 발휘될 수 있다. 순간적으로 최적의 대응방법을 찾아내는 임기응변 능력은 그 자체로서 상황에 적응할 수 있는 융통성을 구비하고 있는 것과 같다고 볼 수 있다.

1968년 베트남 후에(Hue) 시의 전투에서 미 제5해병연대 2대대의 첫 번째 목표 중의 하나는 북베트남군이 강력하게 방어하고 있는 재무성 건물을 재탈환하는 것이었다. 그러나 박격포의 화력이 건물의 방호력으로 인해 별 효과를 거둘 수 없다는 것을 알고 실망하였다. 그런데 부대대장은 지원부대가 보유한 최루 가스통과 조제기를 발견하였고, 또한 북 베트남군에게 방독면이 부족하다는 사실을 알게 되었다. 결국 부대대장의 기지로 최소한의 손실만 입은 채 북베트남군을 건물에서 신속하게 몰아내고 목표를 확보할 수 있었다.

Hue 전투에 투입되는 미 해병대

〈미 MCDP 1-3 Tactics〉

■ 계획을 간명하게 수립하라

계획이 과도하게 상세하거나 복잡[30]하다는 것은 이를 실행하는 모든 부대와 기능들의 역할이 과도하게 서로 얽혀 있음을 의미한다. 이렇

---

30) 지나치게 세부적이고 복잡한 계획은 결합된 계획(coupled plan)이라고도 한다. 즉 계획에 포함된 요소들이 구체적으로 연계되어 서로 간에 영향을 미치는 것이다. 계획 전체가 너무 결합되어 있으면 이 계획은 수정하기가 더욱 어려워지는데 만일 한 부분만 수정해도 전 부분에 걸쳐 수정이 불가피하기 때문이다.(미 MCDP 1-3 Tactics, 1998. 12)

게 되면 이를 이해하는 데 많은 시간이 소요되고 어느 한 부대나 기능의 행동 하나하나가 다른 부대나 기능들의 행동과 일일이 연계되기 때문에 실행하는 속도나 실천 가능성이 현저히 감소할 수밖에 없다. 마치 옆 사람이 퍼즐을 풀어야만 비로소 나도 퍼즐을 풀 수 있는 것과 같은 이치다. 계획이 간명하지 않으면 운신의 폭이 그만큼 적어지는 것이다.

흔히들 '최초의 총성과 함께 계획은 무효가 된다.'라는 말을 자주 한다. 계획이 쓸모없는 것이라기보다는 그만큼 전투의 영역이 불확실성와 우연성으로 가득 차 있기 때문에 최초의 계획을 고집하지 말고 상황에 맞게 효과적으로 적응해 나가야 함을 강조한 것이다.

융통성은 간명한 계획에 의해 촉진된다. 간명한 계획은 오해와 혼란을 감소시키고, 지휘관의 의도와 과업 등 필수적인 내용 위주로 통제하고 임무를 수행하는 방법은 최대한 위임하기 때문에 예하 부대가

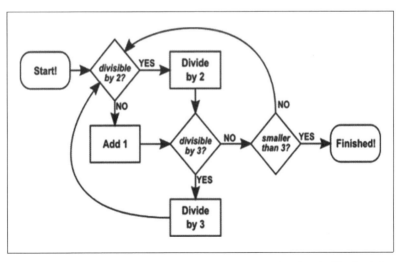

작전계획을 이행하는 절차와 과정이 순서도처럼 얽혀 있다면 실행하는 속도나 실천 가능성이 크게 감소할 것이다.

전투 시에 직면하는 상황에 부합하는 방향으로 스스로 전투수행 방법을 변화시킬 수 있는 여지를 제공한다. 즉 간명한 계획은 전투에서 경험하게 되는 복잡하고 유동적인 상황에 효과적으로 적응해 나갈 수 있게 하는 중요한 자산이다.

따라서 계획은 이해의 용이성, 필수적인 통제 범위, 예하 부대의 임무수행 능력 등을 고려하여 가급적 간명하게 작성함으로써 이를 실행에 옮기는 모든 작전요소들이 융통성을 발휘하면서 주도적으로 작전을 수행할 수 있도록 해야 한다.

독일군은 영국과 프랑스군에 비하여 상대적으로 독자적인 상황 판단 능력, 전기를 포착하고 집중하는 능력, 형식에 구애됨이 없이 예하부대에서 해야 할 일이 무엇인지 요점만 간결하게 내리는 능력이 우수하였다. 이것이 전장에서 주도권을 유지하고 전장을 이끌어 나가는 능력으로 나타났다.

〈전투의 기본 원리, 군사평론 제333호 부록〉

독일군은 이동간 정지함이 없이 공격방향을 바꿀 수가 있었다. 이에 반하여 프랑스군은 명령을 받으면 일단 부대를 정지시켰다. 그 후 장시간의 계획 수립 시간을 소모한 후 다시 공격을 했다. 이때 독일군은 이미 프랑스군 진지를 우회하여 기동해 나가곤 했다.

〈Talks with German Generals, 리델하트〉

9. 통일

군사작전은 일사불란하고 매사에 틀림이 없이 수행되어야 한다. 이는 무질서한 힘의 사용이 아니라 체계적이고 조직적으로 통일된 힘을 사용해야 한다는 의미이다. 그 이유는 전투력이 분산되거나 불필요한 전투력 소모를 방지하면서 제반 작전 요소들이 조직적으로 연계되어야 통합된 힘을 발휘할 수 있기 때문이다.

▋ 지휘의 통일(Unity of command)을 달성하라

지휘의 통일은 필요한 권한과 책임을 가지고 있는 단일의 지휘관이 모든 부대를 통제하여 공동의 목표에 대해 전투력을 효과적으로 집중하도록 하는 것이다. 작전에 참가하는 부대들에 대한 지휘의 통일이 이루어져야 일사불란한 지휘체계 하에서 탄탄한 조직력을 구비하고 모든 부대의 전투력이 통합되어 공동의 목표를 지향할 수 있다. 하지만 유념해야 할 것은 지휘의 통일이 이루어졌다 하더라도 과도하게

독선적이고 획일적인 통제는 오히려 부대의 융통성과 창의성을 제한
할 수 있다는 사실이다.

❖ 지휘의 통일에 실패한 사례(칸나에 전투)

"로마를 전율케 한 것은 카르타고의 군대가 아니라 한
니발이었다"라고 할 정도로 명장 한니발(Hannibal)은 당시
로마에게는 그야말로 공포의 대상이었다. 특히 2차 포에
니 전쟁(Punic War Ⅱ, BC 219~BC 202) 기간 중에 있었던
칸나에(Cannae) 전투는 역사상 가장 완벽한 포위전술로
평가받을 정도로 한니발의 용병술이 빛나는 전례이다. BC

한니발

216년 칸나에 평원에서는 한니발이 지휘하는 4만여 명 정
도의 카르타고군(보병 3.2만, 기병 1만)과 7만여 명의 로마군(보병 6.5만, 기병 7천)이
대치하고 있었다. 특이한 것은 로마군은 비교적 신중한 성격의 파울루스(Paullus)
와 무모하고 충동적인 성격의 바로(Varro) 2명의 지휘관이 격일제로 지휘를 하였으
며, 역사적인 전투가 벌어진 당일에는 바로가 지휘를 맡았다는 사실이다.

 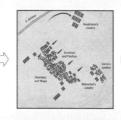 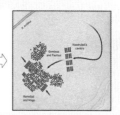

칸나에 전투의 진행과정

바로는 카르타고군의 의도적인 후퇴에 제2, 3열을 성급하게 투입함으로써 로마 대군과 함께 역사적인 전투의 희생양이 되었으며, 그날 지휘를 맡지 않았던 파울루스도 이 전투에서 사망하였다. 칸나에 전투는 한니발의 용병술 이면에 로마군이 지휘의 통일을 이루지 못한 것도 큰 몫을 했음을 부인할 수 없으며, 이는 지휘의 통일이 얼마나 중요한지를 단적으로 보여 주는 사례이다.

▌노력의 통일(Unity of effort)을 달성하라

노력의 통일은 각 부대들의 노력이 공동의 목표로 지향되도록 하는 것이다. 지휘의 통일이 이루어진다면 이는 자연스럽게 노력의 통일로 연계되기가 쉽다. 그러나 작전에 참가하는 요소들이 서로 상이한 지휘계통에 속해 있는 경우에는 그들의 노력을 통일해야 할 필요성이 절실해진다. 따라서 서로 다른 군종 간에 이루어지는 합동작전이나 여러 국가의 군대로 구성된 다국적 작전, 그리고 군대와 유관기관과의 통합작전 등을 수행하게 되는 경우에 지휘의 통일이 이루어지지 않았다면 상호 간의 협조, 협력, 협상, 공감대 조성 등의 다양한 활동을 통해 노력의 통일을 달성해야 한다.

걸프전(1990~1991)에서 다국적군은 무려 35개국으로 구성된 대규모의 연합체였다. 더구나 참전 국가들은 각국의 정치적인 요인, 국민의 의식, 민족적 배경, 종교적 신념 등이 제각기 다르고 이에 따라 자국의 이익을 더 중요시할 수 있었다. 이렇듯 다양한 국가들의 노력을 결집시켜 전쟁을 승리로 이끌기 위해 '어떻게 지휘체계를 구성할 것인가'라는 문제는 모든 참전 국가들의 관심사였다. 이에 따라 미 중부사령관과 사우디 총사령관에 의한 이중적인 지휘체계를 다음 그림과 같이 구성하였다.

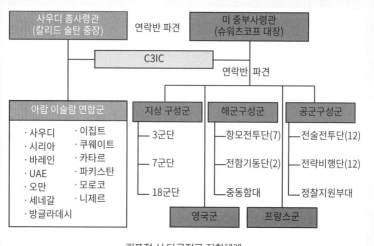

걸프전 시 다국적군 지휘체계

즉, 아랍 및 이슬람권의 연합군은 사우디아라비아 총사령관인 칼리드 술탄이 지휘하고, 영국군과 프랑스군을 포함한 미국의 지·해·공·해병과 지원 구성군은 미 중부사령관인 슈워츠코프 대장의 지휘하에 두었으며, 상호 간의 원활한 협조를 위하여 C3IC(연합 협조, 통신, 통합본부[31])를 설치하고 지상군, 해군, 공군, 특수작전, 정보 분야 등으로 세분화하여 작전의 준비 및 실시와 관련된 제반 사항들을 협조 및 조정하였다. C3IC는 사막의 방패작전과 사막의 폭풍작전 전 기간을 통해 운용됨으로써 다국적군 간에 노력의 통일을 유지하는 중요한 기구가 되었다. 또한 미 중부사령부에서는 각 구성군사령부는 물론 아랍 연합군 예하 북부 및 동부 합동군에도 위성 통신체계를 갖춘 연락반을 파견하여 작전계획 수립단계에서부터 중부사령관의 의도를 반영할 수 있었고, 작전 실시간에는 정확한 상황 파악을 통해 작전을 효율적으로 지휘통제할 수 있었다.

걸프전 시 다국적군이 효과적으로 운용된 이유로는 연합군의 주력이 북대서양조약기구(NATO)의 협력체계를 이용할 수 있었고, 미국이 주도적인 역할을 수행했다는 점이 작용한 것도 사실이다. 그러나 비록 이원화된 지휘체계였지만 민족성, 문화, 이익의 관점 등을 고려하여 지휘의 통일을 이루었고, 양 개의 지휘체계를 효과적으로 통합할 수 있는 협조기구를 편성하여 노력의 통일을 이루었다는 것이 가

---

31) Combined Coordination Communication integration Center

장 큰 이유라 할 수 있다. 이에 따라 다양한 국가들의 구성체라는 특징에도 불구하고 각 국가와 각 군의 작전은 면밀하게 통합되어 순조롭게 진행되었다.

■ 협조 및 협력하라

지휘의 통일과 노력의 통일을 추구하는 근본적인 목적은 작전에 참가하는 모든 구성요소 상호 간에 긴밀한 협조(協調, Coordination)와 협력(協力, Cooperation)을 촉진해서 더욱 효율적으로 공동의 목표를 달성하고자 함이다. 바꾸어 말하면, 협조와 협력이 전제되지 않는 한 지휘의 통일과 노력의 통일을 위한 어떠한 조치도 효과를 달성할 수 없다는 것과 같다. 협조 및 협력은 가급적 경제적인 방법으로 최선의 결과를 획득하기 위하여 상호 간의 행동, 절차, 시간, 장소 등을 조정하고 통합하는 활동이다. 이렇게 함으로써 전투력 운용의 상승효과(Synergy effect)를 달성할 수 있기 때문이다.

전투를 수행하는 전술제대들은 제병협동작전을 기본으로 한다. 따라서 전술제대에서의 협조와 협력은 전투수행기능[32] 간, 제 병과[33] 간, 그리고 전술집단[34] 간에 긴밀하게 이루어져야 한다. 성공적인 협

---

32) 전투수행기능(War Fighting Functions)은 지휘통제, 정보, 기동, 화력, 방호, 작전지속지원 등의 6대 기능으로 분류된다.

33) 병과란 군무(軍務)의 종류를 구분한 것으로 기본병과와 특수병과로 구분한다. 기본병과는 보병, 포병, 기갑, 공병, 통신, 정보, 방공, 항공 등의 전투병과와 화학, 병기, 병참, 수송 등의 기술병과, 그리고 부관, 군사경찰, 재정, 정훈공보 등의 행정병과로 구분된다. 특수병과는 의무, 법무, 군종 등을 말한다.

34) 전술집단은 작전을 수행하는 부대들을 전술적 임무에 따라 구분한 것이다. 일반적으로 공격작전 시에는 주공, 조공, 후속지원, 예비 등으로 구분하고 방어작전 시에는 주방어부대, 경계부대, 예비대 등으로 구분한다.

조와 협력을 위해서는 자발적인 의지, 공동의 목표, 명확한 책임 구분이 필요하다.

> 지휘의 통일이나 노력의 통일은 공동의 목표를 달성하기 위한 협조된 행동이다. 즉 모든 지휘관들이 함께 협력하는 것으로 완전하고 최종적인 성공에 긴요하다. 지휘관은 반드시 그의 참모들과 예하부대들 뿐만 아니라 그의 지휘하에 있는 다른 요소들까지 서로 간에 협조 및 협력할 수 있도록 동기를 부여해야 한다.
>
> 〈NAVMC 7368, Tactical Principes〉

자발적인 의지

단일 지휘관에 의한 지휘체계가 구축되어 있어도 그 지휘관이 전투 현장의 세세한 모든 사항까지 일일이 확인하고 통제할 수는 없다. 또한 단일 지휘체계하의 구성 요소들조차도 상급 지휘관에 의해 지시 및 통제된 것만 이행하려고 하는 수동적인 자세를 취한다면 제대로 된 협조와 협력을 기대하기는 어렵다. 즉, 모든 구성 요소가 자발적으로 하고자 하는 의지가 없으면 지휘의 통일과 노력의 통일은 유명무실해질 수밖에 없는 것이다. 조직을 구성하는 모든 요소가 상급 지휘관이 확인 또는 지시하지 못하는 부분까지 세부적으로 협조 및 협력해서 해결하려는 자발적인 의지를 가져야만 능동적이고 효과적인 작전이 가능하다.

공동의 목표

동일한 작전에 참가하는 모든 구성 요소들은 함께 공유하는 공동의 목표가 있어야 한다. 이 공동의 목표가 바로 협조와 협력의 기준이 되기 때문이다. 만일 구성 요소들이 궁극적으로 추구하는 공동의 목표를 달성하기 위한 방향으로 협조와 협력을 하지 않고 각자가 추구하는 고유의 목표에만 초점을 두고 작전한다면 상호 간에 이견(異見)이 빈번히 발생하거나 협조된 바조차 제대로 실천하지 않는 경우가 생길 수 있다.

전투에 참가하는 부대들은 자신이 전체를 구성하는 하나의 구성체임을 인식하고 팀워크(Team work)을 발휘해야 한다. 특정 부대가 아무런 협조도 없이 독단적인 행동으로 전과(戰果)를 올렸다 할지라도 그것이 공동의 목표를 달성하는 데 역행하는 결과를 가져왔다면 오히려 전체적인 작전에 악영향을 미칠 수 있다. 작전의 결과는 각 구성 요소들이 제각각 독립적으로 싸운 결과의 단순한 합(合)으로 나타나는 것이 아니라 공동의 목표에 기준을 두고 부대 간에 원활한 협조를 해나가면서 각각의 부대에 주어진 역할에 충실할 때 그 결과들이 연계되어 나타나는 것이기 때문이다. 특히 부대가 공명심에 사로잡히거나 책임을 회피하고자 하는 경우, 그리고 타 부대의 작전과의 연계성을 무시하고 오로지 자신의 작전에만 관심을 기울이는 경우에는 공동의 목표 달성은 요원(遙遠)해진다.

명확한 책임 구분

협조는 상호 간의 노력이 중복됨으로서 불필요한 노력과 자원의 낭비를 초래하거나 서로 관심을 두지 않아 누락되는 부분이 발생하지 않도록 해야 한다. 특히 상호 협조한 사항들에 대해서는 누구에게 책임이 있는지 소재를 명확하게 해야 한다. 예를 들어 좌우로 나란하게 방어하고 있는 두 개의 부대가 각자 자신의 정면으로 접근하는 적에 대해서만 관심을 가지고 어깨를 맞대고 있는 지역에 대해서는 서로 책임을 전가하며 소홀하게 취급한다면 적은 분명히 이러한 취약점을 노리고 부대 간의 간격을 통해 접근을 시도할 것이다. 반대로 두 개의 부대 사이로 접근하는 적에 대해 제각기 대응한다면 (물론 두 개 부대가 모두 책임지지 않으려는 것보다는 낫지만) 둘 중의 하나는 쓸데없이 노력을 낭비하는 것과 같다. 이러한 경우에는 작전 개시 전에 미리 적의 위협을 상정하여 책임 한계와 대처 방법에 대한 협조를 해야 하며, 설령 사전에 그런 조치를 취하지 못했더라도 작전이 진행되는 과정에서 실시간 협조가 이루어져야 불필요한 전투력 낭비 또는 대응의 공백을 방지할 수 있다.

❖ 협조 및 협력 부재 사례(현리전투)

현리전투(1951. 5. 16~5. 22)는 6 · 25전쟁에서 가장 참담한 패전 중의 하나로 기억되고 있다.

중공군 5월 공세 당시 인제 남방 가로리에서 가리봉 간을 방어하는 국군 제3군단(제3, 9사단) 지역으로 중공군 2개 군단(제20, 27군단)과 북한군 3개 사단(제6, 12사단, 32사단)이 공격하였다. 북한군과 중공군은 일부 병력으로 국군 제3군단 정면에서 공격하면서 주력을 서측방으로 투입하여 군단의 주 보급로인 오마치 고개를 점령하고 국군 제3군단의 퇴로를 차단하였다. 이에 따라 국군 제3군단은 지휘통제가 와해되고 현리에서 분산된 채 산악지대를 따라 60Km를 무질서하게 후퇴하

현리전투

게 되면서 많은 병력의 손실은 물론 대부분의 장비를 파기 또는 유기하였고, 동부전선에는 속사리와 강릉 지역에 이르는 큰 돌파구를 허용하게 되었다.

무질서한 철수 과정에서 중공군의 포로가 된 장병들

당시 미 제10군단과 한국군 제3군단 간, 그리고 예하의 한국군 제7사단과 제9사단 간의 전투지경선에 대한 방어 대책과 오마치 고개에 대한 확보대책 등을 사전에 협조하고 작전 진행 간에도 긴밀하게 연락을 취하면서 협력하였다면 그토록 조기에 전선이 붕괴되지는 않았을 것이다. 더구나 이로 인해 제3군단이 철수하는 과정에서도 단일의 지휘관인 제3군단장의 지휘통제 능력은 결여되었으며, 예하 제3사단장과 제9사단장 간의 임무 회피 및 협조 부재는 극도의 사기 저하와 함께 무질서한 철수를 야기하였다.

현리 전투의 결과 군단 병력의 30%와 중장비의 70%가 손실되었고, 당시 유엔군 사령관이었던 밴 플리트 장군에 의해 한국군 제3군단이 해체(1951. 5. 26부)되는 치욕스러운 결과를 맞게 되었다. 현리 전투의 실패 원인은 다각도로 분석이 가능하지만 부대 간 협조 및 협력의 부재로 인해 한국군 제3군단의 유일한 보급로이자 철수로 상의 요점인 오마치 고개를 점령당한 것이 발단이었음은 분명하다.

10. 보전

바둑과 관련한 격언으로 '아생연후살타(我生然後殺他)'라는 말이 있다. 자신의 바둑돌부터 확실하게 살려 놓은 이후에 상대방의 돌을 잡으러 가야 한다는 의미이다. 내 돌이 위태로운 상태인 줄도 모르면서 상대방의 돌을 잡으려고만 하다가는 오히려 내가 잡힐 가능성이 많음을 경고한 것이다.

전투에서도 마찬가지다. 임무를 종결짓기 이전에 아무리 혁혁한 공을 세웠다 하더라고 전투력을 온전하게 유지하지 못함으로 인해 임무 종결을 위한 결정적인 작전에 투입할 수 없게 된다면 그 작전은 실패한 것이다. 따라서 결정적인 시간과 장소에 적보다 우세한 전투력을 집중하고 전투력을 공세적으로 운용하고자 한다면 먼저 전장에서 발생하는 각종 위협으로부터 내 전투력을 잘 보전(保全)하는 것이 우선임을 인식해야 한다.

▌군인에게 경계(警戒, Security)는 필수이다

경계는 적의 기습활동을 거부함으로써 전투력을 보존하고 행동의 자유를 확보하기 위해서 취하는 제반 활동으로서 군인에게는 시간이나 장소, 부대의 규모나 성격 등을 불문하고 필수적으로 수행해야 할 가장 기본적인 활동이다.

전장에서 경계를 소홀히 하면 적의 예기치 않은 타격행위로부터 심대한 손실을 입거나 아군의 기도가 노출되어 제대로 된 작전을 펼쳐 보지도 못하고 실패할 수 있다. 경계는 또한 적의 위협을 미리 경고해 주는 인계철선과 같은 역할을 하므로 이에 대응할 수 있는 반응시간과 공간을 확보할 수 있다. 즉, 경계라는 보호망의 틀 속에서 행동의 자유를 도모할 수 있는 것이다. 따라서 모든 개인 및 부대는 언제, 어디서, 어떠한 행동을 하든지 항시 적의 위협에 상응하는 경계태세를 유지해야만 한다.

> "경계를 철저히 한다면 이미 절반은 승리한 것과 다름없다."
>
> 〈세르반테스〉

▌보안(保安)에 유의하라

보안은 적의 첩보수집 활동으로부터 아군의 인원, 장비, 시설, 작전 활동, 군사비밀 등을 보호하기 위한 활동이다. 만일 이러한 것들이 적의 정보수단에 노출된다면 적의 직접적인 기습이나 화력에 의해 심대한 타격을 입을 수 있으며, 아군의 작전기도가 적에 의해 역이용당할 위험이 매우 크다. 따라서 위장이나 은폐, 기밀의 누출 방지, 기도비닉(企圖祕匿) 유지 등을 통해 아군의 전투력이 손실되지 않도록 해야 한다.

▌경제적으로 전투력을 사용하라

경제적으로 전투력을 사용한다는 것은 전투력을 불필요하게 낭비하지 않아야 한다는 것과 결정적인 시간과 장소에서의 전투력 집중할 수 있도록 전투력을 절약하라는 것, 이 두 가지를 의미한다.

전투력을 의미 없이 낭비하지 않기 위해서는 경제적인 원리에 입각해서 사용해야 한다. 전투력을 경제적으로 사용한다는 것은 무조건 전투력을 아끼고 절약하라는 의미가 아니라 손실 대비 성과 면에서 이익이 될 수 있도록 전투력을 사용하라는 의미이다. 현대전은 무기체계의 정밀성, 사거리, 파괴력 등이 상당히 발전하였기 때문에 병력에 의해 밀고 밀리는 지역 쟁탈전보다는 전·후방 관계없이 적의 핵심체계를 타격하는 형식의 전투를 수행하는 비중이 점차 증대되고 있다. 즉 맹목적으로 무모하게 전투력을 운용하는 것은 적의 타격수단에게 아주 좋은 먹잇감(표적)을 제공하게 되어 오히려 큰 손해를 보기쉽다. 예를 들어 방어작전을 수행하는 부대가 적에게 한 치의 땅도 빼앗길 수 없다는 의지만을 앞세워 모든 병력을 최전방의 진지에 공백이 없을 정도로 빽빽이 배치하였다면 이는 경제적인 전투력 사용이라할 수 없다. 적은 모든 정면에 걸쳐 균등하게 공격하지 않고 취약하다고 판단한 곳을 집중적으로 돌파할 것인데, 그곳은 상대적인 전투력의 열세를 면치 못할 것이므로 필연적으로 돌파당할 수밖에 없다. 또한 적은 집중적으로 돌파하지 않는 곳에 대해서도 계속 고착 또는 견제하면서 가용한 화력을 이용하여 피해를 강요할 것이다. 그렇게 되면 집중적인 돌파를 당하고 있는 지역으로 병력을 전환하지도 못하는 유휴전투력이 되어버리는 동시에 불필요한 손실만을 입게 될 것이다. 그야말로 비경제적인 전투력 사용이라 할 수 있다.

또한 경제적인 전투력 운용은 전체적인 작전을 감안하여 집중할 때와 절약할 때를 구분해서 전투력을 사용하라는 의미이기도 하다. 경제활동을 하는 경우에도 과감히 투자할 때, 적당히 투자할 때, 투자하지 않을 때를 잘 구분해야 하는 것과 마찬가지이다. 가령, 앞으로 많은 시간 동안 작전을 수행해야 하는데 초기 작전에 너무 치중하여 과도한 대가를 지불하였다면 앞으로 남은 작전에서의 성공은 기대하기가 어려울 것이다. 또한 전체 국면을 생각하지 않고 일시적이고 지엽적인 곳에 너무 치중하여 많은 손실을 입는다면 전제 국면을 그르칠 수도 있는 것이다. 따라서 작전을 수행할 때에는 시간적·공간적으로 전체적인 작전을 생각하면서 이해득실을 잘 따져나가야 한다. 즉, 집중이 필요할 때 집중하기 위해서는 절약할 수 있을 때 절약하는 것이 현명하게 작전을 수행하는 것이다.

❖ 비경제적인 전투력 운용 사례(체첸전쟁)

1994년 1차 체첸전쟁에서 러시아는 기갑부대 공격으로 쉽게 체첸의 수도 그로즈니를 함락하고 두다예프 대통령을 실각시킬 수 있을 것으로 판단했다. 12월 31

일, 러시아군은 기갑부대를 그로즈니로 진격시켰다. 초반 만해도 철도역 등의 요충지가 별다른 저항 없이 접수되면서 러시아는 전세를 낙관했다. 하지만 그로즈니 시가지에 진입한 뒤부터 상황은 달라졌다. 선봉부대인 제131 마이코프 여단만 해도 T-72 전차 26대 중 20대, BMP 전투장갑차 120대 중 102대가 체첸군에 의해

러시아-체첸전쟁

손실된 것이다. 당시 체첸군은 진격해 오는 러시아군 전차의 측면이나 후면, 그리고 장갑이 약한 포탑과 차체 상부 및 연료탱크를 집중적으로 노려 차례로 격파했다. 또한 전차 대열 사이를 공격하거나 건물을 무너트림으로써 전차의 이동을 차단하고 일제히 공격하였다. 순식간에 러시아군의 대열은 붕괴되었고 시가지는 지옥으로 변했다. 대전차화기에 급습을 당한 전차들은 뒤따르던 보병을 내팽겨 버린 채 도주하기 바빴으며, 엄폐물을 상실한 보병들은 속수무책으로 당할 수밖에 없었다. 러시아군은 체첸군의 전투 능력을 우습게 보고 시가지에 뛰어들었다가 그로즈니 시의 건물 숲에 걸려 대참패를 맛본 것이다.

당시 러시아군은 보병 전력이 매우 부족하였으며, 전투장갑차는 장갑 효과가 미흡하여 RPG-7에 맞으면 여지없이 파괴되었고 전차들은 지하나 빌딩 2, 3층에서 갑자기 습격하는 대전차 부대에 주포로 대응할 수밖에 없었다. 지휘관들은 시가지 지도도 준비하지 못했고, 체첸군이 그로즈니 시내에 강력한 방어선을 구축했다는 것조차 파악하지 못하였다. 그리고 러시아 기갑부대 장교들은 지원 포격이나 근접항공지원 유도에 서툴렀으며, 제81전차연대가 보유한 총 120여 대의 T-80BV 전차와 장갑차가 투입되었지만 유기적인 연결을 이루지 못하고 무려 105대가 파괴되어 버렸다. 그리고 지원 중이던 차량화 보병여단은 같은 러시아군과의 오인 교전으로 인해 체첸군에 포위된 러시아군을 구출하지 못했다. 사상자가 4만에 육박하자 결국 1996년 5월 27일에 옐친 대통령은 체첸과의 평화협상에 나섰다.

이는 6:1의 병력우세(5만 명 : 1.2만 명)에도 불구하고 비경제적인 전투력 운용으로 작전에 실패한 것이다. 도시 외곽을 우선 점령하여 고립시키고, 보병전력을 먼

저 보내 시가지의 구조와 적의 반응을 살펴본 이후에 보전 협동작전을 펼쳤다면 이처럼 큰 손해는 보지 않았을 것이다.

▌우군(友軍) 간 피해를 방지하라

우군 간 피해는 아군의 화력에 의해 발생한 의도하지 않은 아군의 살상을 의미한다. 현대 첨단무기의 확장된 파괴력과 살상범위를 고려한다면 서로 근접한 적과 아군을 명확하게 분리해서 타격하는 것이 어려운 경우가 빈번할 것이다. 또한 정보의 부정확성과 누락 등으로 인해 아군을 적으로 오인 식별하는 경우도 있을 것이다. 전투의 치열성과 긴박성으로 인해 적과 접촉 중인 아군의 피해를 감수하고라도 적에 대해 화력을 운용할 수밖에 없는 경우도 존재한다. 따라서 작전계획을 수립하는 단계에서부터 작전이 종료되는 시기에 이르기까지 예상되는 사태에 대한 사전 협조를 긴밀하게 함으로써 우군 간의 피해를 최대한 방지해야 한다.

❖ 우군 간 피해 사례(체첸전쟁)

체첸전쟁에서 러시아군은 피 · 아식별 대책을 강구하지 않아 더 많은 피해를 보았다. 그로즈니 전투에 참전했던 러시아군의 블라디스라프 슈르긴 대위는 당시 상황을 회고하면서 다음과 같이 증언했다. "그로즈니에서는 우군의 사격을 받아보지 않은 군인

그로즈니 시가전에서 파괴된 러시아 전차

이 없다. 소총 사격뿐만이 아니라 우군 폭격기가 우리를 폭격하고, 우군 포병이 우리를 포격했다. 부대 간에 전투를 위한 협조가 충분하지 않은 상태에서 도시 공격에 나선 부대들은 시가지에서 무전기가 서로 통하지 않아 의사전달이 불충분했다. 우군이 어디에 있고 적군이 어디에 있는지 확실히 알지 못했다. 이와 같은 상황에서 장병들은 생존본능에 빠져 물체가 보이면 무조건 쏘고 보는 버릇이 생겼다. 늦게 쏘면 자신이 당하기 때문이다. 아무리 신중을 강조해도 소용이 없었다.”

또한 연대장으로 참전한 블라디미르 중령은 역시 작전을 지휘하는 지휘부를 향해 욕을 하면서 다음과 같이 회고했다. “전사자 2명 중에 1명은 아군에 의한 것이다. 아군 폭격기 소리를 들으면 가슴이 철렁 내려앉았다. 그래도 낮에는 조금 낫지. 밤에는 정말 개 같아. 우리 연대는 그로즈니시에 꼭 10일간 배치되어 있었는데, 신정 공세 당시 포위를 당하여 4일간 치열한 전투를 벌였다. 그런데 알고 보니 그 적이 체첸군이 아니라 시베리아에서 온 우리의 혼성여단이었지. 이 친구들하고 만 4일을 싸웠다니까. 기가 막혀서”

체첸에서 러시아군이 경험한 우군 간 전투의 결과, 사상자 수, 러시아군 사기에 미친 영향 등에 대해서는 기록이 없다. 그러나 분명한 것은 상당한 사상자가 발생했을 것이며, 지휘계통에 대한 신뢰성 상실과 부대원의 급격한 사기 저하를 가져왔고, 전쟁 후 사회문제로까지 비화될 가능성이 컸다는 것이다. 아울러 현대화된 장비를 갖추고 있는 군대에서조차 광범위하지도 않은 제한된 작전지역에서 우군 간의 교전이 일어난 것을 감안해 보면 시사(示唆)하는 바가 크다.

〈군사논단 제95-1호, 러시아와 체첸 사태 분석〉

▌비전투손실을 방지하라

비전투손실(非戰鬪損失, Non-battle Casualty)이란 적과의 교전이 아닌 다른 이유에 의해 사상자나 후송자가 발생한 것이다. 즉, 전투원이 한 명이라도 더 필요한 마당에 적과 싸워보지도 못하고 사상자가 발생한 안타까운 손실을 말한다.

가혹한 전투 상황은 전투원들의 건강과 사기를 급속하게 저하시킬 수 있다. 또한 공황, 전투피로증과 같은 전장의 심리 현상으로 인해 전투에 참가하지 못하거나 이탈하는 전투원이 발생하기도 한다. 그리고 보급의 부족으로 인한 체력 저하, 현지 풍토나 열악한 기상에 적응하지 못하거나 오염된 식량 또는 식수 섭취로 인해 질병이 발생할 확률도 높다. 그리고 기상과 지형의 영향이나 위험한 장비 및 물자 취급에 따른 안전사고의 발생률도 높아질 수밖에 없다. 이처럼 실제 전장에서는 적의 공격 이외에도 각종 사고와 질병, 악조건의 지형 및 기상, 전장심리 등과 같은 위험들이 전방위에 걸쳐 존재하고 있다. 비전투손실을 최소화하기 위해서는 적을 상대하는 동시에 철저한 훈련과 작전 준비를 통해 혹독한 전장 상황에 적용하고, 전장에서의 군기가 바로잡힌 상태를 유지할 수 있어야 한다.

11. 기타 원칙들

　지금까지 설명한 원칙들은 전술적 수준에서 적용되는 대표적인 원칙을 선별한 것일 뿐이며 국가별, 시대별로 채택되었던 원칙들을 소급해서 망라해 보면 몇 가지의 원칙들을 추가할 수 있다. 여기에서는 앞에서 설명하지 않은 기타 원칙들의 내용을 간략히 살펴보고자 한다.

■ 사기

　유형 전투력은 사기, 정신력, 전투기술, 리더십, 단결력 등의 무형 전투력에 의해 촉진되어야 최상의 능력을 발휘할 수 있다. 이 중에서 사기(士氣, Morale)[35]는 임무 수행에 대한 개인 또는 부대의 정신적·심리적인 상태로서 유형 및 무형 전투력에 대한 신뢰에서 우러나오는 일종의 자신감이라 할 수 있다. 사기가 높으면 지휘관을 중심으로 목

---

35) 의욕이나 자신감 따위로 가득 차서 굽힐 줄 모르는 기세

표를 지향하려는 확고한 사명감과 희생정신이 제고되며, 결국 강력한 전투의지로 발현되므로 전투력의 효과를 극대화시켜 전승(戰勝)에 기여하는 데 필수적인 요소이다.

▮ 창의

창의(創意, Creativity)는 어떤 문제에 대한 새로운 생각으로서, 통상적인 방법을 응용하거나 역발상을 포함하여 새로운 각도에서 문제를 해결하는 능력이라 할 수 있다. 누구나 예상할 수 있는 평범한 행동으로는 작전의 성공을 보장하기 어렵기 때문에 융통성과 풍부한 상상력을 동원하여 작전계획 수립, 작전 방법 구상 및 실행 등에 있어서 창의력을 발휘해야 한다. 특히 전투수행의 원칙은 부대를 지휘하는 지휘관이라면 누구라도 기본적으로 이해하고 있다는 사실을 전제한다면 이 원칙들은 반드시 창의적으로 적용되어야 함을 인식해야 한다.

▮ 간명

간명(簡明, Simplicity)은 군사작전의 계획이나 명령을 간단명료하게 수립하고 시행하는 것이다. 계획이나 명령을 작성할 때 모든 가능성에 대비할 수 있도록 계획을 매우 구체적이고 복잡하게 수립하고, 이 정도면 어떠한 상황이 발생해도 충분히 대응할 수 있다고 스스로 위로하고 만족감에 심취하는 오류를 범한다. 하지만 전장의 대표적인 특징은 불확실성이 지배하고 예기치 않은 우연적인 사건들이 도처에서 발생한다는 것이다. 그만큼 작전이 계획된 대로 이루어질 가능성이 적다. 게다가 계획 자체가 복잡하고 작전에 참가하는 부대들의 과업들이 서로 얽혀 있다면[36] 상황의 변화에 따라 많은 혼란을 초래할 것이다. 오히려 작전에 방해요인으로 작용하는 것이다. 따라서 목적과 목표를 명확하게 제시하고 부대별 핵심과업 위주로 간명한 계획을 수립하여 오해와 혼란을 방지하며, 예하부대들이 변화하는 상황에 따라 전투수행 방법을 변화시킬 수 있는 여지를 제공하는 것이 효율적이다. 간명의 원칙은 앞에서 설명한 융통성의 원칙을 적용하는 하나의 방편이 되므로 융통성의 원칙에 통합할 수도 있다.

▌ 절약

전투력을 절약(節約, Economy of Force)한다는 것은 곧 전투력을 아껴 쓴다는 것이다. 절약은 집중의 원칙을 달성하기 위한 전제조건으로서의 의미와 경제적으로 전투력을 사용한다는 의미로 구분해서 생각해 볼 수 있다.

먼저 한정된 전투력으로 어느 한 곳에 집중하려면 다른 지역에서의 전투력 절약이 전제되어야 함은 당연한 이치이다. 노심초사하는 마음에 전장에 존재하는 모든 시간과 장소에서 발생 가능한 모든 상황에

---

36) 이런 성격의 계획을 'Coupled plan'이라고도 하며, 이는 각 부대의 임무가 서로 복잡하게 얽혀 있어 어느 하나가 바뀌면 이에 따라 다른 것들도 연쇄적으로 변경할 수밖에 없는 계획을 의미한다.

대비하고자 한다면 전투력은 이리저리 분산되어 엷어질 수밖에 없으며 이런 상태에서는 적이 특정 지역으로 집중해서 들어오면 속수무책으로 당하게 마련이다. 따라서 절약할 곳과 집중할 곳을 선별하여 작전을 수행하는 과감성이 필요한 것이다. 이와 같은 의미의 절약은 집중의 원칙에 통합될 수 있다.

절약의 또 다른 의미는 전투력을 경제적으로 사용한다는 것인데, 의미 없는 전투력 낭비를 방지해야 한다는 뜻이다. '소탐대실(小貪大失)'이라는 바둑 격언이 있는데 이는 '작은 것을 탐하다가 큰 것을 잃는다'는 말이다. 작전을 수행하는 과정에서도 작전의 목적을 망각하고 눈앞의 전과에 연연하여 불필요한 손실이 발생할 수 있고, 상황에 대한 오판으로 필요 이상의 전투력을 투입하여 예상치 못한 큰 피해를 입을 수도 있다. 따라서 작전 간에는 시종일관 본래의 목적을 염두에 두어야 하고, 이를 기준으로 손실 대비 성과 면에서 이익이 되도록 전투력을 사용해 나가야 한다. 작전 진행 간 소소한 성과에 매달려 불필요한 전투력 낭비를 초래함으로써 작전의 목적을 달성하기도 전에 전투력이 소진되는 우(愚)를 범하지 말아야 할 것이다. 이와 같은 의미의 절약은 보전의 원칙에 통합될 수 있다.

■ 합법성

합법성(合法性, Legitimacy)은 작전에 참가하는 모든 부대들이 전쟁법을 준수해야 함을 의미한다. 전투 상황이라고 해서 무고한 희생, 인간의 존엄성 훼손, 대량 학살 등에 대해 침묵하거나 정당화할 수 없다.

특히, 민간인과 많은 부분이 관련되는 인도주의적 지원과 안정화작전에서는 이러한 비윤리적인 행위가 발생하지 않도록 더욱더 유의해야 한다. 만일 이러한 행위가 발생하면 그때부터는 전쟁의 명분이 사라지는 동시에 국제사회는 물론 자국의 국민들로부터도 지지를 받을 수 없게 된다. 따라서 전투력을 운용하는 과정에서도 적법성, 도덕성, 공정성을 유지해야 하며, 이를 위해 평시부터 부단하게 전쟁법에 대한 교육이 이루어져야 한다.

▌ 주도권

  주도권(主導權, Initiative)은 우리 군에서 전승의 핵심 요건으로 강조하는 중요한 개념으로, 전장에서 아군에 유리한 상황을 조성하여 아군이 원하는 방향으로 제반 작전을 이끌어 나가는 것을 말한다. 이에 대한 구체적인 내용은 제2장을 참조하면 된다. 그런데 이 주도권은 지금까지 제시한 모든 원칙들을 효과적으로 결합해서 적용한 결과로서 획득할 수 있는 것이다. 그러므로 말 그대로 전승(戰勝)을 위해 달성해야 할 핵심적인 요건이지 그 자체를 원칙으로 보는 데에는 이론(異論)이 있을 수 있다.

▌ 경계, 보안, 방호, 지속성

  경계, 방호, 지속성, 보안의 의미는 조금씩 다르지만 상당히 많은 부분이 서로 중첩되어 있으며, 궁극적으로는 전투력을 최대한 보전하여 작전을 계속적으로 수행할 수 있는 능력을 유지하는 차원이기 때문에 앞에서 설명한 보전의 원칙에 통합될 수 있는 성격이다. 그런 이유에서 이 원칙들을 함께 설명하고자 한다.

경계

경계(警戒, Security)는 적의 공격, 기습, 관측 및 기타 위협으로부터 개인 및 부대를 보호하기 위한 제반활동을 의미한다. 경계는 적으로부터 부대를 보호하고 전장의 불확실성을 감소시키며, 전투력을 절약하기 위해 실시할 수 있다. 경계활동을 통해 우선적으로 부대의 안전을 보장하고 적을 원거리에서 조기에 발견 및 경고함으로써 부대가 반응할 수 있는 시간과 공간을 제공할 수 있다. 즉 부대가 경계라는 울타리 안에서 어느 정도 행동의 자유를 도모하고 안전을 보장한 가운데 다음 작전을 준비하거나 휴식을 취할 수 있다. 군인이 잠시라도 머무는 자리에는 반드시 경계가 이루어져야 할 만큼 경계는 시간과 장소, 부대의 규모와 성격을 불문하고 필수적으로 수행해야 하는 가장 기본적인 과업이라 할 수 있다.

보안

보안(保安, Security)은 적의 첩보수집 활동으로부터 아군의 인원, 장비, 시설, 작전 활동, 군사기밀 등을 보호하기 위한 활동이다. 흔히 보안이라고 하면 군사기밀이 적에게 노출되는 것을 방지하는 소극적인 활동이라고 이해하고 있지만 실제적인 의미는 안정된 상태(安)를 유지하기 위해 보호한다(保)는 의미이므로 적극적인 활동인 경계와 일맥상

통한다.[37]

방호

방호(防護, Protection)는 적의 다양한 위협을 제거하거나 그 위협으로부터 우군의 인원, 장비, 시설, 정보체계 등을 보호하는 것이다. 전장에서는 침투, 기습, 화력 타격 등과 같은 지상 위협, 유무인 항공기에 의한 공중 위협, 화생방 무기에 의한 대량살상 위협 등이 존재하므로 이러한 위협 요소 자체를 제거하거나 그 위협으로부터 부대가 보호를 받아야 한다. 이처럼 방호는 생존성을 보장하여 부대가 전투력을 유지한 상태에서 지속적으로 작전을 수행할 수 있도록 하는 중요한 역할을 한다.

지속성

지속성(持續性, Sustainability)은 개인 및 부대가 전투를 지속할 수 있도록 위협을 제거하거나 그 위협으로부터 보호하고 탄약, 식량, 유류, 정비, 수리부속 등에 대한 적시 적절한 지원으로 전투력 수준을 유지하는 것이다. 이렇게 볼 때 지속성은 위의 경계, 보안, 방호 등을 모두 포괄하는 성격이며 보전의 원칙과는 용어만 다를 뿐 의미상으로는 거의 동일하다고 볼 수 있다.

---

37) 영문으로도 경계와 동일한 security를 사용한다.

제4장

전술의 주요 과업

전술은 '전투에서 승리하기 위하여 전투력을 조직하고 운용하는 술과 과학'이라고 정의되어 있다. 전투력을 효과적으로 조직하고 운용하려면 우선 전투 수행에 최적화된 부대지휘 방법이 기반이 되어야 하고, 전투력의 조직과 운용을 위한 계획 수립이 필요하다. 따라서 부대지휘, 계획 수립, 전투력 조직, 전투력 운용은 전술의 주요 과업이자 전투를 수행하는 기본 구조라 할 수 있다.

전술의 주요 과업

부대 지휘

부대 지휘는 부대가 효율적으로 전투를 수행할 수 있도록 지휘하는 방법이자 철학으로서 전투수행을 위한 기반이다. 현대전에서 최선의 지휘 개념은 임무형 지휘(Mission Command)이며, 우리 군에서도 이를 적용하고 있다. 전투를 수행해야 하는 모든 부대의 지휘관들은 임무형 지휘의 개념에 입각하여 전투력을 조직하고 운용해야 한다.

계획 수립

계획 수립은 부여된 전장 환경을 분석하고, 그 속에서 '어떻게 임무를 달성할 수 있을 것인가?'에 대한 최적의 방법을 구상하여 이를 구체화함으로써 전투수행을 위한 계획을 수립하는 것이다. 작전이 계획대로 진행되지 않는 경우라도 계획을 수립하는 과정에서 다양한 상황을 상정하여 고민했던 경험과 기억은 지휘관이 당황하지 않고 냉철한 판단과 조치를 취할 수 있는 여유를 제공해 주므로 계획 수립은 대단히 가치 있는 활동이다.

전투력 조직

전투력의 조직은 전투를 통해 임무를 달성할 수 있도록 부대를 싸울 수 있는 조직으로 편성하는 것이다. 각급 부대는 조직적인 작전이 가능하도록 임무와 역할을 분담하고, 평시에 단일 병과로 편성된 자체를 그대로 전투에 투입하기보다는 단일의 지휘체계하에 여러 병과로 통합된 부대를 편성함으로써 주어진 지형과 기상 여건을 극복하고 적과 싸워 이길 수 있는 융통성 있는 조직으로 만들어야 한다.

전투력 운용

전투력의 운용은 조직된 전투력을 가장 효과적인 절차와 방법을 적용하여 수립한 계획에 따라 실행으로 옮기는 것이다. 전투력의 운용은 앞 장에서 설명하였듯이 적의 편성, 교리, 기도 등을 면밀하게 분석하고 주어진 시간과 공간적인 여건을 충분히 활용할 수 있어야 한다.

본 장에서는 이상의 네 가지 측면에서의 접근방법을 제시하되 교리로서 정립된 것을 다시 기술하는 것이 아니라 교리로 정립된 이유와 배경 위주로 기술하였다.

1. 임무형 지휘

    포수가 사냥터에 나가서 사냥개의 능력을 최대한 활용하고자 한다면 이들을 구속하고 있는 목줄을 풀어주어야 한다. 그리고 어차피 목줄을 풀어 준 이상 사냥개들을 일일이 통제할 수도 없다. 그저 그들이 평소에 훈련시킨 대로 포수의 의중에 맞게 행동해 주길 바랄 뿐이다. 그래서 포수들은 평소부터 사냥개와 끊임없이 교감하면서 사냥개가 목표물을 끈질기게 추격하고 최후에는 용맹하게 싸울 수 있도록 훈련시켜야 한다.

사냥개는 포수의 의도대로 행동할 수 있도록 평소에 훈련되어야 하며, 실제 사냥에서는 목줄을 풀어 행동의 자유를 보장해 주어야 한다.

    임무형 지휘는 사냥터에서 잘 훈련된 사냥개의 목줄을 풀어주는 것과 같다. 상·하급 지휘관들은 평소부터 전술적인 공감대를 형성하고, 전장에 나가서 상급 지휘관은 예하 지휘관이 임무 수행을 위해 필요한 것들을 적극적으로 지원하되 그들의 행동에 일일이 간섭하지 말아야 하고, 예하 지휘관들은 상급 지휘관이 의도하는 바를 명확하게 이해한 상태에서 자신이 처한 상황을 스스로 재량껏 처리해 나감으로써 상급 지휘관의 의도를 구현해야 한다.

우리 군에서는 임무형 지휘(任務型 指揮, Mission Command)를 '지휘관이 자신의 의도와 부대가 수행해야 할 임무를 명확하게 제시하고, 임무 수행에 필요한 자원과 수단을 제공하여 예하 지휘관의 임무수행 여건을 보장하되, 임무수행 방법은 최대한 위임하여 예하부대가 자율적이고 창의적으로 임무를 수행하도록 하는 지휘방법'이라고 정의하고 있다.

전술제대는 복잡하고 역동적인 전장 환경 속에서 임무를 수행하므로 마주하게 되는 상황이 매우 다양하고 급속하게 변화한다. 더구나 아군과는 정반대의 자유의지(free will)를 가진 적을 상대해야 한다. 이처럼 상황의 변화를 예측하기가 매우 어려운 전장 환경 속에서는 개개의 부대들이 '상급부대의 통제'라는 굴레에서 벗어나 자기 앞에 펼쳐지는 상황에 즉각 대응할 수 있도록 재량권이 부여되어야 한다. 임무형 지휘는 이러한 전장 환경에 최적화된 지휘 방법이라 할 수 있다.

임무형 지휘의 명확한 개념과 필요성을 알기 위해서는 임무형 지휘가 어떠한 배경에서 태동하였고, 어떠한 발전과정을 거쳐 현재와 같이 정착하게 되었는지를 먼저 이해해야 할 것이다.

■ 임무형 지휘의 기원과 발전 과정

　임무형 지휘의 발원지는 독일이다. 처음에는 임무형 전술(Auftrag-staktik)[1]이라는 개념으로 태동하였으며, 그 배경은 전장에서 호기(好機)가 나타났을 때 이를 즉시 활용하지 않고 그것을 일일이 상관에게 보고하고 행동에 대한 지침을 받게 되면 적시성을 상실할 수 있으므로 현장 지휘관이 상관의 의도 범위 내에서 적극적으로 상황을 조치하면서 주도적으로 임무를 수행하라는 취지에서 비롯된 것이다.

　1806년 나폴레옹의 국민군에게 참패한 프로이센은 군사제도의 대개혁을 단행하였다. 개혁을 주도한 샤른호스트(Von Scharnhorst)[2]는 패배의 원인을 '사고의 경직성'과 '지휘관들의 피동적인 지휘'에서 기인하였다는 판단하에 불확실성과 우연성이 지배하는 전장에서 지휘관의 의도를 명확하게 파악하고 스스로 판단하여 행동으로 옮길 수 있는 군을 육성하는 데 주안을 두었다. 이에 따라 교리, 편제, 제도, 장

---

1) 독일어 Auftrag(임무)와 taktik(전술)의 합성어로서, 불확실성이 지배하는 전장에서 일선 지휘관들에게 행동의 자율권을 부여하고 달성 가능한 임무를 제시함으로써 자유롭고 창의적인 전술행동을 보장하는 개념이다.
2) 샤른호스트는 프로이센의 군사 개혁가로서, 당시 국민개병제에 대한 적극적인 옹호자였으며 상관의 지시에 맹목적으로 복종하는 군대를 개혁하여 조국에 봉사하는 책임의식이 충만한 시민군대를 만들고자 하였다. 군이 국가 속의 별도의 집단이 아니라 국가와 사회가 군에 철저히 연계되어야 한다는 그의 사상은 군대의 지휘사상에 지대한 영향을 미쳤다. 특히 그는 일련의 구령에 의해 지휘되던 당시의 명령하달 방법을 개선하고자 노력하였으며 그의 후계자인 폰 그나이제나우(Von Gneisenau) 원수는 샤른호스트의 견해를 지지하면서 지침과 의도가 포함된 명령하달 방법을 발전시킴으로써 예하 지휘관으로 하여금 전체적인 임무의 범위 내에서 스스로 독자적인 사고와 행동의 영역을 갖게 하였다. 그는 실제로 對 나폴레옹 해방전쟁에서 이러한 명령하달 방법을 적용하였다. 이 두 사람의 사상은 오늘날 임무형 지휘의 가장 핵심적인 근간을 이루고 있다.

비, 지휘체계, 전술개념, 교육훈련 등 모든 분야에서 개혁이 이루어졌는데 이때부터 임무형 전술의 개념이 태동했다고 볼 수 있다. 당시까지만 해도 지휘관의 지휘 범위 내에서 대형을 형성하고 일련의 구령(口令)에 의해 통제되는 전투 양상을 유지하였기 때문에 임무형 전술은 커다란 발상의 변화가 아닐 수 없었다.

임무형 전술이 교리적으로 정립되기 시작한 것은 1869년에 몰트케(Moltke, 1800~1891)가 총참모장으로 취임하고부터이다.[3] 그는 임무형 전술의 개념을 보급하고 예하부대 지휘관들의 자율적인 행동을 강조하였다. 임무형 전술에 대한 몰트케의 생각은 다음과 같은 그의 말에 잘 표현되어 있다.

> "만약 어떤 지휘관이 예하 지휘관에 대한 개인적인 간섭이 지휘관의 책무 중 하나이며 결과적으로는 이점을 제공한다고 생각한다면 이는 망상이 아닐 수 없다. 그렇게 생각하는 지휘관들은 실제로는 다른 사람들이 수행해야 할 과업을 빼앗는 결과를 초래하며, 그로 인해 효과적인 과업 수행을 방해하게 된다. 또한 그러한 지휘관은 모든 과업을 다 수행할 수 없는 상황에 도달할 때까지 스스로 불필요한 과업을 만들어 낸다."
>
> "상황은 그때그때 마다 다르므로 장교들은 상황에 대한 자신의 판단에 기초하여

---

3) 몰트케는 총참모장 재직과 동시에 『고급지휘관을 위한 규정』을 발간 및 배포하였는데, 이것은 임무형 전술의 근간(根幹)을 반영한 최초의 교리적 문헌으로서 현재까지 독일 육군의 교범에 지대한 영향을 미쳤다. 그러나 임무형 전술이라는 용어를 처음으로 사용하고 정의한 것은 교육훈련 국장이었던 오토 폰 모제르 장군이다. 1906년 자신의 저서인 『전투를 위한 대대의 훈련과 지휘, 그에 대한 사색과 건의』에서 그는 "1888년 제정된 우리의 신교범에 나타난 지휘기법을 나는 임무형 전술이라고 명하고 싶다. 임무형 전술은 상급 지휘관이 자신의 사고의 핵심 단면을 하급 지휘관에게 주는 것으로 그것을 통해 전투임무를 완수하는 데 있어서 정신적인 교감을 갖자는 것이다. 상급 지휘관은 하급 지휘관에게 자신의 의도를 철저히 주입시킴으로써 기계적인 통합을 정신적인 통합으로 승화시킬 수 있는 것이다."라고 기술하였다.

행동해야 한다. 명령을 전달받을 수 없는 상황에서도 명령을 기다리는 것은 잘못된 것이다. 가장 바람직한 행동은 상급 지휘관 의도의 기본 틀 내에서 스스로 판단하고 행동하는 것이다."

"예상하지 못한 상황에 처했을 때는 지휘관 의도가 모든 것에 우선해야 하며, 예하 지휘관들은 지휘관 의도에 기초하여 최초의 계획과 다르게 행동할 수 있어야 한다."

제1차 세계대전 이후인 1920년에 독일 참모총장에 취임한 젝트 (Seeckt) 원수는 몰트케의 지휘사상을 더욱 계승, 발전시켰는데, 특히 육군의 기계화 추세에 따라 예하부대에 보다 많은 재량을 부여하여 상황 전개에 따라 능동적으로 대처할 수 있도록 임무형 전술에 입각한 기동전을 강조하였다.

1945년 패망 이후 일시적으로 사라졌던 임무형 전술은 1956년 독일연방군이 창설되면서 재조명을 받았다. 1970년대까지 독일군은 '임무형 전술'이란 용어를 사용해 왔으나 1979년 '독일연방군 지휘능력 강화를 위한 특별위원회'에서 '임무형 지휘'라는 용어 사용을 국방부에 건의한 이후로 용어가 변경되었다. 그 배경은 임무형 전술이 전시에 국한되는 개념을 넘어 전·평에 공히 적용할 수 있는 지휘기법이 되어야 한다는 것이다. 이에 따라 '임무형 지휘'가 기본 용어로 정립되었지만, 실제로는 '임무형 전술'도 병행해서 사용하고 있다.

1977년 독일의 「부대지휘」 교범에 "임무형 지휘는 하급자가 명령자의 의도 범위 안에서 그의 임무 수행에 있어 폭넓은 자유를 갖는 지휘방식이다."라고 명시하였으며, 1987년 동(同) 교범에서는 "임무형 지휘는 독일 육군의 기본적인 지휘방식으로 전시에도 적용되어야 하지만 평시 임무 수행에서의 적용이 더욱 중요하다. 그것은 부하에게 보다 많은 행동의 자유를 보장하며 임무 수행자가 갖는 융통성의 폭은 수행해야 할 임무의 종류에 따라 차이가 있을 수 있다. 상급자는 부하가 임무를 수행하는 과정에 있어서 더이상 방치하면 상급자의 의도 실현이 불가능하다고 판단될 때에만 간섭해야 한다."라고 함으로써 그 의미를 확대하였다.

독일군 하급 지휘관들은 상급부대의 명령을 수행함에 있어서 상관의 기대를 충족시켰을 뿐만 아니라 그것보다 더 큰 성과를 달성하였다. 그들은 상황의 불명확성으로 야기된 상급 지휘관의 불가피한 오류를 상황에 따라 스스로 적응해 가며 어려운 승리를 쟁취하였다. 한마디로 독일군은 모든 전역에 걸쳐 하급 지휘관 덕분에 한 순간의 호기도 상실한 적이 없다.

〈세당전투 시 러시아 보이덴 장군〉

현대에 들어서 임무형 지휘는 미국군을 통해 계승 발전되었다. 미군은 1975년 월남전의 패전 원인을 '작전적 차원의 전쟁 능력 부재'에 있었다고 분석하고, 1982~1986년 어간에 작전술 개념을 정립하면서 전통적인 화력 위주 소모전 사상에서 기동전 사상으로의 전환을 모색하였다. 그리고 기동전 개념을 정립하는 과정에서 새로운 지휘통제 기법이 요구됨에 따라 독일군으로부터 임무형 지휘에 대한 개념을 도입하기 시작하였다.

1990년 걸프전에서는 완벽한 C4I 체계를 구비하였음에도 불구하고 전장의 불확실성을 극복하는 데에는 한계가 있었으며, 이를 극복하기 위해서는 임무형 지휘가 필수적임을 인식하였다. 이에 따라 미 육군의 「작전」 교범, 미 해병의 「전투지휘」 교범 등에 임무형 지휘를 명시하고 이를 적용하였다. 그리고 2003년부터는 「임무형 지휘(Mission Command)」라는 교범을 별도로 발간하여 지금까지 적용하고 있다.

> 군의 규모와 복잡성의 증가는 지휘관들로 하여금 자신들의 가시권을 넘어선 전투에서의 지휘를 요구하게 되었다. 이러한 변화는 나폴레옹 시대부터 나타났으며, 미국의 독립전쟁에서도 임무형 지휘와 유사한 지휘 기술을 이용하게 만들었다. 1870년대 유럽의 국가들에서도 이러한 지각이 시작되었다. 그러나 얼마 후에 과학기술의 발전은 일부 지휘관들로 하여금 통제형 지휘[4]를 선호케 하였으나, 1·2차 세계대전을 통하여 독일군과 미군으로 하여금 다시금 임무형 지휘를 활용하도록 만들었다.
>
> 〈미 야교 6-0, 「임무형 지휘」 중에서〉

■ 임무형 지휘의 원리

지금까지 설명한 내용들을 토대로 임무형 지휘의 원리를 개념화해서 도표로 제시한다면 다음 [그림 4-1]과 같다.

---

4) 임무형 지휘와 통제형 지휘의 비교

임무형 지휘 ←		→ 통제형 지휘
• 가변적, 예측 불가능	전장 상황	• 고정적, 예측 가능
• 분권적, 능동적 • 융통성 보장 • 모든 제대의 능력 중시	지휘 경향	• 중앙집권적, 수동적 • 강력한 통제 • 상위 제대의 능력 중시
• 수직적 · 수평적 • 상호작용적	의사소통	• 수직적 · 위계적 • 일방향적
• 위임형 • 변혁적 리더십	리더십 유형	• 지시형 • 거래적 리더십

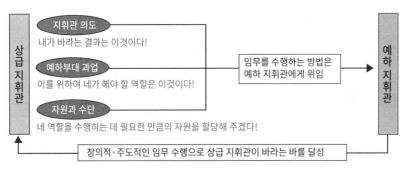

[그림 4-1] 임무형 지휘의 개념

임무형 지휘의 핵심은 지휘관의 의도이다. 지휘관 의도는 예하부대에게 작전을 수행하는 목적과 작전 수행 결과로서 조성해야 할 상태를 제시한 것으로, 이는 '왜 작전을 수행하는가? 그리고 어떤 결과를 만들어 내야 하는가?'를 예하 지휘관들에게 알려 주어 예하 부대가 작전을 수행하는 내내 사고와 행동의 기준으로 삼을 수 있도록 하는 것이다. 더불어 상급 지휘관은 예하 부대들이 달성해야 할 과업을 명확하게 제시하되 그 과업을 수행하는 방법은 예하 지휘관에게 위임하여야 하며, 과업을 달성하는 데 필요한 자원을 최대한 지원해야 한다.

예하 지휘관들은 상급 지휘관의 의도와 자신에게 부여된 과업을 명확하게 이해한 상태에서 여기에서 벗어나지 않는 범위 내에서 자율성을 가지고 재량껏 부여된 과업을 수행함으로써 작전이 종결되면 상급 지휘관이 원하는 결과(상태)를 조성해 놓아야 한다.

수시로 변화하는 전장 상황 속에서 사사건건 상급부대에 보고하고, 승인받은 이후에 행동을 취하는 방식으로는 작전의 템포를 유지하면서 작전을 주도해 나가기 어렵다. 이런 측면에서 임무형 지휘는 예하 지휘관들에게 주도적으로 작전을 수행할 수 있도록 융통성을 부여해

주는 최적의 지휘 방법이라 할 수 있다.

▌지휘관 의도의 개념과 역할

컴컴한 밤이나 악천후 속에서 항구에 입항하려는 모든 선박들은 등대의 불빛을 기준 삼아 항해한다. 지휘관 의도(指揮 官 意圖, Commander's Intent)는

지휘관 의도는 등대의 역할에 비유할 수 있다.

예하 지휘관들에게 등대와 같은 역할을 하는 것으로 임무형 지휘를 실현하는 데 있어 핵심적인 역할을 하는 개념이다.

의도(intent)란 '하고자 하는 바 또는 바라는 바'를 의미한다. 지휘관 의도는 지휘관으로서 이번 작전을 통해서 달성하고자 하는 것이 무엇 인지를 의미한다. 예하 지휘관은 상급 지휘관의 의도를 명확하게 이해 하고 이를 달성할 수 있는 방향으로 재량을 발휘해야 한다. 즉, 지휘관 의도는 예하 지휘관이 임무를 수행하는 과정에서 견지해야 할 사고와 행동의 기준이자 방향인 것이다. 하지만 임무형 지휘가 예하 지휘관에 게 재량을 부여함으로써 임무 수행에 융통성을 주는 것이라 할지라도 무제한적인 재량을 줄 수는 없는 일이다. 이는 마치 자유민주주의 체 제에서 자유와 방종(放縱)[5]을 구분하는 것과 마찬가지다. 임무형 지휘

---

5) 아무런 제한 없이 마음대로 행동하는 것으로서, 자유민주주의 체제하에서 질서를 유지하기 위해 서는 타인의 자유를 침해하지 않으며, 평등의 원칙에 입각하여 방종이 아닌 자율과 책임이 따르 는 자유를 추구한다.

도 예하 지휘관들에게 자율과 책임을 동시에 부여해야 한다.

임무형 지휘를 적용하기 위해서 상급부대에서 작전명령을 하달할 때 지휘관 의도를 반드시 반영하는데, 상하 제대 간 임무 수행의 연계성을 위해 통상 2단계 상급 지휘관의 의도까지 포함한다. 그렇다면 지휘관 의도는 어떤 내용을 제시해야 예하 지휘관이 이를 기준으로 삼아 작전을 수행할 수 있을까? 지휘관 의도에는 작전의 목적, 최종 상태, 그리고 필요하다면 꼭 강조하고 싶은 사항을 포함할 수도 있다. 이 중에서 작전 목적과 최종 상태는 현 계획이 더는 유효하지 않거나 추가적인 명령이 없는 상황에서도 예하부대가 알아서 작전을 수행하기 위한 방향을 제시해 주는 것으로서 예하부대 입장에서는 자신의 임무보다 우선시해야 한다. 지휘관 의도에서 반드시 제시해야 할 작전 목적과 최종 상태에 대해 구체적으로 살펴보면 다음과 같다.

작전 목적(Purpose of Operations)

"In tactics, the most important thing is not whether you go left or right, but why you go left or right. "
전술에 있어 가장 중요한 것은 왼쪽으로 가느냐 오른쪽으로 가느냐가 아니라 왜 왼쪽 또는 오른쪽으로 가느냐이다.

<A. M. Gray>

작전 목적은 '왜, 무엇을 위해 작전을 수행하는가?'라는 작전의 이유를 의미한다. 상급 지휘관이 작전 목적을 제시해 줌으로써 예하 지휘관들은 그 목적을 달성할 수 있는 방향으로 자신들의 전투력을 운용해 나갈 수 있다.

① 작전 목적의 필요성

일상에서 흔히 자신이 무엇 때문에 그 일을 하는지도 모르는 사람을 가리켜 '목적의식이 없는 사람' 또는 '맹목적인 사람'이라고 비유한다. 명예나 승진을 위해서, 재화를 벌기 위해서, 내 능력을 과시하기 위해서 등등 어떠한 일이든 경우에 따라 무수히 많은 목적이 존재할 수 있다. 만일 아무런 목적도 없이 일을 하는 경우에는 동기 유발이 되지 않으므로 곧바로 동력을 상실하게 될 것이다.

어느 날 김장을 담그던 어머니가 방에서 쉬고 있는 아들에게 마당 한구석에 구덩이를 좀 파 달라고 하였다. 아들은 별다른 생각 없이 삽을 가지고 가서 대략 흙을 서너 삽 정도 떠서 조그만 구덩이를 만들고 어머니께 다 했다고 말씀드렸는데 어머니가 막 화를 내시는 것이다. 사실 어머니는 김장이 끝나면 그것을 큰 장독에 넣어 구덩이에 묻을 생각이었는데 이를 알려 주지 않았던 것이다. 어머니는 김장을 하고 있었으니 아들이 당연히 김장독을 묻을 용도라는 것을 알 것으로 생각했고, 아들은 그 생각을 전혀 하지 못했던 것이다. 만약 어머니가 구덩이의 용도를 말해 주었다면 아들은 분명히 김장독을 묻을 수 있을 만큼의 깊이와 넓이로 구덩이를 파고, 파낸 흙도 다시 덮기 위해 버리지 않고 그 옆에 잘 두었을 것이다. 집안의 사소한 일이지만 임무형 지휘가 이루어지지 않은 것이다.

다음의 그림을 보자. 만일 상급부대에서 예하 A부대에게 "적이 OO강을 도하(渡河)하는 것을 저지하기 위해 '가' 고지를 점령하라"는 임무를 부여하였다고 가정하자. 예하 A부대 입장에서 본다면 적이 OO강을 도하하는 것을 저지하는 것은 상급부대의 작전 목적이고, '가' 고지를 점령하는 것은 자신의 과업이다. 이에 따라 예하 A부대는 '가' 고지를 점령하고 방어준비를 하고 있다. 그런데 적이 예상과는 달리

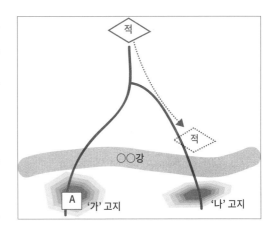

'나' 고지 방향으로 진출하고 있다면 예하 A부대는 작전 목적을 달성하기 위해서 '가' 고지에 일부만을 남기고 주력은 당연히 '나' 고지로 재배치할 것이다. 그러나 반대로 작전 목적을 제시하지 않고 '가' 고지를 점령하라는 과업만 부여하였다면 예하 A부대는 적이 방향을 틀어 '나' 고지 방향으로 진출해도 상급부대의 지시가 없다면 결코 '나' 고지로 부대를 전환하지 않고 자신에게 부여된 과업에 충실할 것이다.

② 명확하게 이해할 수 있는 구체적인 작전 목적 제시

명령이 간결(簡潔)해야 한다는 것은 불필요한 내용을 제거하거나 복잡하게 작성하지 말라는 의미이지 무조건 간단하게 작성하고 축약해서 표현하라는 의미가 아니다. 명령이 간결해야 한다고 해서 작전 목적을 과도하게 함축해 표현함으로써 이해하기 곤란한 경우를 흔히 볼 수 있는데, 이는 주객(主客)이 전도된 것이나 다름없다. 지휘관 의도는 추가적인 설명이 없어도 예하 지휘관들이 작전명령에 반영된 지휘관 의도를 읽어 보는 것만으로 충분히 이해할 수 있도록 구체적으로 제시해야 한다. 짧고 간단한 것이 명확한 것이 아니고 누가 보아도 의문점이 없이 이해할 수 있는 것이 명확한 것이다.

최종 상태(End State)

최종 상태는 작전을 종결하였을 때 조성되어 있어야 할 상태를 말한다. 상급 지휘관으로서 작전이 끝나면 이러이러한 상태가 조성되어야 한다는 조건(condition)을 제시한 것이다. 예하 지휘관들은 상급 지휘관이 내걸은 이 조건(최종 상태)을 충족시킬 수 있도록 작전을 수행해 나가야 한다.

어느 도심지에서 테러분자들에 의해 인질 납치 상황이 발생하였다. 대테러부대 지휘관은 진압부대에게 테러분자들은 모두 사살해도 되지만 인질의 피해를 최소화하고 특히 주요 인사인 'A'는 반드시 무사해야 한다고 강조하였다. 그러나 진압작전에서 테러범들은 도주자 없이 전부 사살 또는 생포했고 인질 사망자도 한 명에 불과했지만 한 명이 바로 'A'였다면 그 작전은 테러진압이라는 목표는 달성했지만 작전의 조건인 최종 상태를 달성하지 못했으므로 작전은 실패한 것으로 간주할 수 있다.

최종 상태는 적과 아군, 그리고 지형과 관련한 요망되는 상태로 표현된다. 즉, 이번 작전이 끝나면 피·아의 전투력 수준이나 태세, 위치 및 배치 등이 어떤 상태로 되어 있어야 하고, 지형적으로는 확보해야 할 범위나 주요 지형지물에 대한 통제 등이 어떤 상태가 되어야 하는지를 제시하는 것이다. 예하 지휘관들은 부여된 과업을 수행하면서 목표 달성과 제시된 최종 상태 조성을 항상 고려해야 한다.

작전은 연속적으로 수행되는 과정이다. 내 부대의 작전이 종결되었다 하더라도 상급부대 입장에서는 다른 부대를 계속 투입하여 연속적인 작전을 수행하기 때문이다. 즉 하나의 작전이 종결되었음은 다음 단계 작전으로의 전환을 의미하는 것이다. 따라서 앞선 단계에서 작전을 수행하는 부대가 조성해야 할 최종 상태는 다음 단계의 작전이 수행되기에 가장 적합한 조건이 될 수 있도록 설정되어야 한다. 예를 들어, 내 부대의 공격이 완료된 후 다른 부대가 연속적으로 투입되어 공격을 계속하게 될 경우를 가정한다면, 내 부대가 상대했던 적의 전투력이 아직도 충분하여 다음 공격에 투입되는 부대에게 최초부터 장애요소로 작용하면 안 될 것이다. 또한 내 부대 역시 공격에 투입되는 다른 부대를 지원할 수 있을 만큼 전투력을 보존하고 초월공격을 지원하기 용이한 지형에 배치되어 있어야 하며, 다음 공격부대가 사용할 통로와 장애물을 통제할 수 있어야 할 것이다. 이처럼 최종 상태는 상급부대의 작전 목적과 다음에 연계되는 작전을 고려하여 설정되어야 한다.

작전 목적 · 최종 상태 · 예하부대 과업의 관계

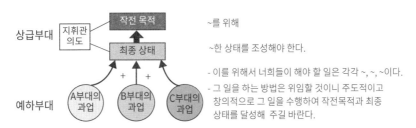

[그림 4-2] 작전 목적 · 최종 상태 · 예하부대 과업의 관계

과업(課業, Task)[6]은 '해야 할 일'을 의미한다. 앞에서도 언급하였듯이

---

6) 과업과 임무: 과업(Task)은 해야 할 일을 명시한 것이고, 임무(Mission)는 목적을 수반한 과업을 말한다. 따라서 일반적으로 '～을 위하여 ～를 해야 한다.'는 방식으로 표현된다. 상급부대 명령을 통해 과업을 부여받은 예하부대는 그 과업이 명령에 명시된 과업이기 때문에 반드시 수행해야 한다. 예하부대는 명시된 과업과 지휘관 의도의 작전 목적을 기초로 하여 '왜 이러한 과업을 부여

목적이 불분명한 과업은 동기를 제공하지 못하므로 추진 동력을 상실하기 쉽다. 또한 과업을 완수하는 것만이 능사가 아니라 과업을 수행하는 과정에서 최종적으로 요망하는 상태를 조성해야 한다. 적으로부터 귀중한 보물을 빼앗아 왔는데 정작 그 보물이 훼손되었거나 그 과정에서 나의 희생이 너무 크다면 득보다 실이 많은 것과 마찬가지이다. 즉 지휘관 의도는 예하부대가 과업을 추진하는 데 방향과 초점을 제공하는 것이라 하겠다.

예를 들어 보겠다. 어떤 부대가 상급부대로부터 'A비행장을 확보하라'는 과업을 부여받았다고 가정하자. 이때 상급 지휘관의 작전 목적이 '아군 ○○부대의 공중강습작전[7] 여건을 보장하기 위해서' 일 경우와 '적의 공중강습작전을 거부하기 위해서'일 경우는 과업을 수행하는 방법이 분명히 달라야 한다. 왜냐하면 전자의 작전 목적을 위해서는 비행장을 보존해야 하고, 후자의 작전 목적을 위해서는 비행장을 파괴시켜도 무방하기 때문이다.

만일 상급부대의 작전 목적이 '아군부대의 공중강습작전 여건을 보장하기 위해서'인 경우였다면 차후에 시행될 아군의 공중강습작전에 지장을 주지 않기 위해 '비행장 방호를 위한 부대 배치가 완료된 상태', '공중강습부대가 비행장으로 투입할 수 있는 통로가 확보된 상

하였을까?'에 대한 해답을 찾아야 하는데, 이것이 바로 자신의 작전 목적이 되는 것이다. 그리고 자신의 작전 목적을 달성하기 위해서는 명시된 과업 이외에도 추가적으로 수행해야 할 과업이 있는지를 염출해야 한다. 전자(前者)를 명시과업, 후자(後者)를 추정과업이라 한다. 자신의 작전 목적과 명시과업, 추정과업을 결부시킨 것이 곧 자신이 수행해야 할 임무인 것이다.

7) 전투·전투 지원·전투 근무 지원 부대로 구성된 공중강습부대와 장비를 공중강습부대장의 통제 하에 육군 항공기로 이동시켜 지상 전투에 투입하는 작전

태', '비행장의 활주로가 보존되고 장애물이 제거된 상태', '관제시설의 기능이 유지된 상태', '주변의 적 은거 예상지역에 대한 선점이 완료된 상태' 등을 최종 상태로 설정할 것이다. 그리고 이에 따라서 작전부대 지휘관은 단순하게 비행장을 확보하는 것이 아니라 설정된 최종 상태를 조성하는 방향으로 자신의 과업을 수행해나갈 것이다. 반대로 상급부대의 작전 목적이 '적의 공중강습작전을 거부하기 위해서'일 경우라면 앞의 경우와는 대부분 반대로 설정될 것이며, 작전부대가 과업을 수행함에 있어서도 비행장 시설을 보존하기 위한 행동의 제한을 덜 받게 될 것이다.

이처럼 임무형 지휘에서는 상급 지휘관 의도에 제시된 작전 목적과 최종 상태의 범주 내에서 재량을 발휘하면서 주도적이고 창의적으로 과업을 수행해야 한다.

전술제대들은 상하 계층적인 구조를 갖기 때문에 상급부대인 동시에 하급부대이다. 즉, 상급부대의 하급부대이자 하급부대의 상급부대로서의 역할을 동시에 수행해야 하는 것이다. 이러한 계층적인 구조 속에서 각 부대들은 상급 지휘관의 의도와 자신에게 부여된 과업을 기초로 자신의 작전 목적과 최종 상태를 설정하고 이를 달성하기 위한 예하부대들의 과업을 부여하게 되며, 이 과업을 부여받은 하급부대 역시 같은 과정을 거친다. 이러한 과정을 통해서 모든 제대들의 작전이 독립적으로 단절되지 않고 상호 연계성을 유지하게 되어 총체적인 결과로 나타나는 것이다.

작전 목적, 최종 상태, 과업 간의 상관관계를 잘 이해하지 못하여 간혹 불명확한 작전 목적을 설정하는 경우가 있다. 이런 경우에는 최종 상태와 과업 역시 불명확해질 수밖에 없다. 심한 경우에는 작전 목적과 최종 상태, 그리고 과업이 같은 경우도 있다. 예를 들어, '적 부대를 격멸하기 위하여'라는 작전 목적과 '적 부대가 격멸된 상태'라는 최종 상태, 그리고 '적 부대를 격멸'한다는 과업을 설정하는 경우이다. 이런 경우는 작전 목적, 최종 상태, 과업의 관계를 모르는 것에서 기인한 것으로, 이러한 명령을 부여받은 예하 지휘관은 너무나 애매해서 자신의 의도를 무엇으로 설정해야 할지, 그리고 자신의 과업을 어떻게 수행해야 할지 도무지 복안이 서질 않게 된다.

유의할 점

작전 목적은 전체 속에서 나의 역할을 고려하여야 하며, 최종 상태 설정과 과업 수행에 명확한 방향을 설정해 줄 수 있어야 한다. 일상적인 예를 들어 보자. 매일같이 방에 처박혀 있는 백수에게 아버지가 '밖에 나가 일 좀 해서 돈이라도 좀 벌어 와라.'라고 하였다면 그 백수에게는 '돈을 버는 것'이 목적이고 '나가서 일하는 것'이 과업일 것이다. 그러나 백수는 아버지가 돈을 얼마나 벌어 와야 만족할 것인지, 또 무슨 일을 해야 할 것인지 막막할 것이다. 일상에서는 흔한 경우이지만 생명이 좌지우지되는 작전을 수행함에 있어서는 있을 수 없는 일이다. 무엇에 쓸 돈인지를 확실하게 말해 주었다면 그 백수는 (단, 백수가 정신을 차렸다고 가정했을 경우) 개략 얼마를 벌어야 할지(최종 상태), 그만큼의 돈을 벌기 위해서는 어떤 일을 해야 할지(과업)를 판단할 수 있을 것이다. 여기에서 '돈을 번다는 것'은 엄밀히 말하면 목적이라기보다는 목적의 공통분모라 할 수 있다. 자동차를 살 돈, 집 한 채를 살 돈, 방값을 낼 돈 등등 수많은 실제적인 목적이 포괄되어 있는 것이다.

　이쯤에서 우리가 흔히 범하는 커다란 오류를 한 가지 제기한다면, 그것은 교리에서 제시하고 있는 작전 목적을 그대로 사용하는 경우가 많다는 사실이다. 교리에 일반적으로 제시되는 작전 목적은 〈표 4-1〉과 같은데 실제적으로 이 중에서 하나를 선택하여 그대로 자신의 작전 목적으로 삼는 우(愚)를 범하는 것이다. 〈표 4-1〉에 제시된 각각의 작전 목적 앞에 '~를 위해서'라는 말을 붙여 보면 쉽게 이해가 될 것이다. 앞에서도 언급되었지만 교리에 제시된 것은 다양한 작전 목적들의 공통분모를 제시한 것이다. 예를 들어 방어작전의 목적 중에서 시간 획득은 실제 '~를 위한 또는 ~를 할 수 있는 시간 획득'인 것이다. 막연하게 시간을 획득하라는 목적을 제시한다면 예하부대는 어디에서, 얼마만큼 동안, 어떻게 버텨야 할지를 판단할 수 없기 때문이다.

〈표 4-1〉 공격 및 방어작전의 목적

공격작전의 목적	방어작전의 목적
• 적의 전투 의지 파괴 • 적 부대 격멸 • 중요 지역 확보 • 적 자원의 탈취 및 파괴 • 적 기만 및 전환 • 적 고착 및 교란	• 적 부대 격멸 • 중요 지역 확보 • 시간 획득

　최종 상태는 그 상태가 조성되었는지를 판단할 수 있는 기준이 제시되어야 한다. 최종 상태가 조성되었는지를 판단할 수 없는데 어떻게 작전을 종결할 수 있겠으며, 작전의 성공 여부를 어떻게 확인할 수

있겠는가? 예를 들어 막연하게 '적 부대가 격멸된 상태'라고 제시하는 것은 의미가 없고, 피·아 부대의 특정한 상태나 위치, 전투력 수준, 지형적인 요소들의 확보 여부와 통제 범위 등을 구체적으로 제시해야 지 이를 달성하는 데 초점을 두고 과업을 수행해 나갈 수 있으며, 그 상태가 조성되었는지 여부를 판단하여 과업을 지속하거나 종결할 수 있을 것이다.

예하부대 과업은 구체적인 대상을 포함해서 부여해야 하며, 그 대상은 작전 목적 및 최종 상태와 연계되어야 한다. 대상을 지정하는 방법으로는 목표를 부여하거나 구체적인 지역을 명시할 수도 있고, 특정의 적 부대를 지명할 수도 있다. 그렇게 함으로써 예하부대가 과업을 명확하게 이해하고 이를 수행하는 방법을 강구할 수 있다.

임무형 지휘가 구체적인 내용보다는 개념적이고 포괄적인 내용으로 가급적 간단하게 지시하여 예하 지휘관이 많은 융통성을 갖게 하는 것이라고 오해하는 경우가 있다. 임무형 지휘는 '어떻게'라는 시행상의 방법을 위임한 것이기 때문에 '무엇을 달성하라'는 지휘관 의도와 '무엇을 하라'는 과업은 오히려 구체적이고 명확하게 제시해야 한다. 자칫 모든 것을 위임하고 모든 것을 간략하게만 표현하는 것이 임무형 지휘의 핵심이라고 오해함으로써 무질서와 혼란을 초래하기도 한다. 임무형 지휘의 목적은 계획 수립 과정에서의 융통성을 부여하는 것이 아니라 임무수행 과정에서 행동의 자유를 보장하는 것이므로 오히려 구체적이더라도 지휘관 의도와 과업을 명확하게 제시하여 이해시키는 것이 중요하다.

■ 임무형 지휘를 위한 전제조건

임무형 지휘는 임무 수행을 위한 방법을 위임하는 것이지 방임하는 것이 아니다. 분명히 이상적인 지휘 방법이긴 하지만 실제 적용은 결코 쉽지 않다. 왜냐하면 모든 것을 내 마음대로 하는 것이 아니라 상급 지휘관이 위임한 범위 내에서 그것도 그의 의도에 맞추어 임무를 수행해나가야 하기 때문이다. 주도성과 창의성이 부족한 지휘관은 차라리 상급 지휘관이 모든 것을 통제해 주는 것이 더 속 편하다고 주장할 수도 있다. 능력이 뒷받침해주지 않는데 알아서 하라고 한다면 자칫 적자생존(適者生存)의 법칙에 걸려 조직에서 설 곳이 없어질 수 있기 때문이다.

임무형 지휘를 제대로 적용하기 위해서는 다음과 같은 전제조건들이 충족되어야 한다.

〈임무형 지휘의 전제조건〉
- 상황 주도 정신
- 시행착오에 대한 관용
- 공동의 전술관
- 전문성
- 상호 신뢰
- 올바른 권한 행사와 책임의식

상황 주도 정신

임무형 지휘는 상황을 가장 잘 알고 있는 현장 지휘관들이 상황을 주도적으로 이끌어 나갈 수 있도록 예하부대에게 행동의 자유를 보장해준다. 예하부대의 입장에서는 주어진 행동의 자유, 즉 재량권을 적극 활용해야 한다. 상황을 주도해 나간다는 것은 포착된 호기를 적시에 활용하는 것과 능동적으로 행동하는 것을 의미한다.

> 예하 지휘관에게는 임무수행에 있어서 행동의 자유를 보장해야 하며, 이것은 신속하고 단호한 상황 주도를 위해 필요한 절대적인 조건이다.
>
> 〈독일군 작전요무령〉
>
> 임무수행에 있어서 창조적 주도성을 발휘하지 못하고 상부의 지시에만 의존하는 자는 우수한 지휘관이 될 수 없다.
>
> 〈 쥬코프 〉

전장에서는 예상치 않은 호기(好機)가 발생할 수 있는데 이를 즉각 이용하지 않으면 곧바로 사라질 수 있다. 이러한 호기를 상급 지휘관에게 보고하고 결심을 받는 후에야 조치할 수 있다면 그 호기는 이미 사라져 버렸을 확률이 높다. 따라서 호기를 포착하면 독자적인 판단과 결심을 기초로 자신에게 주어진 행동의 자유를 적극 활용하여 상황을 주도적으로 이끌어 나가야 한다.

또한 상황을 주도하려면 능동적인 행동이 요구된다. 지휘관이 부대를 능동적으로 움직이지 않고 하릴없이 명령만 기다리거나 적이 어떠한 행동을 한 후에야 그것에 대해서만 대응하는 것은 피동적인 자세의 전형(典型)으로 적에게 주도권을 거저 넘겨주는 것과 다를 바 없다. 나에게 행동의 자유가 보장된 만큼 적보다 먼저 행동함으로써 적을 피동(被動)으로 몰아가야 한다. 능동적인 행동은 적과 나와의 관계에서뿐만 아니라 상급 지휘관과 나와의 관계에서도 필요하다. 모든 상황에 대하여 스스로 판단하여 행동하지 못하고 무조건 상급 지휘관에게 보고하고 통제에만 따르려고 한다면 항상 촉박한 시간에 내몰리고, 매번 적의 선제행동을 허용하면서 피동적인 대응으로 일관하게 될 것이다.

상황을 주도해 나가려면 모험을 감수해야 한다. 어떠한 부대든지 발생 가능한 모든 위협에 대비할 수 있을 만큼 충분한 전투력이 주어지는 경우는 거의 없다. 적과 대등하거나 열세한 전투력으로 주도권을 장악하려면 계산된 모험(calculated risk)이 필요하다. 충분하지 않은 전투력으로 가능한 모든 위협에 대비하고자 한다면 전투력의 절대적인 부족으로 연결될 수밖에 없으며 이로 인하여 스스로 상황을 비관하게 된다. 비관적인 생각이 들게 되면 아예 승리는 포기하고 어떻게든 살아남을 궁리만 하게 될 것이다. 따라서 전투력을 절약할 곳은 절약하여 위험을 감수하고, 집중할 곳은 과감하게 집중함으로써 승기를 잡아낼 수 있어야 한다.

- 승리를 원하는가? 그러면 모험을 하라. 전장에서 모든 위협에 대처하려는 자는 결코 승리할 수 없다.
- 동일한 위협에 대해 심리적 불안감으로 이중, 삼중으로 대비하는 자는 가장 어리석은 자이다.

〈독일군 작전요무령〉

- 계산된 위험을 감수하는 것은 무모함과는 완전히 다르다.　〈조지 S. 패튼〉

- 가능성을 타진하라. 그 후에는 모험하라.　〈헬무트 폰 몰트케〉

- 위대한 업적은 커다란 위험을 감수한 대가이다.　〈헤로도토스〉

시행착오에 대한 관용

실패에 대한 관용이 없으면 어느 누구도 모험을 감수하거나 행동의 자유를 활용하려 하지 않고 지시가 있는 경우에만 무조건적으로 복종하는 태도를 보일 것이다. 임무형 지휘는 부하의 실수를 감수할 수 있는 것으로부터 시작된다. 비록 실패했어도 능동적으로 판단하여 주도적으로 행동하고 과감한 모험을 시도하였다면 작전의 성공과 같이 취급할 필요가 있다. 반대로 무사 안일주의, 모험 회피로 인한 실패에 대해서는 확실하게 책임을 물어야 한다. 또한 성공에 대해서는 아낌없이 칭찬하고, 실패에 대해서는 침묵하는 것도 관용의 일종이라 할 수 있다.

> 독일군은 명령을 기다리면 유리한 기회를 포착할 수 없다는 것을 잘 알고 있었으며, 모든 지휘관은 기회의 상실이나 포기는 수단의 잘못된 선택보다 훨씬 나쁘다는 것을 항상 인식하고 실패를 두려워하지 않았다.
>
> 〈Trevor N. DuFuy〉

공동의 전술관

오른쪽의 그림을 보는 시각은 사람마다 다양하게 나타날 것이다. 어떤 사람에게는 오리의 모습으로, 또 어떤 사람에게는 토끼의 모습으로 보일 수 있다. 오리도 토끼도 아닌 다른 모습으로 보는 시각도 있을 수 있다.

오리? 토끼?

이 그림을 전장에서 나타나는 상황이라고 가정했을 때 상·하급 지휘관, 인접 지휘관들이 이 상황을 제각각 다르게 인식한다면 조직적인 작전 수행은 불가능할 것이다.

상급 지휘관의 입장에서는 임무형 지휘를 적용하는 데 있어 예하 지휘관이 자신의 분신(分身)처럼 똑같이 사고하고 판단하기를 원할 것이다. 어떠한 상황이 닥쳐도 내가 바라는 바대로 일사불란하게 행동할 것이며, 설사 그렇게 해서 일을 그르치더라도 기꺼이 책임을 질 수 있기 때문이다. 이 정도로 완벽한 인식의 일치는 불가능하더라도 이와 유사한 수준으로 근접하기 위한 방법은 '공동의 전술관'을 구비하는 것이다. 공동의 전술관이란 전투를 수행함에 있어서 상·하 지휘관들의 상황에 대한 인식과 판단, 그리고 이에 기초한 적절한 대응 방법이 일치하는 것이다. 공동의 전술관을 형성하기 위해서는 다양한 상황을 상정한 전술토의나 교육 및 훈련, 작전 수행 간의 의사소통이 부단하게 이루어져야 한다.

전문성

우리 군에서 '전문성이 부족한 지휘관은 적보다 무섭다'라든지 '무식한데 부지런한 지휘관이 제일 위험하다'라는 말을 자주 한다. 우스갯소리로 들릴 수도 있지만 분명 뼈가 있는 말이다. 만일 상·하급 지휘관들이 자질이 부족하고 훈련이 되어 있지 않거나 전술에 대한 경험과 군사지식이 없다면 임무형 지휘의 적용은 오히려 큰 혼란만 초래할 것이다. 임무 수행의 창의성과 주도성은 직책에 상응하는 전문성이 기반이 되었을 때 발휘할 수 있다.

상호 신뢰

임무형 지휘가 원활하게 이루어지기 위해서는 상·하 지휘관 간의 수직적·쌍방향적인 상호 신뢰가 매우 중요하다. 상호 신뢰가 기반이 되지 않은 상태에서는 위임과 자율이 성립될 수 없고 간섭과 통제, 피동과 책임 회피만이 존재한다. 상급 지휘관은 자신이 원하는 방향으로 예하 지휘관이 과업을 수행할 것으로 굳게 믿고 행동의 자유를 보장해 주고, 예하 지휘관은 현 상황에서 상급 지휘관이 원하는 바에 대한 확신을 갖고 재량권을 행사해야 한다. 이와 더불어 인접부대 간의 수평적·쌍방향적 신뢰가 동시에 이루어진다면 보다 완전한 임무형 지휘가 성립될 수 있다. 동일한 상급지휘관의 지휘를 받는 예하부대들은 모자이크(mosaic)처럼 유기적인 관계에 놓여 있다. 한 부대의 역할이 다른 부대의 작전에 영향을 미칠 수밖에 없는 것이다. 상급 지휘관의 의도에 대한 공통된 인식과 타 부대의 전문성과 임무수행 능력에 대한 신뢰는 강한 결속력으로 작용하여 전체 작전의 성공으로 연결될 수 있다.

올바른 권한 행사와 책임의식

모든 지휘관은 상급 지휘관이자 하급 지휘관으로서 주어진 권한을 올바르게 행사해야 하는 동시에 자신의 임무수행 결과에 대해 기꺼이 책임지고자 하는 태도를 견지해야 한다. 상급 지휘관은 예하부대에 과업을 부여하되 이를 달성하는 데 필요한 충분한 자원을 할당해 줘야 하며, 위임된 사항에 대해서는 불필요한 간섭과 통제를 지양해야 한다. 만일 예하부대를 신뢰하지 못하고 매 상황마다 일일이 간섭하고 통제하려 한다면 이는 자신의 역할을 제대로 모르고 오히려 작전을 방해하는 것과 다를 바 없다. 또한 하급 지휘관은 전투 승패에 대한 책임을 회피하기 위하여 무사 안일주의로 일관하거나 호기가 발생했음에도 불구하고 모험을 회피하지 말아야 한다.

부하들에게 '어떻게 하라(방법)'고 말하지 말고 '무엇을 하라(임무)'고만 말하라. 그들은 무한한 잠재력으로 예측하지 못한 놀라운 결과를 보여 줄 것이다.

〈패튼, George Patton〉

부대를 확실히 지휘 장악한다는 것은 부하들의 행동에 간섭하거나 부하들의 적극성을 구속하는 것을 뜻하는 것이 아니며, 전투에 있어서 기본 계획을 벗어나 자기 멋대로 독자적 행동을 취하지 못하도록 하는 것이다.

〈몽고메리, Bernard Montgomery〉

　현재는 물론 가까운 미래에 이르기까지 전장 환경의 특징을 고려해 볼 때 임무형 지휘는 최상의 지휘 방법임이 분명하다. 하지만 개념이 아무리 완전하다 하더라도 실제적인 적용에 필요한 전제조건들이 충족되지 않으면 그 효용성은 크게 감소한다. 하지만 전제조건을 완전히 구비하는 것은 어려운 일이므로 보통 완전한 임무형 지휘가 이루어지기보다는 통제형 지휘가 적절하게 혼용될 수밖에 없다.

　또한 임무형 지휘는 전시에 전장에서만 적용하는 것이 아니고 평시의 부대 관리와 병력 운용에서도 동일하게 적용하는 것이 우리 군의 지휘철학이다. 임무형 지휘가 구호에만 그치지 않고 우리 군의 지휘철학이라는 위상에 걸맞게 정착되려면 이를 습성화하기 위한 우리 자신들의 노력이 보다 절실하다.

2. 계획 수립

계획 수립은 근본적으로 지휘책임이다. 지휘관은 주 계획 수립자로서 계획 수립과정에 적극적으로 개입해야 한다. 단지 계획 수립에 참가만 하는 것이 아니라 계획 수립 과정을 주도해야 하는 것이다. 계획 수립에 적극적으로 관여하지 않고 결심만 하려는 지휘관은 계획 수립과 관련된 첩보와 배경을 알지 못하므로 참모들은 지휘관 결심이 필요할 때마다 지휘관을 이해시키기 위해 불필요한 시간을 낭비할 수밖에 없다. 지휘관이 계획 수립을 촉진하는 것이 아니라 오히려 방해요소가 되는 것이다.

지휘관은 자신의 의도를 명확하게 제시하고 계획 수립 과정에서 필요한 시기에 적절한 지침을 하달해야 한다. 의도와 지침마저 참모에게 위임하는 지휘관은 지휘관으로서 자격이 없는 것이다. 또한 지휘관은 가용한 시간, 참모들의 개인적인 능력과 경험 등을 고려하여 시간의 사용, 계획의 구체화 정도, 계획 수립 절차 등을 조정 및 통제하면서 전 과정을 주도해 나가야 한다.

■ 계획 수립의 가치

계획 수립(Planning)이란 일을 시작하기 전에 어떻게 할 것인가를 생각하고 이를 알기 쉽게 정리하는 것이다. 계획(Plan)은 계획 수립의 산물이며, 이 계획에 대한 시행지시가 있으면 명령으로 전환된다.

계획 수립은 기계적인 절차에 따라 진행하는 형식적이고 단순한 과정이 되면 아무런 가치가 없다. 타당성 있는 예측과 워-게임(War game)식의 논리적인 사고 과정에 입각한 계획 수립은 그만큼 전장에서 훌륭한 가치(價値, value)를 발하게 된다. 계획 수립의 가치를 정리해 보면 다음과 같다.

주도권 장악에 필수적이다

주도권을 장악하려면 발생 가능한 사태를 미리 예측하고 적보다 먼저 행동해야 한다. 즉 선수(先手)를 쳐야 하는 것이다. 계획 수립은 앞으로 해야 할 일과 관련되기 때문에 사태를 예측하고 이에 대한 합목적(合目的)적인 대응을 미리 준비하는 것이다. 따라서 전장에서 발생하는 사태에 단순하게 대응하는 것이 아니라 미리 준비된 상태에서 작전 목적에 맞게 효과적으로 대응할 수 있는 것이다. 즉 급박한 단순 대응이 아닌 미리 의도된 대응을 함으로써 전장에서 우위를 점해나갈 수 있게 된다.

결심과 행동에 필요한 불가피한 시간 소요를 줄여 준다

전장에서 발생하는 사태들은 그 실상을 인식하고 대응하는 데 필요한 시간을 요구한다. 그리고 그 시간만큼 작전의 템포(Tempo)는 더디어진다. 예를 들어 분대급에서 공격 방향의 전환은 비교적 단순하고 쉬운 문제이지만 사단급에서는 지원부대의 변경이나 화력의 우선권 조정, 그리고 이에 따른 이동 소요 등이 발생하기 때문에 상당한 시간이 요구된다. 논리적인 예측과 사고를 바탕으로 적절한 계획을 수립하였다면 일련의 조치들이 즉각적으로 이루어질 수 있다.

결심과 행동에 융통성을 제공해 준다

계획을 수립하는 과정에서는 하나의 대안(對案)만을 수립하는 것이 아니라 다양한 각도에서 사태를 예측하고 대안을 고민해야 하기 때문에 설령 계획한대로 작전이 진행되지 않더라도 새로운 대응 방안을 쉽게 찾아낼 수 있다. 계획 수립을 통해 간접적인 경험을 미리 해보았기 때문이다. 사전 간접경험을 통해 상황에 충분히 익숙해져 있는 경우에는 현재 나타난 현상이 무엇이며, 내가 어떻게 행동해야 하는지를 직관적으로 알 수 있다.

> 나는 결코 천재가 아니다. 나의 신속한 결심은 평소 구상해 놓은 여러 방책을 그때그때 적용한 데 불과하다.
>
> 〈나폴레옹〉

문제의 본질에 대한 공통된 이해를 제공하고, 의사소통 및 협조를 원활하게 한다

지휘관의 머릿속은 전투수행과 관련된 정보들과 예하부대에게 알려야 할 수많은 내용들(전투 수행에 필요한 부대의 편성, 자원의 분배 및 할당, 지휘 및 지원 관계, 협조사항, 유의사항 등)로 두서없이 가득 차 있다. 하지만 이것들은 계획을 수립하는 과정을 통해 일목요연하게 정리됨으로써 모든 제대의 지휘관과 참모들이 상황과 작전의 개념에 대해 공통적으로 이해할 수 있게 됨은 물론 전투 수행과 관련한 의사소통과 협조가 원활하게 이루어지게 하는 매개 역할을 한다. 이는 자연스럽게 노력의 통일로 연계된다.

전투의 특성은 불확실성의 연속이기 때문에 계획 수립 자체가 무의미하다고 여길지도 모른다. 하지만 계획 수립의 목적이 불확실성을 제거하거나 최소화하는 것이 아니라 불확실성 속에서도 효과적으로 결심하고 행동하는 것임을 알아야 한다. 계획 수립은 임무수행 과정의 능률을 향상하는 매우 가치 있는 활동인 동시에 시간을 효과적으로 사용하는 것이다.

▌ 계획 수립에서 흔히 발생하는 문제들

계획 수립은 전투를 수행하기 위해 필수적이다. 그러나 몇 가지 공통적인 실수들이 수반될 수 있음을 알아야 이를 방지할 수 있다. 실수의 원인은 주로 예측의 불가능성과 상황의 불확실성을 잘못 인식하는 것에서 비롯된다. 지휘관은 계획 수립의 가치에 대해 확신을 가져야 하는 동시에 실수에 따른 위험성을 인식한 상태에서 계획 수립을 주도할 책임이 있다. 계획 수립 시에 나타나기 쉬운 문제점은 다음과 같다.

미래와는 동떨어진 사태를 예측하는 것이다
이는 미래를 통제할 수 있다는 통상적인 의욕에서 기인한 결과일 수 있다. 일반적으로 상황의 변화 가능성을 과소평가하거나 미래의 상황도 현재 상황의 연속선상에 있을 것이라는 가정하에서 계획을 수립하는 경향이 있다.

너무 구체적으로 계획을 수립하려는 것이다

이는 예측된 상황을 초과하여 필요 이상으로 구체화하는 것을 의미한다. 이러한 오류는 예측이 빗나가도 최소한의 기회라도 남아있기를 바라는 본능적인 욕구에서 초래된다. 일반적으로 상황이 불확실할수록 계획은 구체적일 수 없다. 그럼에도 불구하고 불확실성에 따른 두려움에 대한 본능적인 반응으로 보다 구체적으로 계획을 수립함으로써 가능성 있는 모든 상황이 내포될 수 있도록 노력하는 것이다. 하지만 이러한 노력은 더 큰 두려움을 야기하고 이는 다시 훨씬 구체적인 계획 수립을 요구하게 된다.

> 계획은 단순하고 융통성이 있어야 한다. 사실 계획은 지시가 필요하거나 기회를 제공하기 위해 작성하는 자료의 기준이 된다. 계획은 이를 시행할 인원에 의해 작성되어야 한다.
>
> 〈죠지 S. 패튼, Jr.〉

자신이 원하는 방향으로 각본을 작성하듯 계획을 수립하는 것이다

계획은 관중에 대해 일방적으로 보여주는 연극의 각본이 아니다. 이는 상황에 맞는 계획을 수립하는 것이 아니라 은연중에 계획에 상황을 맞추려는 사고가 우선 작용한 것이라 볼 수 있다.

> 모든 계획은 적용해야 할 행동의 방향이지, 문서에 쓰인 대로 행동해야 하는 각본이 아니다.
>
> 〈미 FM 3-0 『작전』〉

■ 영향 요인을 고려한 계획 수립

　가용 시간, 상황의 불확실성, 전문성과 경험 등은 계획 수립에 지대한 영향을 미치는 요소들이다. 이 중에서 시간은 가장 지배적인 영향 요소라 할 수 있다.

　계획 수립은 가용 시간에 매우 민감하다. 시간이 충분하거나 서두른다고 해서 얻을 수 있는 이점이 없다면 정밀 계획 수립(Deliberate Planning)을 한다. 정밀 계획 수립은 평시에 전시를 대비한 계획을 사전에 수립하거나 정밀한 작전을 개시하기 이전에 이루어진다. 따라서 정밀 계획 수립은 계획이 시행될 당시에 펼쳐질 상황에 대한 가정에 많이 의존하며 보다 구체적이고 통합된 계획을 수립하게 된다. 시간이 촉박하거나 신속하게 조치를 취해야 할 경우에는 급속 계획 수립(Rapid Planning)을 한다. 급속 계획 수립은 현 상황에 기초를 두고 있으며, 변화하는 사태에 보다 민감하고 정밀 계획 수립에 비해 형식상의 구애를 적게 받는다. 정밀 계획 수립을 통해 완벽한 계획을 발전시키는 데는 많은 시간이 소요되므로 시간이 부족할 경우에는 완벽하지는 못하더라도 실행 가능한 계획을 수립해야 한다.

> 즉시 시행할 수 있는 적절한 계획은 차후의 완벽한 계획보다 낫다.
>
> 〈죠지 S. 패튼, Jr.〉

상황의 불확실성도 계획 수립에 영향을 미치는 중요한 요인이다. 확실성이 비교적 높고 마찰이나 적의 간섭이 적을 경우에는 보다 구체적이고 통합된 계획을 수립할 수 있지만, 불확실성이 높은 경우에는 융통성이 많고 쉽게 수정할 수 있는 개략적인 계획이 보다 효과적이다. 일반적으로 작전이 개시되는 시점으로부터 멀어질수록 상황의 불확실성은 증가되며 이에 따라 사실보다는 가정에 의존하여 계획을 수립하게 된다.

또한 참모의 전문성과 경험이 미흡하다는 이유로 계획 수립과 작전 실시의 결과에 대한 지휘책임이 달라지지는 않는다. 참모들의 능력이 부족한 부분은 지휘관이 채워야 한다. 참모들의 능력 정도에 따라 지휘관은 계획 수립 과정에 적극적으로 개입하고 적시에 결심을 해 주어야 한다.

■ 계획의 구비 요건

간결성

간결성은 계획에 반영되는 내용들을 가급적이면 단순화하고 짧은 문장으로 명확하게 표현하는 것이다. 계획에 의거하여 전투를 수행하는 입장에서 볼 때 내용이 복잡하고 중언부언(重言復言)되거나 너무 많은 분량의 단어들로 이루어진 계획은 갈 길 바쁜 사람의 발목을 잡는 오류를 범할 수가 있다. 가능한 모든 상황을 상정하고 매 상황에 대한 구체적인 행동 절차를 일일이 통제하려는 계획은 예하부대가 행동함에 있어서 자유의 폭을 대폭 감소시킬 수 있으며, 계획의 내용이 인과관계가 얽히고설킨 복잡한 문장으로 이루어져 다양한 해석을 가능하게 한다면 의도하지 않은 실수를 범할 수도 있다. 따라서 상황이 허락하는 한 계획은 단순하고 명확하게 작성되어야 한다. 그러나 무조건적으로 단순성을 추구함으로 인해 명확성이 감소된다면 이는 주객이 전도된 것이다. 계획의 내용 중에는 구체성을 요구하는 부분도 있게 마련이다. 예를 들어 지휘관 의도는 예하 지휘관들이 명확하게 이해할 수 있을 정도로 구체적으로 제시할 필요가 있다. 또한 근접항공지원(포병사격, 적 방공망 제압사격, 공역통제, 공중공격 등에 대한 명확한 통제가 요구됨)처럼 다양한 자산이 통합되어 수행되는 국면은 타격효과를 극대화하고 우군의 피해를 방지할 수 있을 정도로 구체적일 필요가 있다.

융통성

융통성은 상황에 따라 다양한 대응 방법을 적용할 수 있을 정도로 운신의 폭이 넓다는 것을 의미한다. 예를 들어 우측 그림과 같이 적이 접근할 수 있는 두 개의 방향(①, ②)에 대비하기 위해 두 개의 부대를 배치할 수도 있지만, 접근로가 하나로 합쳐지는 중앙 종심에 배치한다면 하나의 부대로도 대비가 가능하다.

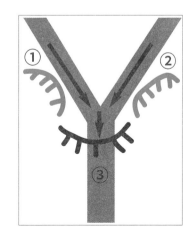

또한 적이 ①, ② 중에서 어느 한 방향으로만 접근해 온다면 그 반대쪽에 배치한 부대는 유휴전투력이 될 수밖에 없다. 반면에 ③방향에 배치한 부대는 양쪽 어느 방향으로 적이 접근해 온다고 해도 대응이 가능하다. 만일 가용한 부대가 부족한 경우라면 하나의 부대로 두 개의 방향을 모두 대비하는 것이 보다 융통성이 있는 조치라 할 수 있다.

또한 예하부대에 대해 너무 세세한 부분까지 통제하지 않고, 제한사항을 최소화함으로써 목적에 부합하는 범위 내에서 행동의 자유를 보장해 주는 것도 융통성을 보장하는 효율적인 방안이다.

■ 계획 수립의 시기

계획은 전투 개시 전에만 국한되어 수립되는 것이 아니다. "최초의 총성과 함께 계획은 무효가 된다."라는 말이 있듯이 전투를 수행함에 있어 상황은 수시로 변화하기 때문에 한 번 수립한 계획 그대로를 작전 전 과정에 걸쳐 적용하기는 어렵기 때문이다.

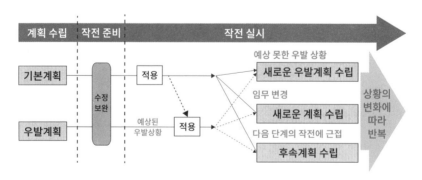

[그림 4-3] 작전의 진행과 계획 수립의 관계

[그림 4-3]은 작전의 진행과 계획 수립과의 관계를 나타낸 것이다. 결론부터 말하자면 작전의 진행은 계획 수립과 작전 실시의 반복적인 과정이라 할 수 있다. 최초 계획을 수립했다 하더라도 계획을 수립하기 위해 가정(假定)했던 상황이 작전을 수행하는 과정에서 가정과는 다른 사실로 확인된 경우에 최초 계획을 그대로 고집할 수는 없기 때문이다. 즉 몇 번이 될지 모르지만 가정이 변경되면 그에 맞춰서 기존의 계획을 그대로 유지할 것인지, 일부 조정하여 적용할 것인지, 완전히 새로운 계획을 수립해서 적용할 것인지를 판단하고 실행하는 과정이 반복되는 것이다. 작전의 진행 과정은 '계획 수립-작전 준비-작전 실시'로 구분할 수 있는데, 각 단계는 계획 수립과 어떤 관계가 있는지 알아보면 다음과 같다.

계획 수립

계획 수립 단계는 작전을 위한 계획을 처음으로 수립하는 과정이다. 처음으로 계획을 수립할 때에는 기본계획과 우발계획을 병행해서 수립한다. 기본계획은 가장 실행 가능성이 높아 우선적으로 적용하기 위해 수립하는 계획이며, 우발계획은 기본계획을 실행하는 과정에서 기본계획에서 판단한 것과는 다르게 적이 행동하는 경우에 대비하여 수립한 계획이다. 다양한 우발계획을 사전에 수립해 놓는다면 작전 실시 간에 발생하는 계획 수립 소요를 최소화하거나 계획 수립 시간을 단축할 수 있다.

작전 준비

작전 준비 단계는 작전을 실시하기 전에 수립된 계획을 효율적으로 실행할 수 있도록 준비를 하는 과정이다. 작전을 준비하는 중에도 시간이 허락하는 한 계획은 계속적으로 보완되어야 한다. 작전 준비 간 예행연습을 통해 계획의 미흡한 점을 발견하였거나 최초 계획 수립 시에는 확인되지 않았던 중요한 정보가 추가적으로 접수되었다면 다시 상황을 판단해 보고 계획을 수정할 수 있어야 한다. 수정된 계획은 작전이 개시되기 이전에 반드시 상·하급 제대에 전파되어야 한다.

작전 실시

작전을 실시하는 과정에서도 최초의 판단과는 다르게 상황이 전개된다면 그 상황에 부합하는 방향으로 계획을 조정해야 한다. 다행히 사전에 판단했던 우발상황과 같다면 이미 수립된 우발계획을 적용하고, 그렇지 않다면 새로운 우발계획을 수립해서 시행해야 한다. 또한 기존의 임무 자체가 변경되어 하달된다면 이를 위한 새로운 계획을 수립해야 한다. 그리고 현재 진행 중인 작전이 종료될 즈음에는 후속해서 계속 진행해야 할 작전을 계획해야 한다.

작전을 실시하는 과정에서 계획을 수립하는 것이 작전 개시 이전에 계획을 수립하는 것과 다른 점은 단지 시간의 제약을 많이 받기 때문에 계획 수립과정을 보다 함축해서 적용하는 것뿐이며, 우리가 반드시 인식해야 할 사실은 어떤 문제도 완전한 해결책은 존재하지 않기 때문에 가장 확실하다고 판단되는 방책을 선택하여 적보다 빨리 이를 실행해야 한다는 것이다.

▌계획 수립의 과정

일반적으로 계획을 수립하는 과정은 아래의 [그림 4-4]와 같으며, 계획 수립 과정의 어느 한 단계에서 문제점이 인식되면 그 이전의 적절한 단계로 되돌려져야 한다.

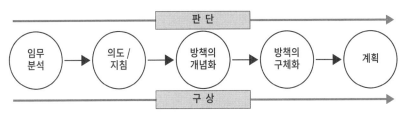

[그림 4-4] 계획을 수립하는 일반적인 과정

판단(Estimate)과 구상(Design)

계획을 수립하는 전(全) 과정에서 공통적으로 이루어지는 사고 활동은 판단과 구상이다. 이는 상황을 판단하고 작전을 구상하는 것을 의미하며, 어느 한 시기에 국한되는 것이 아니라 계획을 수립하는 전체 과정에서 이루어지는 사고의 근간이라 할 수 있다. 그리고 그것은 지휘관 혹은 특정 참모만의 고유영역은 더더욱 아니다.

상황 판단과 작전 구상은 자연스럽게 이루어지는 필연적인 사고 활동이다. 지휘관과 참모들은 계획을 수립하는 동안 끊임없이 판단하고 구상할 수밖에 없다. 그리고 필요한 시기에는 각자의 의견을 교환하고 공론화하기 위해 긴밀한 의사소통을 해야 한다.

임무 분석

계획 수립은 자신의 임무를 명확하게 인식하는 것으로부터 시작한다. 즉 상급부대로부터 하달된 계획이나 명령을 통해 전체적인 작전 속에서 나의 역할은 무엇이며, 내가 해야 할 과업은 무엇인가를 명확하게 정리해야만 이 임무를 달성할 수 있는 계획 수립이 가능하게 된다.

의도 / 지침

임무 분석에 이어서 지휘관은 자신의 의도(지휘관 의도)와 자신이 원하는 방책 수립의 방향을 지침으로 제시해야 한다. 지휘관의 의도와 지침은 가용 시간, 참모들의 전문성과 경험 등에 따라서 구체적인 정도가 달라질 것이다. 만일 참모들의 능력이 제한되거나 시간이 촉박하다면 거의 방책에 가까운 수준으로 지침을 제시할 수도 있다.

방책의 개념화

참모들은 지휘관의 의도와 지침에 입각하여 개념적인 방책을 수립한다. 방책은 2개 이상을 수립하여 이를 면밀히 분석, 비교함으로써 최선의 방책을 골라내는 것이 가장 이상적일 것이다. 하지만 시간적인 여유가 없다면 염두(念頭)에 의거 핵심적인 사항 위주로 판단하여 하나의 방책만을 수립할 수도 있다.

방책의 구체화 및 선택

개념적으로 수립한 방책은 워-게임을 통해 구체화해야 한다. 워-게임을 통해서 부대의 전투력을 구성하는 요소들이 언제, 어디에서, 어떻게 운용되는지를 구체적으로 결정할 수 있다. 또한 워게임을 통해 방책을 구체화하는 과정에서 방책의 장점과 단점들이 드러나게 되는데, 이러한 장단점들은 수립된 각 방책들의 우열을 판단하여 최선의 방책을 선정하는 기준이 된다. 방책을 비교하여 선정할 시 주의해야 할 점은 모든 장점과 단점들의 중요도가 같을 수는 없기 때문에 가중치를 적용해야 한다는 것이다. 예를 들어 지휘관의 의도에 부합되지 않는 단점과 단순히 전투의 효율성을 저해하는 단점이 있을 경우에는 전자(前者)의 단점을 더 높은 비중으로 고려해야 한다는 것이다.

그리고 계획을 수립할 수 있는 시간이 급박하거나 방책의 우열 정도를 염두로 판단할 수 있는 경우에는 시간과 노력을 경감하기 위해 방책을 구체화하기 이전에 최선의 방책을 선택할 수도 있다. 그러나 이때에도 선택된 방책에 대한 구체화는 계획의 완성을 위해서는 필수적으로 실시해야 한다.

계획

선택된 구체화된 방책은 최종적으로 규정된 양식에 의거하여 계획으로 완성된다. 계획은 지시에 의거하여 명령으로 전환되는데, 계획과 명령은 작전명령 5개 항[8]에 입각해서 작성되어 하달된다. 계획은 시간이 허락하는 한 계획이 실행에 옮겨지기 전까지 지속적으로 수정, 보완된다.

---

8) 1. 상황, 2. 임무 3. 실시 4. 작전지속지원 5. 지휘 및 통신

▌계획 수립을 위한 사고의 근간

앞에서 언급하였지만 계획을 수립하는 동안 지휘관 및 참모들은 상황 판단과 작전 구상이라는 두 가지 축을 중심으로 부단하게 사고한다. 하나의 축은 작전을 수행할 수 있는 환경과 여건을 판단하는 것이고, 다른 하나의 축은 작전을 어떻게 수행할 것인가에 대한 복안을 구상하는 것이다. 이 두 가지 축의 사고는 계획 수립은 물론 작전을 준비하고 실시하는 데 있어서도 사고의 근간이 된다. 이는 싸울 수 있는 여건을 판단해 보고 이를 기초로 어떻게 싸울 것인가를 생각하는 근본적이고 자연발생적인 사고 과정이지만 경험과 훈련을 통해서 보다 논리적이고 체계적으로 발전하는 특성이 있다.

상황 판단

어떠한 일을 계획하기 위해서는 그 일을 수행하기 위한 여건이 어떠한지를 판단해 보아야 한다. 예를 들어 어느 곳인가로 여행을 가고자 한다면 여행을 위한 자금은 얼마나 가지고 가야 하고, 어떠한 경로로 갈 것이며, 교통편은 어떤 것들이 있는지, 가고자 하는 날에는 날씨가 어떨 것인지 등등을 따져 보아야 한다. 이러한 판단의 기준은 계획하고자 하는 일에 따라 다를 것이다. 전투를 수행하기 위한 계획을 수립할 경우에는 상황 판단의 적절성에 따라 계획의 실천

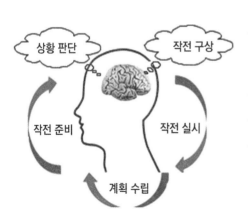

가능성과 효율성은 달라질 수 있음을 인식해야 한다.

METT-TC[9]에 포함된 여섯 가지 요소들은 전투를 수행하는 전술적인 수준에서 상황을 분석하고 판단하는 근간이다. 지휘관 및 참모는 이를 기초로 상황을 판단함으로써 상황에 부합하는 계획을 수립, 시행할 수 있다. 이 요소들은 계획을 수립하기 이전의 특정 시기에만 유효한 것이 아니라 작전을 수행하는 전 과정에 걸쳐 적용하여 유동적인 전장 상황에 신속하게 대처해 나갈 수 있다. 이를 조금 더 확대해서 생각해 보면 군인의 사고는 전·평시를 막론하고 어떠한 상황에서도 METT-TC 요소에 입각하여 부단하게 상황을 판단하는 것이 습성화되어야 한다.

제2장 전술의 원리에서 전투는 피·아의 전투력, 시간, 공간이라는 3가지 요소의 상호작용을 통해 이루어진다고 하였는데 METT-TC는 이들의 상호관계를 논리적으로 분석할 수 있는 틀을 제공하는 것이다. 이 요소들의 적용은 과학적인 근거와 술적인 판단을 모두 요구한다. 각 요소마다 구체적인 자료와 검증된 분석 결과를 활용할 수 있는 부분도 있고 술적인 능력에 의해서 가정할 수밖에 없는 부분도 있기 때문이다.

① 임무(Mission)

'임무'는 작전 목적을 수반한 과업(Task)이다. 작전 목적을 모르고 단순하게 과업만을 수행한다면 상급 지휘관이 바라는 바를 달성하기

---

9) 전술을 구사하는 모든 제대에서 상황을 분석, 판단, 평가하는 데 기본적으로 고려해야 할 요소라는 측면에서 우리 군의 교리에서는 '전술적 고려요소'라는 명칭을 사용하였으나, 현재는 미군 교리를 수용하여 임무변수(Mission Variable)라는 명칭을 사용하고 있다.

어렵다. 지휘관 의도에서 알아보았듯이 똑같은 과업이라 할지라도 목적에 따라 그 수행 방법과 결과가 달라질 수 있다. (앞에서 지휘관 의도를 설명할 때 비행장을 확보하는 과업을 수행하는 경우에 아군 공중강습작전을 할 수 있는 기반을 확보하려는 목적으로 과업을 수행하는 것과 적의 공중강습작전을 거부하려는 목적으로 과업을 수행하는 방법은 서로 다른 최종 상태를 추구하기 때문에 작전을 수행하는 방법에 차이가 있었다는 것을 상기하기 바란다.) 이처럼 임무는 '~을 위해 ~을 한다'라는 방식으로 내가 수행해야 할 과업과 그 과업을 수행하는 목적을 결부시켜 표현한 것이다.

만약 상급 지휘관이 작전 목적을 제시하지 않았거나 불명확한 경우에는 상급 지휘관이 나에게 요구하는 역할이 무엇인지를 파악해야 한다. 이를 위해서는 상급부대의 명령에 제시된 최종 상태와 상급부대로부터 부여받은 과업을 면밀하게 결부시켜 분석함으로써 이해할 수 있는데, 이 역할이 바로 자신의 작전 목적이 되는 것이다.

또한 자신의 작전 목적을 달성하기 위해서는 상급부대로부터 부여받은 과업 이외에도 추가적으로 수행해야 할 과업이 필요할 수도 있다. 전자를 명시과업[10], 후자를 추정과업[11]이라고 한다. 추정과업을 염출하고 그중에서 중요한 것은 자신의 임무에 포함할 수 있는데, 이때에는 작전 목적과 명시과업 및 추정과업을 논리적으로 연결하여 명확하게 하면 그것이 진정한 나의 임무가 되는 것이다.

---

10) 명시과업(明示課業, Specified Task): 상급부대의 명령(계획)에 기술된 나에게 부여된 과업

11) 추정과업(推定課業, Implied Task): 상급부대의 명령(계획)에는 반영되지 않았지만 상급부대의 작전 목적을 달성하기 위해서 나에게 부여된 명시과업 이외에 추가적으로 수행해야 할 과업

  * 추정과업 염출 '예': 상급부대의 명령에서 나에게 부여한 명시과업은 'A고지를 확보하는 것'인데, A고지를 확실하게 감제 및 통제할 수 있는 B고지를 확보하지 않고는 A고지 확보가 불가능하다고 판단될 경우에는 'B고지 확보'를 추정과업으로 염출할 수 있다.

임무는 METT-TC 요소들 중에서 가장 핵심적인 요소이기 때문에 다른 요소들은 임무를 수행하는 데 어떠한 영향을 미치는지에 중점을 두고 분석하게 된다.

작전이 진행되면서 임무가 변경될 수도 있다. 전장 상황이 변화됨으로써 상급 지휘관의 의도가 변경되거나 상급부대로부터 새로운 과업을 부여받을 수 있기 때문이다. 따라서 작전을 실시하는 과정에서는 항상 상급 지휘관의 의도와 과업의 변경 여부를 확인해야 하며, 만일 변경되었다면 이에 따라 자신이 수행해야 할 임무를 재정립해야 한다. 만일 임무를 재정립하였다면 다른 요소들에 대한 재판단이 당연히 수반되어야 하고 이를 통해서 기존의 계획을 조정하거나 새로운 계획을 수립해야 한다.

② **적**(Enemy)

'적'은 전장에서 싸워야 할 상대이다. 전투를 제대로 하려면 작전지역에서 대치하고 있는 적의 실체와 기도를 정확하게 판단할 수 있어야 한다. 이를 위해서는 현시점에서 적의 구성과 배치, 능력, 최근의 현저한 활동 등을 분석하고 이를 기초로 적 지휘관은 어떠한 의도를 가지고 어떤 방법으로 도전해 올 것인지, 그리고 그들의 강점과 약점은 무엇인지를 판단해야 한다.

내가 적을 판단하듯이 적 지휘관 역시 나에 대해서 자신의 의도를 관철시키고자 논리적인 분석과 판단을 할 것이다. 따라서 예상되는 적의 행동을 자의적으로 해석해서는 위험을 초래할 수 있음에 유의해야 한다.

적에 대한 논리적인 분석은 차후에 아군에게 위협이 되는 적의 강점을 회피하거나 최소화하고, 아군에게 호기가 될 수 있는 적의 약점은 극대화하거나 최대한 활용할 수 있는 대응 방책을 수립하는 데 중요한 역할을 한다.

③ 지형 및 기상(Terrain & Weather)

'지형 및 기상'은 전투 3요소 중에서 공간과 시간에 해당한다. 작전지역의 지형 및 기상은 전투력을 운용하기 위한 환경적인 여건으로서 적과 아군에게 공히 마찰요인이자 상승요인으로 작용한다. 작전을 효율적으로 수행하기 위해서는 지형 및 기상이 피·아의 작전에 미치는 영향을 판단하여 이를 효과적으로 이용하거나 대비할 수 있는 전투력 운용 방안을 강구해야 한다.

작전지역 내에서 대치하고 있는 공자와 방자는 동일한 지형과 기상 여건하에서 전투를 수행하지만 작전의 성격이 서로 다르기 때문에 실제적으로 지형과 기상이 미치는 영향도 다르게 나타난다. 따라서 자신의 입장에서만 지형 및 기상을 분석해서는 안 된다. 지형 및 기상이 적과 나에게 미치는 영향을 공히 분석하여 적에게는 마찰요인을 가중시키고 상승요인을 제한해야 하며, 자신에게는 마찰요인을 최소화하고 상승요인을 극대화하는 방향으로 지형 및 기상을 이용할 수 있는 방법을 구상함으로써 적보다 유리한 여건에서 전투를 수행할 수 있어야 한다.

지형은 통상 관측(觀測, observation)과 사계(射界, field of fire)[12], 은폐(隱

---

12) 관측은 육안이나 감시수단을 이용하여 적을 볼 수 있는 능력이며, 사계는 하나 또는 여러 무기가 지정된 진지에서 화력으로 효과적으로 통제할 수 있는 범위이다.

蔽, concealment) 및 엄폐(掩蔽, cover)[13], 장애물(障碍物, obstacle)[14], 중요
지형지물(重要 地形地物, critical terrain feature)[15], 접근로(接近路, avenue of
approach)[16]를 기준으로 판단하는데 이를 지형평가 5개 요소라 한다.
이 요소들은 부대의 임무, 규모, 성격에 따라 분석 관점과 중요도는
달라질 수 있다.[16]

기상은 통상 지휘통제, 정보, 기동, 화력, 방호, 작전지속지원 등 전
투수행기능(WFF: Warfighting Function)[17]에 미치는 영향을 기준으로 판
단한다.

④ 가용부대(Troops & Support available)

'가용부대'는 내가 직접 사용하거나 지원을 받을 수 있는 모든 유형
및 무형 전투력을 통합한 총체적인 전투 역량을 의미한다. 자신에게
주어진 과업을 수행하기 위해서는 가용부대의 능력을 정확하게 평가
할 수 있어야 한다. 만일 능력을 초과하는 다수의 과업을 부여받았다
면 우선순위를 정하여 순차적으로 과업을 수행하든지, 아니면 상급부
대에서 지원 가능한 추가적인 부대 소요를 산출하여 건의해야 한다.

작전수행 간에도 지휘관과 참모는 적에 대해서만 관심을 집중하는

---

13) 은폐는 적의 관측으로부터 보호되나 적의 화력으로부터는 보호받지 못하는 것을 말하며, 엄폐
　　는 자연 또는 인공적인 장애물에 의하여 적의 관측과 직사화기의 사격으로부터 보호되며 곡사
　　화기 사격으로부터 부분적으로 보호되는 것을 말한다.
14) 장애물은 적의 이동을 저지, 지연 또는 전환시키는 지형, 토질 그 자체와 그러한 목적을 위해 인
　　위적으로 조성한 것으로, 자연장애물과 인공장애물로 분류된다.
15) 중요 지형지물은 피·아가 탈취, 확보, 통제함으로써 현저한 이익을 주는 국지 또는 지역을 말한다.
16) 접근로는 일정한 규모의 부대가 전투에 유리한 대형으로 목표나 중요 지형지물에 용이하게 도
　　달할 수 있는 지상 또는 공중 통로를 말한다.
17) 본 장의 4항인 전투력 운용 참조

것이 아니라 자신의 가용부대가 어디에서 무엇을 하고 있으며, 현재의 전투력 수준과 처한 상황은 무엇인지, 그리고 어떠한 상태(부대의 특성, 전투 준비 태세, 작전반응 속도, 강점 및 제한사항 등)에 있는지 등을 부단하게 파악하고 있어야 한다. 그래야만 상황 변화에 즉각적인 대응이 가능하다.

예를 들어 현재 방어진지가 돌파되어 예비대로 역습을 하고자 하는데 예비대가 적의 화력으로 이미 무력화된 경우, 예비대의 전투력은 우수하지만 현 위치가 돌파구로부터 너무 멀리에 있어서 작전반응 속도가 너무 느린 경우, 예비대가 사용해야 할 이동로를 침투한 적 부대가 선점하고 있는 경우 등에는 역습을 시행할 수 없다. 더욱 문제가 되는 것은 예비대가 심각한 상황에 처해 있는 줄도 모르고 역습을 결심하여 실행에 옮겼다면 그로 인해 작전에 엄청난 차질을 빚게 될 것이다. 또 다른 예로서, 거의 무방비 상태로 밀집되어 있는 적 주력부대를 식별하여 이를 화력으로 격멸할 수 있는 호기를 포착했는데 정작 포병부대의 탄약이 소진되어 있다면 승리를 결정지을 기회를 놓치게 된 것이다. 포병부대의 상태를 정확히 파악하고 있었다면 사전에 이를 보충함으로써 결정적인 타격을 가할 수 있었는데도 말이다.

지휘관은 가용부대의 열세를 패배에 대한 변명으로 삼아서도 안 되고, 가용부대의 우세로 방심하는 우를 범해서도 안 된다. 항상 가용부대의 우세를 달성할 수는 없으며, 비록 적보다 우세한 경우라도 틀에 박힌 전투력 운용 방법으로는 결코 승리를 장담할 수 없기 때문이다. 가장 중요한 사실은 전투의 승리는 가용부대의 우열에 우선하여 지휘관의 슬기롭고 창의적인 전투력 운용이 전제되어야 한다는 것이다.

⑤ 가용시간(Time available)

'가용시간'은 상황을 인지한 순간부터 이에 대응하기 위한 행동이 개시되기 직전까지 경과되는 시간 또는 피·아의 작전속도를 고려한 상대적인 시간을 의미한다. 작전을 수행하는 과정에서 가용시간의 효율적인 사용은 작전의 템포를 증진하는 데 결정적인 역할을 한다.

가용시간이 충분하다면 주도면밀하게 계획을 수립하고 세부적인 준비가 가능하지만 가용시간이 부족하다면 계획 수립과 작전 준비 과정에서 구체적인 협조와 전투력의 통합이 제한될 수밖에 없다. 가용시간이 많고 적음에 관계없이 상급 지휘관은 가용시간 중 대략 2/3 이상을 예하부대에 할애해야 한다. 시간이 부족한 경우에는 계획 수립 과정을 축약시키거나 상·하 제대가 동시에 계획을 수립하고 준비명령[18]을 적시 적절하게 하달하는 등의 대책을 강구해야 한다.

작전 실시 간에는 대응방책을 수립하기 위한 가용시간 판단이 매우 중요하다. 왜냐하면 시시각각으로 변화하는 전장 상황 속에서 상황 판단과 결심에 소요되는 시간이 지체되어 대응 시기를 상실하게 되면 적의 위협이 확대되거나 호기를 놓치는 결과를 초래하여 적에게 주도권을 박탈당할 수 있기 때문이다. 작전 실시 간의 대응 방책은 피·아가 현 상황에 대응할 수 있는 작전 속도를 고려하여 아군이 상대적인 시간의 우세를 달성할 수 있어야 한다. 예를 들어 전선이 돌파되는 상황을 타개하기 위해 역습을 시행하고자 하는 경우에 역습을 결심한 시기로부터 역습부대가 적의 증원부대보다 돌파구에 도달하는 시간이 빨라야 하며, 이를 보다 확실하게 하기 위해 적의 증원부대를 지연

---

18) 준비 명령은 작전을 준비하는 시간을 확보하기 위한 목적으로 완전한 명령을 하달하기 이전에 현재까지 작성한 주요 골자를 먼저 하달하는 것이다.

또는 차단할 수 있는 추가적인 조치를 강구할 수 있을 것이다.

⑥ 민간 요소(Civil considerations)

'민간 요소'는 작전지역 내의 주민, 정부기관 및 비정부기구, 언론 등과 같은 민간기관과의 협조 및 상호지원 등에 관련된 것들을 말한다. 비록 비군사적인 요소이지만 현대전에서는 군사작전에 미치는 영향이 지대하기 때문에 이들은 반드시 효과적으로 통제, 협조, 관리되어야 한다.

현대전은 자국민의 생명과 재산, 그리고 인간 기본권을 보장해야 됨은 물론 상대하는 적국의 주민에게도 국제법과 협약 등에 따라 동일한 권리를 보장해 줄 것을 요구받고 있다. 이를 준수하지 않을 경우에는 전쟁에 대한 혐오와 인간 경시에 대한 부정적인 여론이 언론매체를 통해 자국민과 세계 각국에 전파되어 대단한 압력으로 작용하게 될 것이며, 이에 따라 전투원의 사기와 의지는 물론 전투의 승패에도 직접적인 영향을 미치게 될 것이다. 따라서 민간 요소가 작전에 미치는 영향을 분석하고 이를 최소화할 수 차원에서 작전을 계획하고 시행해야 한다.

또한 전투 간에도 민간인의 인권과 각종 권리를 보장해야 한다. 이를 위해서는 작전지역 내의 각종 기관과의 협조 및 상호 지원뿐만 아니라 민간인 보호에 대한 국제조약 등에 대해 명확하게 이해하고 작전을 수행해야 한다. 또한 작전지역 내 민간인의 소산(消散), 피난민의 철수로 판단과 유도, 적과 민간인의 분리, 유언비어 통제 및 해명, 작전의 정당성 홍보, 선무 및 심리전 활동 등을 효과적으로 실시하여 민간 요소로 인한 작전 방해요인을 최소화해야 한다.

그러나 전투 현장에서는 비무장 민간인이라 할지라도 전투에 직간접적으로 영향을 미치는 적성(敵性) 국민일 경우에는 그 권리를 보장할 수 없으므로 적절한 통제대책을 강구해야 한다. 또한 언론매체의 보도가 전투원의 사기와 국민 여론에 미치는 영향을 고려하여 공보기구를 통한 이들과의 긴밀한 협조체제를 유지하고 무분별한 보도 및 취재를 통제해야 한다.

작전 구상

상황 판단이 작전을 수행하기 위한 환경과 여건이 어떠한지를 판단하는 것이라면 작전 구상은 그 환경과 여건 속에서 작전을 어떻게 수행할 것인가에 대한 복안을 형성하는 과정이다. 우리 군에서 작전 구상(Operational design)이라는 용어를 사용한 것은 1990년대 중반 미군의 작전술 교리를 받아들이면서부터이다. 그리고 얼마 지나지 않아서 작전 구상을 전술에까지 확장하여 적용하기 시작했다.

작전 구상은 작전 구상 요소라는 개념적인 도구를 이용한다. 돌이켜 보건데 작전 구상이 처음 교리로 정립된 초기에는 작전 구상 요소에 대한 이해가 부족하여 이를 실제로 적용하기보다는 그 개념과 실체가 과연 무엇인지를 파악하는데 급급했던 감이 있다. 어찌 보면 당시에는 작전술이라는 개념부터가 새로운 것이었기에 작전 구상 또한 그 개념을 정확하게 이해하기가 어려웠고 그것이 마치 신비로운 사고의 영역인 것처럼 느껴지기도 한 것이 사실이다. 또한 이 애매한 개념이 전술교리에 반영되고 나서부터 또다시 그 개념과 전술에의 적용 가능성에 대해서 많은 논의가 있었다. 이제는 대부분 작전 구상과 작전 구상 요소에 대한 개념을 자연스럽게 이해하고 적용하는 분위기가 된 듯하다.

작전 구상 요소는 전장의 복잡한 문제를 이해하고 자신의 의도와 개략적인 작전 개념을 발전시킬 수 있는 개념적인 도구이자 사고의 틀이라 할 수 있다. 작전의 수행 범위가 광범위하고 부대의 규모가 크며 다양한 형태의 작전을 수행할수록 적용해야 할 작전 구상 요소가 많아질 수밖에 없고, 필요에 따라 요소가 추가될 수도 있다. 즉 기본적인 요소들은 고정적으로 적용되지만 많은 요소들은 가변적인 것들이다.

작전 구상 요소의 적용은 작전적 수준에서는 매우 유용하지만 전술적 수준에서는 유용성이 감소한다. 또한 이러한 현상은 하급제대로 갈수록 현저하게 나타난다. 실제로 작전적 수준에서는 전략지침을 최초로 군사작전 계획으로 전환해야 하고, 장기간에 걸쳐 대규모의 작전을 수행해야 하며, 군사 이외의 분야에 대해서도 관심을 가져야 하기 때문에 작전 구상이 매우 큰 비중을 차지한다. 하지만 전술제대는 상급부대의 계획 또는 명령에 작전지역과 과업이 명확하게 제시되며 작전지역이 비교적 협소하고 가용 전투력의 변화가 크지 않기 때문에 작전술에 비해 작전 구상 요소라는 개념적 도구의 힘을 빌릴 필요성이 크지 않다. 그러나 작전 구상은 말 그대로 제대의 규모에 관계없이 작전에 참가해야 할 지휘관과 참모가 반드시 하게 되는 필연적인 사고과정이다. 전투를 앞두고 내가 작전을 어떻게 수행할 것인가에 대한 복안을 구상하지 않는 지휘관과 참모가 있을 수 있겠는가?

작전 구상 요소의 개념을 잘 이해하기 어렵다면 조금 더 단순하게 생각해 볼 필요가 있다. 앞서 설명했듯이 작전을 구상하지 않는 지휘관과 참모는 없다. 같은 맥락에서 먼 과거에서도 작전 구상이라는 용어는 없었지만 작전 구상은 자연스러운 사고과정으로서 틀림없이 적용되었을 것이다. 작전계획의 백미라고 불리는 1차 세계대전을 준비한 독일의 슐리펜 계획, 나폴레옹 전쟁 시 대우회 기동으로 오스트리아군을 격파한 나폴레옹의 울름전역 등 수많은 전사에서 당시의 지휘관들은 나의 주력을 어느 방향으로 기동시킬 것인지, 작전에 긴요하여 반드시 확보해야 할 지점은 어디인지, 투입한 부대들이 언제, 어디까지 진출할 수 있을 것인지 등등 여러 가지를 고려하면서 작전을 구상했을 것이다. 군사이론가들이 이러한 고려 요소들 중에서 핵심적인 요소들을 도출해서 적절한 용어로 명명하고 그 의미를 논리적으로 정리한 것이 점차 교리로 정착된 것이다.

작전 구상 요소는 필요에 의한 것이기 때문에 고정적이지 않다. 시간의 경과에 따라 과거와 현재가 다를 수 있고, 동시대(同時代)라도 군사사상, 군사이론 및 교리, 피·아 부대의 특성, 지형 및 기상적인 여건 등에 따라 얼마든지 다를 수 있다. 중요한 것은 모든 작전 구상 요소들이 개별적인 산물을 요구하는 독립적인 요소가 아니라 상호 연계하여 복합적으로 사고함으로써 전체적인 작전의 윤곽을 형성하는 수단임을 인식하는 것이다.

전술제대에서 기본적으로 적용되는 작전 구상 요소는 최종 상태, 중심, 결정적 지점, 작전선, 작전한계점 등이다. 계획 수립 시 지휘관은 작전을 구상하여 지휘관 의도와 계획지침을 제시해야 하며, 작전 실시 간에는 변화하는 상황 속에서 적절한 대응지침을 제시해야 한다.

① 최종 상태(End State)

최종 상태는 지휘관 의도에서 설명하였듯이 전투를 통해서 최종적으로 조성해야 할 조건 또는 상태를 말한다. 부대가 부여된 과업을 완수하는 것만으로는 상급 지휘관의 의도를 달성하였다고 보기 어렵다. 왜냐하면 상급 지휘관은 작전을 완전히 종결시키거나 연속적으로 진행될 차후 작전을 위해 특정의 조건(상태)을 조성해 줄 것을 예하 지휘관에게 요구하기 때문이다.

최종 상태는 일반적으로 적 주력의 격멸 수준, 특정지역의 확보 및 통제, 아 전투력의 수준과 작전지속능력, 주민 및 적대세력과 부대와의 상호관계 등과 관련하여 설정하고 이를 지휘관 의도에 반영한다. 먼저 최종 상태가 설정되면 그 이외의 작전 구상 요소를 적용하여 최종 상태를 달성하기 위한 작전수행 복안을 구상한다.

② 중심(重心, COG: Center of Gravity)

중심은 피·아 힘의 원천이나 근원이 되는 것으로 이를 파괴하면 전체적인 구조가 균형을 잃고 붕괴될 수 있는 물리적·정신적인 요소이

다. 적 전체를 격멸하는 것은 시간과 노력이 많이 투자되고, 자신의 피해도 그만큼 클 것이므로 비경제적인 동시에 인명피해를 최소화하려는 현대전의 기본 성격에도 부합되지 않는다.

따라서 적의 중심을 잘 식별해서 이를 파괴한다면 나의 피해도 줄이면서 보다 효과적으로 적을 붕괴시킬 수 있다.

예를 들어, 다음 그림과 같은 수레는 무거운 물건을 비교적 손쉽게 운반하는 역할을 한다. 이 수레를 못 쓰게 만들려면 수레 전체를 파괴하는 방법도 있지만 수레바퀴의 중심축인 허브(hub)만을 정확하게 파괴함으로써 수레의 역할을 할 수 없게 만드는 것이 가장 힘을 덜 들이면서 피·아의 피해를 최소화하는 가장 효과적인 방법이다. 중심은 이처럼 수레의 중심축과 같은 것이다.

중심은 전략적·작전적 수준에서 매우 유용한 요소이다. 전략적·작전적 수준에서는 적을 유기적인 체계로 인식하고 그 체계를 근원적으로 유지하는 핵심요소를 중심으로 식별하여 이에 대한 직·간접적인 접근방법을 모색한다. 그러나 전술적 수준에서는 통상 중심을 식별하여 접근방법을 모색하기보다는 적의 주 타격대상을 직접적으로 목표 또는 핵심표적으로 선정하여 관리한다. 전술적 수준에서 수행하는 전투는 전략적·작전적 수준처럼 광범위하거나 대규모의 작전을 수행하는 것도 아니고 고려해야 할 사항이 많거나 복잡하지도 않기 때문에 비교적 단순하게 접근하는 것이 오히려 효과적이기 때문이다.

그러나 전술제대에서도 적이 비대칭적 우위를 점하고 있는 요소 또는 특정 상황에서 핵심적으로 전투력을 발휘하는 요소 등은 중심으로 식별할 수 있다. 예를 들어 대전차화기를 보유하지 않은 보병부대를 공격하는 적의 전차부대, 하천을 도하하려는 적의 도하기재 집적소, 개활지를 극복하면서 공격하는 아군부대에 치명적인 타격을 가할 수 있는 적의 특화점[19], 대량살상무기나 이를 투발하는 수단 등은 중심으로 선정하여 대책을 강구할 수 있다.

또한 적의 중심을 식별하여 이를 타격하듯이 아군에게도 중심이 존재한다. 따라서 적의 중심을 타격하기 위해 투자하는 노력만큼 나의 중심을 보호하기 위한 노력도 투자해야 한다.

> 先奪其所愛, 則聽矣.
> 선 탈 기 소 애   즉 청 의
> 먼저 적이 가장 소중히 여기는 것을 빼앗으면 내 요구를 받아들일 수밖에 없다.
>
> 〈孫子兵法, 九地編〉

③ 결정적 지점(DP: Decisive Point[20])

결정적 지점은 적에 대해 현저한 이점을 얻거나 승리를 달성하는 데 물리적·심리적으로 기여하도록 만들 수 있는 지리적 장소 또는 주요 사태를 말한다.

전술제대에서 결정적 지점은 특정의 주요 사태와 결부된 시간과 공간으로 식별한다. 주요 사태가 발생하는 시·공간에 대한 사고 과정

---

19) 특화점(特火點, pillbox)이란 콘크리트, 강철 또는 마대 등을 이용하여 특별히 공고하게 구축한 진지를 말한다. 통상 기관총 및 대전차화기 등 화력을 증강하여 배치하며, 일명 토치카(tochika)라고도 한다.

20) Decisive Point를 번역한 용어로서 '결정적 지점'을 사용하고 있다. 그런데 지점(地點)은 물리적인 공간인 특정 지역이라는 의미로 한정되지만 실제 원어인 point는 특정 시기의 주요 사태까지 포함되는 개념이므로 이에 유의하여야 한다.

을 통해 언제, 어디서, 누가, 어떻게 특정의 주요 사태에 대응할 것인가를 연계하여 구상함으로써 전반적인 작전수행 복안이 형성되는 것이다. 즉 결정적 지점은 전술제대에서 작전의 뼈대를 가시화(可視化, visualization)하는 핵심적인 요소라 할 수 있다.

공격작전을 위한 작전 구상 시 결정적 지점은 중간 및 최종 목표를 설정하고 이를 탈취하기 위한 전투력 운용을 구상하는 데 기초를 제공하며, 방어작전 시에는 전투력의 배치 및 공세행동을 위한 지역을 설정하고 이와 연계한 전투력 운용을 구상하는 데 도움을 준다.

④ 작전선(Line of Operations)

작전선은 부대의 현 작전기지나 배치 지역으로부터 일련의 목표들을 연결하는 개념적 또는 지리적인 방향을 말한다.

전술제대에서 작전선은 통상 주(主) 노력이 지향하는 방향으로서 결정적 지점과 연계하여 구상한다. 작전선은 보편적으로 하나의 방향을 구상하지만 부대의 규모와 작전의 성격에 따라 다수의 작전선을 고려할 수도 있으며, 반대로 고려하지 않을 수도 있다.

공격작전 시에는 주(主) 전투력이 지향되는 방향을 결정적 지점과 연계하여 구상하고, 방어작전 시에는 아군이 방어력을 발휘해야 할 결정적 지점을 적의 주 전투력이 지향되는 방향과 연계하여 구상한다. 이처럼 작전선과 결정적 지점을 연계하여 구상함으로써 해 제대의 결정적 작전을 수행하는 주체와 시기, 장소, 대상 등에 대한 복안이 형성된다. 피·아가 혼재된 상황이나 비정규작전, 안정화작전 등과 같이 작전이 연속적으로 진행되지 않는 경우에는 특정의 주요 사태들에 대한 대응개념을 단계적으로 구상하는 개념적이고 논리적인 작전선[21]을 구상한다.

⑤ **작전한계점**(Culminating Point)

작전한계점은 작전부대가 전투력의 손실이나 보급의 제한 등으로 인해 더는 현재의 작전을 수행하기가 어려운 시점 또는 지점을 의미한다. 공자는 공세를 더 유지할 수 없을 때, 방자는 방어 또는 공세행동을 더 수행할 능력이 없을 때 작전한계점에 도달한 것이다. 만일 작전한계점에 도달한 사실을 인지하지 못하고 현재 수행 중인 작전을 지속할 경우에는 회복이 불가능한 상태로 진전되어 차후 작전을 기약하기 어려운 상황에 직면하게 되므로 항상 작전한계점을 예측 또는 파악하여 적절한 조치를 취해야 한다.

❖ **작전한계점을 무시한 사례**(낙동강 방어선에 대한 북괴군의 공세)

6·25전쟁 시 후퇴를 거듭하던 한국군과 유엔군은 1950년 8월 초에 남북으로 약 200Km, 동서로 약 100Km에 이르는 낙동강 방어선을 형성하였다. 미 제8군 예하의 4개 사단은 서부지역의 낙동강 선에서, 한국군 5개 사단은 북부지역의 왜관-영덕을 연하는 선에서 방어진지를 편성하였다.
북괴군은 마지막 남은 총력을 기울여 8월 공세('50.8.5~20)와 9월 공세('50.8.31~9.15)를 감행함으로써 포위망을 압축하여 일격에 부산을 점령하려 하였다. 그러나 실제적으로 북괴군은 1950년 8월 초순에서 중순경에 이미 작전한계점

---

21) 물리적인(physical) 작전선과 논리적인(logical) 작전선의 차이를 이해하기 용이하게 휴가계획을 비유하여 설명하면 다음 그림과 같다.

에 도달하였다.[22] 결국 북괴군은 유엔군의 기동예비대를 이용한 효율적인 방어와 해·공군에 의한 후방공격으로 전투력이 저하되었으며, 후속지원 및 작전지속 능력의 한계를 극복하지 못하고 유엔군의 총반격에 패주하였다. 북괴군의 입장에서는 작전한계점에 도달한 상태에서 계속 공격하기보다는 낙동강 방어선에서 일시적으로 전열을 재정비하고 필요한 전투력 보충이 이루어진 후에 공세를 다시 시작하는 것이 현명하였을 수 있다.

계획 수립 시 작전한계점의 판단은 부대의 보편적인 능력을 고려할 수도 있지만 지형적인 마찰과 전투의 치열도 등을 추가적으로 고려해야 하며, 작전 실시 간에는 자원의 부족, 수송능력의 제한, 과도한 진출, 전투력 손실 등을 고려해야 한다. 또한 지휘관은 부대가 작전한계점에 도달하기 이전에 임무를 완수할 수 있도록 작전을 구상해야 한다. 이를 위해 작전 형태[23]의 변경, 작전의 단계화, 전투 편성의 조정, 전투력 복원, 예비대의 투입, 전술집단의 변경, 추가적인 전투력 할당 또는 보충, 작전템포 조절 등의 자체적인 조치를 취하고, 필요시에는 상급부대에 전투력의 추가 할당을 요구해야 한다.

작전한계점은 나에게만 찾아오는 것이 아니다. 지휘관은 적의 작전

---

22) 낙동강 방어선에서의 피·아 전투력 비교

1950. 8. 4.		1950. 9. 1.	
한국군 및 미군	북괴군	한국군 및 미군	북괴군
▶ 한 5개 사단(37,700명) ▶ 미 3개 사단(36,000명) ▶ 군 예비 1개 사단 ▶ 해병 1개 여단	▶ 10개 사단(63,600명) ▶ 유격 1개 연대(1,500명) ▶ 전차 1개 사단(6,000명) −T-34 40대	▶ 한 6개 사단(91,700명) ▶ 미 4개 사단(87,600명) ▶ 미 해병1개 여단, 영연방 27여단	▶ 13개 사단 ▶ 전차 105사단, 16,17기갑여단
계 : 84,200명	계 : 82,100명	계 : 179,930명 전차 500대	계 : 98,000명 전차 100대

23) 공격작전의 형태에는 접적전진, 급속공격, 협조된 공격, 전과확대, 추격이 있으며 방어작전의 형태에는 지역방어, 기동방어, 지연방어가 있다.

한계점에 대해서도 관심을 가져야 한다. 특히 작전 실시 과정에서 적이 작전한계점에 도달한 징후를 포착하였다면 이를 적시에 활용해야 한다. 6·25전쟁 시 중공군은 한번 공세를 취하면 식량 및 보급물자의 제한으로 인해서 대략 10일 정도밖에 기세를 유지하지 못했다. 당시 유엔군은 이를 인지하고 공세 초기에는 방어를 취하여 아군의 피해를 최소화하였다가 10일 정도가 경과되면 강력한 화력과 함께 반격하여 적의 출혈을 강요하는 작전을 수행하여 큰 효과를 보았다.

⑥ 작전단계화(Operation Phasing)

작전단계화는 부대의 능력이나 수행해야 할 작전의 성격을 고려하여 작전을 수 개의 단계로 구분해서 순차적으로 임무를 수행하는 것을 말한다.

전술제대에서는 적의 능력 및 가용방책, 아군의 전투력과 위치, 작전 형태의 변경, 부대의 작전 범위(작전 가능한 거리와 시간), 작전지역의 특징, 작전지속지원 능력 등을 고려하여 작전단계화를 구상한다. 그러나 특별한 이유 없이 불필요하게 작전을 단계화하면 작전수행의 복잡성을 증대시켜 오히려 작전의 효율성을 감소시킬 수 있으므로 작전을 반드시 단계화할 필요는 없다. 또한 작전을 단계화하여 계획을 수립한 경우라도 현 단계의 작전을 계속하여 유지하는 것이 효과적이라고 판단되면 단계별 작전을 적용하지 않을 수 있으며, 그 반대가 될 수도 있는 것이다.

3. 전투력의 조직

　'조직한다'라는 의미는 집단이 공동의 목적을 달성하기 위하여 인적 및 물적 자원을 유기적으로 결합하여 조화시키는 것이다. 따라서 전투력의 조직이란 부대가 전투력을 보다 효율적으로 발휘할 수 있는 조직으로 만든 상태 또는 만드는 과정을 의미한다. 대부분의 부대들은 평상시에는 인사, 행정, 보급, 정비업무 등 부대 관리의 효율성을 고려하여 단일 병과 위주로 편성되어 있지만, 전시가 되면 부여된 임무를 수행하는 데 최상의 전투력을 발휘할 수 있는 조직으로 재편성되어야 한다.

　부대가 최상의 전투력을 발휘하도록 하려면 적(Enemy), 지형 및 기상(Terrain & Weather), 가용시간(Time available) 등의 여건을 고려하여 부여된 임무(Mission)를 수행할 수 있는 조직(Troops & Support available)으로 만들어져야 한다. 이렇게 볼 때, 부대를 싸울 수 있는 조직으로 만든다는 의미는 METT-TC 요소를 고려하여 부대를 전투 3요소에 조화되는 조직으로 만든다는 의미로 볼 수 있다.

　전투력을 조직하는 방법에는 전술적인 임무 부여, 전투 및 작전지속지원 능력 보강, 지휘 및 지원관계 설정 등이 있다.

■ 전술적인 임무 부여(전술집단 편성)

축구에 대해 조금 안다고 생각하는 사람들이 팀을 만들어 경기를 할 때에는 구성원의 능력을 고려해서 포지션과 역할을 분담한다. 그래야 경기를 쉽고 효율적으로 풀어나갈 수 있기 때문이다. 그러나 어린아이들이 동네 축구를 하는 경우에는 너도나도 골을 넣고 싶어서 중앙공격수 역할만 하려고 아우성이다. 상대편 역시 그런 현상이 발생한다면 경기의 결과를 알 수는 없겠지만 상대편이 공격, 허리, 수비에 대한 역할을 잘 분담해서 조직적으로 경기에 임한다면 그 결과는 뻔할 것이다. 하물며 생사가 걸린 전투를 수행하는 데 있어서 역할 분담이 제대로 이루어지지 않는다는 것은 도저히 용납할 수 없을 것이다.

하나의 부대는 일반적으로 여러 개의 예하 부대들로 구성되어 있다. 따라서 예하 부대들에게 적절하게 역할을 분담해 줌으로써 이들이 수행하는 전투가 서로 유기적으로 연계되고 궁극적으로는 지휘관이 원하는 작전 목적과 최종 상태 달성으로 연결된다. 이처럼 지휘관은 예하의 각 부대에게 전술적 임무를 부여함으로써 저마다의 역할을 지정해 주어야 한다.

전술적 임무는 공격작전이나 방어작전 공히 세 가지의 기본적인 역할이 우선적으로 주어진다. 가장 중요한 임무를 수행하는 역할, 그에 대한 보조적인 역할, 우발 상황에 대비하는 역할이 그것이다. 이러한 역할을 부여받은 부대를 일반적으로 주노력부대(main effort), 보조노력부대(supporting effort), 예비대(reserve)라 하며 이들을 통칭하여 전술집단(戰術集團)이라 한다.

주노력부대는 공격작전의 경우 주공을 의미하며, 방어작전의 경우에는 적의 주력이 집중적으로 투입되는 방향에서 운용되는 주방어부대를 의미한다. 주노력부대에게는 통상 자원할당 및 지원의 우선권을 부여한다. 보조노력부대는 공격작전의 경우 조공을 의미하며, 방어작전의 경우에는 적 주력이 지향하지 않는 방향에서 운용되는 주방어부대를 의미한다. 보조노력부대는 주노력부대가 작전을 성공할 수 있도록 보조하는 역할을 수행한다. 예비대는 투입되기 이전까지는 전투력을 최대한 온전하게 보존하다가 우발상황에 대처하는 부대로서 주노력부대가 운용되는 지역에 우선적으로 투입된다. 투입된 예비대는 가장 결정적인 작전에 투입되는 것이 일반적이기 때문이다. 예비대가 일단 투입되면 통상 주노력부대로 변경된다.

이 외에도 추가적으로 편성할 수 있는 전술집단으로는 적지종심작전부대, 경계부대가 있다. 적지종심작전부대는 적이 위치한 종심지역에 투입되어 적을 탐지 또는 타격하거나 화력을 유도함으로써 주노력 또는 보조노력부대가 전투하기에 유리한 여건을 조성해 주는 역할을 하고, 경계부대는 본대의 전·후·측방에 대하여 경계를 제공하는 동시에 적을 조기에 전개시키는 역할을 한다.

또한 전투력에 여력이 된다면 후속지원부대[24], 후방지역작전 전담부대[25] 등의 추가적인 전술집단 편성도 가능하다. 그리고 이외에도 작

---

24) 후속지원부대란 주공 또는 조공을 후속하면서 지원하고 유사시 주공 또는 조공의 임무를 인수하여 계속 공격하는 전술집단을 말한다.
25) 각급 제대의 후방지역에서 적 특수작전부대의 위협으로부터 후방지역의 안정과 작전지속능력

전의 형태에 따라 전술집단은 여러 가지 명칭으로 지칭될 수 있다. 예를 들어 공격작전 시에는 전과확대부대(전과확대작전 시), 정면압박부대·퇴로차단부대(추격작전 시) 등으로, 방어작전 시에는 고착부대·유인부대·타격부대(기동방어 시) 등으로 명명할 수 있는데, 그 명칭은 해당 교리에 명시되므로 그대로 사용하면 된다.

  각 전술집단은 자신에게 부여된 역할을 수행해야 하는데, 그 역할들이 서로 잘 연계되어야 상급부대의 전체적인 작전이 유기적으로 진행될 수 있다. 즉 어느 한 전술집단의 역할은 다른 전술집단들의 작전이 성공하기 위한 필요조건이 되기 때문에 어느 한 전술집단이라도 제대로 자신의 역할을 다하지 못한다면 전체 작전을 그르칠 수 있다. 마치 오른쪽 그림처럼 각각의 톱니바퀴들이 다른 톱니바퀴들에 동력을 전달하는 것과 마찬가지이다.

■ 전투 및 작전지속능력 보강

제병협동부대 편성
  전술적인 임무에 따라 편성된 각 전술집단들이 다양한 적의 위협과 지형 및 기상의 제한사항을 극복하면서 주어진 역할을 다할 수 있

을 보장하기 위해 탐색 및 정찰, 기동타격, 선점, 차단, 경계지원 등의 임무를 수행하는 전술집단이다.

도록 하려면 제병협동부대로 이들을 조직해야 한다. 제병협동부대 (Combined Arms Group)는 2개 이상의 병과[26]로 구성된 결합체로서 통상 보병, 기갑, 공병, 포병, 방공, 항공, 정보통신, 방공, 화학, 정비, 보급 및 수송, 의무, 군사경찰 등이 결합된 형태로 조직된다. 제병협동부대로 편성되면 평시의 기본편성보다 전투능력과 작전지속능력이 보강된다. 대대급 이상의 전술제대는 가능한 병과의 범위 내에서 제병협동부대로 편성하는 것이 원칙이다.

제병협동부대가 작전을 성공적으로 수행하기 위해서는 협동성(協同性)을 구비하는 것이 필수적이다. 협동성은 제병협동부대의 모든 구성 요소들이 지휘관의 의도에 부합되도록 팀워크를 발휘함으로써 승수효과를 달성하고자 하는 의지와 능력이다. 협동성은 구성 요소들의 개개의 능력을 단순히 합한 것보다 강한 전투력을 창출할 수 있다. 제병협동부대는 편성, 무기체계, 상호신뢰, 운용술 측면에서 협동성을 발휘하여야 한다.

① 제병협동부대의 편성(organization)은 해당 전술집단의 역할에 부합되어야 하고, 상호 능력과 기능을 고려해야 한다. 또한 이들 구성체에 대한 지휘체계를 일원화함으로써 조직적인 전투력 발휘가 가능해야 한다.

② 각 병과가 보유한 무기체계의 능력과 강점을 충분히 활용하는 동

---

26) 육군의 병과는 크게 기본병과와 특수병과로 구분된다. 이 중 기본병과는 다시 전투병과, 기술병과, 행정병과로 구분되는데, 전투병과에는 보병, 포병, 기갑, 공병, 정보통신, 정보, 방공, 항공이 포함되며, 기술병과에는 화학, 병기, 병참, 수송이 포함되고, 행정병과에는 부관, 군사경찰, 재정, 정훈이 포함된다. 그리고 특수병과에는 의무(군의, 치의, 수의, 간호, 의무행정), 법무, 군종이 포함된다.

시에 이들을 적절하게 결합 운용하여 개별 무기체계의 취약점을 보강하거나 무기 효과를 증대시켜야 한다.

③ 병과 간의 상호 신뢰는 협동성 발휘를 위한 기본 정신이다. 비록 편성 면에서 증강되고 무기체계 간의 조직적인 결합이 이루어졌다 하더라도 제 병과의 지휘관 및 참모, 상·하 및 인접 제대 간의 상호 신뢰를 바탕으로 형성된 팀워크가 발휘되지 못하면 승수효과(乘數效果, Synergy effect)를 기대할 수 없다.

> **협동성을 통한 승수효과**
> $$1+1=2+\alpha$$

④ 운용술 측면에서 협동성은 임무에 적합한 전술집단을 편성하여 이들이 수행하는 일련의 작전활동을 작전 목적에 부합되도록 연계시킴은 물론 제 전투수행기능[27]을 동시·통합할 수 있어야 한다.

密切協同, 協力破敵
긴밀하게 서로 협력하고 힘을 합쳐 적을 격파한다.

〈중국군 전술학〉

전투능력의 보강

제병협동부대는 다양한 병과의 특성들이 결합됨으로써 각 병과의 약점을 보완하고 강점은 더욱 증대시킬 수 있게 되어 전투력 발휘의 상승효과를 달성할 수 있다.

---

27) 전투수행기능(WFF: Warfighting Function)이란 부대가 전투를 수행함에 있어서 나타나는 역할과 활동을 기능별로 구분한 것으로 지휘통제, 정보, 기동, 화력, 방호, 작전지속지원의 6대 기능으로 구분된다. 각 기능이 개별적으로 발휘되는 것보다 수 개의 기능이 동시에 통합되어 발휘될 때 그 효과는 배가(倍加)된다.

보병부대는 제병협동부대의 근간을 이루는 병과로서 지형 및 기상에 의해 제한받지 않으며 도보기동에 의한 근접전투 위주로 임무를 수행한다. 그러나 보병부대 단독으로는 전투력을 발휘할 수 있는 기능과 범위가 상당히 제한된다. 하지만 기갑부대와 결합하면 적의 전차에도 대응할 수 있고, 공병부대와 결합하면 장애물 설치 및 제거 능력이 향상되며, 포병이나 항공부대와 결합하면 원거리에서부터 전투를 수행할 수 있다. 또한 결합된 부대 간에는 일방적인 지원이 아닌 상호지원이 이루어지므로 서로의 약점을 보강하고 강점을 확대할 수 있는 것이다. 지극히 평범했던 사람이 팔방미인으로 변하는 것과 같다.

작전지속능력의 보강

작전지속능력이 보강된다는 것은 전투를 보다 오랫동안 수행할 수 있는 동시에 전투에서 살아남을 확률이 높아짐을 의미한다. 방공부대는 적의 공중 위협으로부터 부대를 보호해 주고, 화학부대는 정찰 및 제독작전을 통해 적의 화생방 공격으로부터 방호를 제공하며, 의무부대는 적시적인 구호 활동을 통해 전투원들의 생존성을 향상한다. 그리고 보급 및 수송부대는 전투에 필요한 물자, 장비, 탄약, 유류 등을 적시에 보충해 주고, 정비부대는 전투장비에 대한 수리를 제공함으로써 부대가 장비의 기능을 유지하면서 최대한 오랜 시간 동안 전투 임무를 수행할 수 있도록 해 준다. 보병과 결합된 부대들 역시 일방적으로 보병을 지원해 주는 것이 아니라 임무 수행 간 보병의 보호를 받게 된다.

■ 지휘 및 지원관계의 설정

　전쟁의 원칙 중 하나인 통일의 원칙에서 설명하였듯이 하나의 편성체는 단일의 지휘관이 장악해야 통합된 힘을 발휘할 수 있다. 따라서 제병협동부대는 그 규모나 임무 면에서 근간을 이루는 병과의 장(長)을 단일 지휘관으로 지정하여 제 병과의 능력을 조화시켜야 한다. 그리고 제병협동부대를 구성하고 있는 제 병과들 간에 지휘 및 지원관계를 설정하여 단일 지휘관이 효율적으로 이들을 지휘 및 통제할 수 있도록 해야 한다.

　지휘관계(Command Arrangement)는 부대를 지휘하는 권한과 책임의 정도를 합법적으로 규정한 것을 말한다. 부대는 통상 평시에는 단일 지휘관에 의해 고정 편성되어 있으나 전시에는 작전을 수행하기 위해 다른 병과들이 추가적으로 결합되는데, 이들 병과들은 배속[28], 작전통제[29], 전술통제[30] 등의 지휘관계 속에서 전투를 수행하게 된다.

　지원관계(Support Relationships)는 지휘관계에 속하지 않은 상태에서 한 부대가 다른 부대를 지원하는 경우에 지원하는 부대와 지원을 받는 부대 간의 관계를 설정한 것이다. 지원관계에는 직접지원[31], 일반지원[32], 증원[33], 일반지원 및 증원[34] 등이 있다.

---

28) 배속(Attachment): 인사 분야를 제외한 모든 지휘 및 통제 가능
29) 작전통제(OPCON, Operational Control): 작전에 관련된 분야에 대한 통제만 가능
30) 전술통제(TACON, Tactical control): 작전통제보다 한정된 지역과 시간동안 통제
31) 직접지원(DS, Direct support): 지정된 특정 부대만을 지원
32) 일반지원(GS, General support): 지정된 특정 부대가 아닌 지원이 필요한 부대들을 전체적으로 지원
33) 증원(RF, Reinforcing): 한 부대가 동종(同種) 병과의 부대를 지원
34) 일반지원 및 증원(GSR, General support & Reinforcing): 일반지원 및 증원 임무를 동시에 수행

이상에서 설명한 전투력의 조직은 전투에 투입되는 부대가 가장 효율적으로 부여된 임무를 수행할 수 있도록 그 부대를 싸울 수 있는 조직으로 만드는 과정이다. 이를 교리적으로는 전투 편성(Combat Organization)[35]이라 한다.

공격작전을 기준으로 전투력의 조직(전투 편성)을 종합적으로 표현한다면 다음의 [그림 4-5]와 같다.

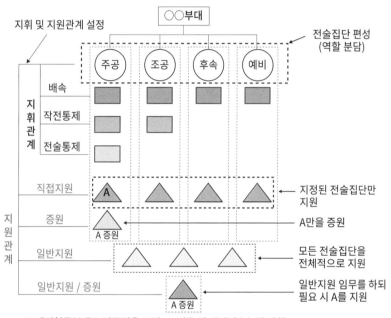

※ 제병협동부대로 전투력을 조직 ➡ 전투 및 작전지속능력 강화

[그림 4-5] 전투 편성의 개념도

전투 편성의 과정을 다시 한번 정리해 보면, 먼저 전투에 참가하는

---

35) 부대가 임무를 효과적으로 수행하기 위하여 전술적인 임무를 부여하고 지휘관계를 설정하는 것

특정의 전술제대는 예하 부대들에게 전술적인 임무를 부여함으로써 그들의 노력이 조직적으로 연계될 수 있도록 한다. 즉 전술집단을 편성하는 것이다. 그리고 각각의 전술집단들이 부여된 임무를 수행할 수 있도록 다른 병과의 부대들을 결합시켜 줌으로써 그들의 전투능력과 작전지속능력을 보강한다. 이를 통해서 각 전술집단은 제병협동작전이 가능해진다. 또한 각 전술집단의 지휘관들이 자신의 부대에 결합되는 다른 부대들을 효과적으로 지휘 및 통제할 수 있도록 지휘 및 지원관계를 설정해 준다. 전술집단의 지휘관은 지휘 및 지원관계를 통해 자신에게 부여된 합법적인 권한에 따라 이들을 지휘 및 통제할 수 있다. 전술집단 편성과 지휘 및 지원관계는 METT-TC 요소에 입각하여 결정되며, 작전이 진행됨에 따라 얼마든지 변경될 수 있다.

4. 전투력의 운용

아무리 잘 수립된 계획도, 아무리 잘 조직된 전투력도 실제 작전을 실시하는 과정에서의 전투력 운용이 미숙하다면 무용지물과 다를 바 없다. 전투력의 운용에 있어서 적용해야 할 원칙과 그 배경에 대한 내용들은 '제3장 전투수행의 원칙'에서 이미 기술하였고, 본 장에서는 조금 더 구체적이고 실천적인 내용으로 전투력을 효율적으로 운용하기 위한 논리적인 절차, 전투수행기능의 개념과 운용, 공격 및 방어작전을 수행하는 데 적용해야 할 준칙 등에 대해서 기술하고자 한다.

■ 전투력 운용의 원리

군사이론이나 전술 관련 교리에서는 전투력 운용의 기본 구조(frame work)로서 『상황 판단-결심-대응』, 『선견(先見)-선결(先決)-선타(先打)』, 『OODA Loop』, 『4F』 등의 다양한 틀을 제시하고 있는데, 각각의 내용에 대해 알아보면 다음과 같다.

상황 판단-결심-대응

'상황 판단-결심-대응'은 우리 군의 교리상에 제시된 작전 실시간 전투지휘활동 절차로서, 그 과정은 다음의 [그림 4-6]과 같다.

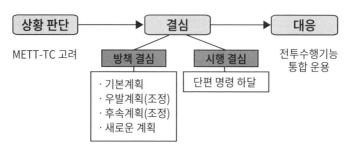

[그림 4-6] 작전 실시간 전투지휘: 상황 판단-결심-대응 절차

작전을 진행하고 있는 지휘관 및 참모는 METT-TC 요소에 입각한 상황 판단을 통해 적의 기도와 전장 환경이 어떻게 변화하였는지, 그 변화가 작전에 어떠한 영향을 미칠 것인지를 판단하고 이에 대한 대응방책을 수립한다. 대응방책은 이미 수립했던 기본계획을 그대로 적용할 수도 있고 기본계획을 일부 조정할 수도 있으며, 임무가 변경되었다면 아예 새로운 계획을 수립할 수도 있다. 또한 현 작전이 종결되는 시점에 근접하면 다음 작전을 위한 후속계획을 수립할 수도 있다. 어떠한 계획을 위한 방책이든 2개 이상을 수립할 수 있으며, 지휘관은 그중에서 어떤 방책을 선택할 것인지 결심해야 한다. 그리고 적절한 시기에 그 방책에 대한 시행 여부와 시기를 결심해야 한다. 지휘관이 최종적으로 방책 시행을 결심하게 되면 이를 단편명령으로 전환하여 하달하고, 계획된 시기에 도달하면 이를 직접 행동으로 옮겨 대응하게 된다. 작전 진행과정에서 지휘관의 결심이 필요한 중요한 상황

이 발생하면 이처럼 상황 판단-결심-대응의 과정을 반복하면서 상황에 부합된 전투력 운용이 이루어지는 것이다.

선견(先見)-선결(先決)-선타(先打)

'선견(先見)-선결(先決)-선타(先打)'는 네트워크를 중심으로 발전된 감시체계와 타격체계, 그리고 지휘통제체계를 기반으로 시스템 복합체계를 구성하여 적보다 먼저 탐지하고, 적보다 먼저 결심하여 먼저 타격한다는 전투력 운용개념이다. 즉 작전반응 속도를 획기적으로 단축시켜 템포의 우위를 통해 주도권을 장악 및 확대하고자 하는 것으로서 현대는 물론 미래전에서도 절실하게 요구되는 개념이라 할 수 있다.[36]

보이드 주기(OODA LOOP)

'보이드 주기(OODA Loop)는 작전 템포(Tempo)의 개념에서 이미 설명하였듯이 '경쟁적 관측(Competitive Observation)-판단(Orientation)-결심(Decision)-행동(Action)'의 연쇄적인 주기를 적보다 빠르게 함으로써 우세한 작전의 속도를 유지하고 이를 통해 나타나는 이점을 계속 확대 재생산하기 위한 것이다. 이는 『선견(先見)-선결(先決)-선타(先打)』와 매우 유사한 개념이라 하겠다.

4F의 원리: Find-Fix-Fight-Finish

풀러(J.F.C. Fuller)가 "어떤 무기가 사용되더라도 적은 발견되어야 하고, 견제되어야 하며, 공격되어야 한다"라고 주장하면서 'Find-Fix-

---

36) 적을 식별해서 타격하기까지 걸리는 작전반응 속도가 1990년 걸프전쟁에서는 2~3시간이었는데, 1998년 코소보전쟁에서는 30~40분으로, 2003년 이라크전쟁에서는 3~4분으로 줄었다.

Fight'라는 3F의 원리가 나타나게 되었으며, 이후 일본군의 군사이론 인『전리입문(戰理入門)』에서는 'Finish'의 개념이 추가되면서 '4F의 원리'로 발전되었다. '4F'는 전투력 운용의 원리로서 이 개념은 수색, 정찰, 감시 등의 전술활동을 적극적으로 전개하여 적을 발견(Find)해야 하고, 발견된 적은 행동의 자유를 빼앗아 내가 타격하기 위한 시간과 장소에 고착(Fix)시켜야 하며, 고착된 적은 전투역량을 집중한 타격행동(Fight)으로 격멸하되, 지휘관이 요망하는 최종 상태를 달성함으로써 현행 작전을 완전하게 종결하고 다음 작전으로 전환할 준비가 완료(Finish)되어야 함을 의미한다.

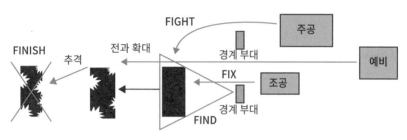

[그림 4-7] 공격 시 4F 원리 적용 예

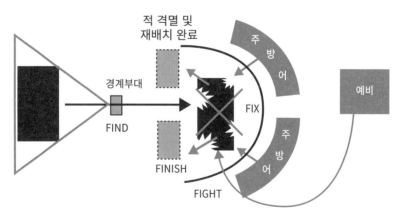

[그림 4-8] 방어 시 4F 원리 적용 예

종합적인 전투력 운용 구조 정립

앞에서 설명한 4가지의 기본 구조들을 들여다보면 적을 식별하고 상황을 판단하며, 대응방책을 결심하여 행동으로 실천하는 일련의 과정이 진행되는 방식의 동일한 맥락으로 구성되어 있음을 알 수 있다. 즉, 다음의 〈표 4-1〉에서 보는 바와 같이 식별-판단-결심-행동이라는 일련의 흐름으로 전투력이 운용되는 것이다.

〈표 4-1〉 전투력 운용의 원리

	작전 실시 간 전투지휘 활동	전투력 운용 개념	OODA 주기	전투력 운용 원리
식별		선견	Observation	FIND
판단	상황 판단		Orientation	
결심	결심	선결	Decision	
행동	대응	선타	Action	FIX FIGHT FINISH

'식별'은 정보의 원칙이 적용되는 것으로 전투력 운용의 전제조건이라 할 수 있다. 이는 적을 단순하게 발견만 하는 것이 아니라 확인된 적과 추정되는 적을 종합하여 전체적인 대형과 능력, 기도 등을 파악하는 것까지도 포함한다. 즉 전투의 대상이 어디에서, 어떤 행동을 하고 있으며, 그 능력은 어느 정도이고 앞으로 기도하는 바가 무엇인지를 알아내는 것이다.

'판단'은 나의 임무를 기준으로 내가 직면하고 있는 상황에 기초해 보았을 때 앞으로 전장 환경이 어떠한 방향으로 변화할 것인지를 판단하여, 이를 기초로 나의 대응방책을 검토하는 것이다. 즉 METT-TC의 요소들을 종합적으로 고려해 봄으로써 주어진 임무를 달성할 수 있는 다양한 대응 방책들을 검토해 보는 것이다.

'결심'은 다양한 방책 중에서 최선의 방책을 결심하는 것과 그 방책의 시행 여부 및 시기를 결심하는 것으로 구분된다. 앞선 '판단'의 과정에 지휘관이 직접 관여하여 각 방책을 다각적으로 면밀하게 검토했다면 그만큼 결심하기가 용이할 것이다. 그러나 대안을 결심했다 하더라도 그 방책이 시행될 것이라는 보장은 없다. 상황의 급격한 변화는 또 다른 방책을 요구할 수도 있기 때문이다. 또한 시행하는 시기의 결심도 중요하다. 과도하게 성급하거나 신중하게 되면 적시성을 상실하여 방책의 쓸모가 없어져 버릴 수도 있다. 따라서 결심은 지휘관이 전투지휘를 하는 데 있어 가장 중요한 영역이라 할 수 있다.

> • 어떠한 명참모라도 지휘관의 결단력 부족을 메꾸어 줄 수는 없다.
> • 행동을 위한 기본으로서, 어떠한 결심도 결심하지 않은 것보다 낫다.
>
> 〈클라우제비츠〉

'행동'은 내가 타격해야 할 주(主) 대상에 대하여 전투력을 실제적으로 사용하는 영역이다. 타격하고자 하는 대상은 행동의 자유를 구속해 놓고 타격해야 효과가 높다. 더구나 타격하기에 적당한 시간과 장소에 그것을 구속시킨다면 더할 나위가 없을 것이다. 대상에 대한 타격은 가용한 역량을 동시에 통합하여 집중시킴으로써 임무를 달성하는 데 결정적으로 기여할 수 있어야 한다. 적을 타격하였다고 해서 임무가 달성된 것은 아니다. 최종 상태를 달성하였느냐가 임무 달성의 중요한 기준이다. 상급 지휘관이 설정한 최종 상태를 조성해야만 작전이 종결되고 다음 작전으로 전환할 수 있는 준비가 완료된 것이다. 예를 들어 방어진지를 돌파한 적에게 역습을 가하여 격멸하는 것만으로는 작전이 종결된 것이 아니라 계속해서 공격하는 적에 대해 연속적으로 방어할 수 있도록 회복한 돌파구 내에 내 전투력의 재배치까지 이루어져야 비로소 종결된 것으로 볼 수 있다.

『식별-판단-결심-행동』이라는 전투력의 운용 과정을 시차별로 분석해 보면 아래의 [그림 4-9]와 같다.

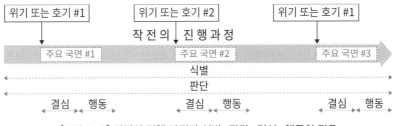

[그림 4-9] 작전의 진행 과정과 식별-판단-결심-행동의 적용

적을 '식별'하는 정보활동과 상황에 대한 '판단'은 작전을 실시하는 동안 발생하는 모든 상황을 종합하여 끊임없이 진행된다. '결심'과 '행동'은 시시각각 새로이 식별되는 모든 상황에 대해 이루어지지는 않는다. 대부분의 상황은 그에 맞는 단편적인 조치를 적절하게 취해 주면 된다. 그러나 새로운 전기를 마련할 수 있는 호기를 포착하거나 위기를 초래할 수 있는 위협이 발생하여 현재 진행 중인 작전에 영향

을 미칠 수 있는 주요 국면이라고 판단된 경우에는 이를 조치하기 위한 '결심'과 '행동'이 필요하다. 이러한 주요 국면들은 언제라도 발생할 수 있지만 이를 인식하지 못하는 경우도 있기 때문에 작전 전 과정에서 이루어지는 '식별'과 '판단' 활동을 통해 이를 정확하게 인지하는 것이 무엇보다 중요하다.

> '피·아 간의 지휘관에 있어서 어느 쪽이 더 두뇌가 명석한가? 또는 어느 쪽이 더 전투 경험이 많은가?'가 문제가 아니라, '어느 쪽이 전장의 전반적인 상황을 보다 정확히 파악하고 있느냐?'가 문제가 된다.
>
> 〈롬멜(Erwin Rommel)〉

■ 전투수행기능의 통합 운용

인간이 전투를 수행하기 위 해서는 신체의 각 부위와 휴대 무기 및 장비의 기능을 조화롭게 잘 활용해야 한다.

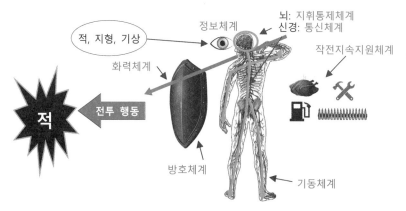

[그림 4-10] 인간과 전투수행기능

[그림 4-10]처럼 오감(五感)을 이용해 받아들인 정보를 뇌에서 분석하고, 어떻게 행동해야 하겠다는 복안을 신경계통을 통해 신체 각 조직에 전달하여 적을 타격하기도 하고, 적의 공격을 막기도 하며, 피하거나 달리기도 한다. 그리고 힘을 쓰기 위해 영양을 보충하거나 무기나 장비들이 이상이 없도록 유지 관리하기도 한다. 이처럼 여러 가지의 기능들이 하나씩 하나씩 순환하면서 작동하는 것보다는 동시에 통합적으로 작동해야 싸움에서 이길 수 있다.

부대가 전투를 수행하기 위해 필요한 기능도 이와 동일하다. 함께 전투에 참가한 부대 간에 서로 연락과 의사소통을 해야 하고, 상대하는 적을 식별할 수 있어야 하며, 적과 싸워야 할 장소로 이동하거나 적을 타격할 수 있어야 하고, 살아남기 위해 나를 보호하면서 최후까지 싸울 수 있도록 힘을 보충하고 무기와 장비도 잘 관리해야 한다. 동네의 불량배들 간에 벌어지는 막 싸움과 부대 간에 이루어지는 전투가 다른 것은 일사불란한 지휘 아래 이러한 여러 가지 기능들이 체계적이고 유기적으로 통합되어 전투력이 조직적으로 운용된다는 점이다.

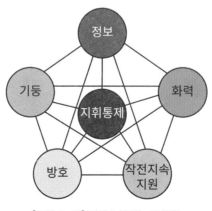

[그림 4-11] 전투수행기능의 통합

앞의 [그림 4-11]처럼 부대가 전투를 효율적으로 수행하기 위해 필요한 기능은 지휘통제기능, 정보기능, 기동기능, 화력기능, 방호기능, 작전지속지원기능 등의 6대 기능으로 분류되는데 이들을 전투수행기능(WFF: War-fighting Function)이라 한다. 우리 군이 현재 적용하는 전투수행기능은 위에서 언급한 6대 기능이지만 이는 전장환경, 무기체계, 위협의 양상, 용병술의 개념 등의 변화에 따라 조정되고 발전되는 개념이다.[37]

지휘통제기능

지휘통제 기능은 제반 전투수행기능을 통합하는 핵심적인 기능으로서 지휘·통제·통신·컴퓨터 시스템 등의 정보통신 수단을 활용하여 지휘관이 전투를 지휘하고, 전투에 참가하는 제반 작전요소 간의 수직·수평적인 의사소통을 가능케 하며, 각종 정보·계획 및 명령·지시 등을 적시에 전파하여 일사분란하고 조직적인 전투를 가능케 한다.

---

37) 우리 군의 전투수행기능 변천 과정

'89년~'96년	'96년~'99년	'99년~현재
• 지휘 및 통제 • 기동 • 화력 • 공병 • 육군항공 • 방공 • 통신 • 정보 및 전자전 • 전투근무지원	• 지휘·통제·통신 • 기동 • 화력 • 정보 및 전자전 • 방공 • 이동성 및 생존성 • 전투근무지원	• 지휘·통제·통신(→지휘통제) • 기동 • 화력 • 정보 • 방호 • 전투근무지원(→작전지속지원)

정보기능

정보기능은 다른 전투수행기능들이 대응해야 할 대상을 제공해 주는 역할을 한다. 정보기능은 다양한 감시 및 정찰수단을 통합 운용하며, 작전지역 내의 적 부대, 지형 및 기상은 물론 민간 요소에 이르기까지 군사작전에 영향을 미칠 수 있는 모든 첩보[38] 및 정보[39]를 수집, 분석, 처리하여 적시에 제공한다. 이러한 역할을 통해 상대적인 정보의 우위를 달성하여 적보다 먼저 보고, 먼저 결심하여, 먼저 행동하는 것이 가능해진다.

기동기능

기동기능은 적보다 유리한 위치에 전투력을 이동 및 배치시켜 적을 상대적으로 불리한 위치에 놓이게 하는 기능이다. 기동을 통해 결정적인 시간과 장소에서 상대적인 전투력 우세를 달성하거나 공격 기세를 지속적으로 유지할 수 있다. 적이 예상하지 못한 방향과 속도로 기동하면 그 자체로도 적에게 기습효과를 달성할 수 있다. 기동기능은 기동지원 기능과 대(對)기동 지원 기능을 포함한다. 기동지원 기능은 부대의 기동을 돕기 위해 장애물을 제거하거나 단절된 도로를 복구하여 기동로를 개설하고, 도하(渡河, river crossing) 작전을 지원하며, 수송 또는 항공자산을 이용하여 병력, 장비, 물자 등의 기동을 지원하는 것이다. 대기동지원은 장애물을 설치하여 적의 기동을 방해 및 저지함으로써 타격 기회를 제공하거나 적이 기동방향을 전환토록 강요함으로써 적의 조직적인 작전활동을 방해하는 기능이다.

---

38) 관측, 보고, 풍문, 사진 및 기타 출처로부터 나온 모든 평가되지 않은 자료를 말한다.
39) 첩보를 수집하고 이를 분석 및 평가하여 생산된 자료를 말한다.

화력기능

화력기능은 화력[40] 전투를 수행하여 적의 주요 기능체계를 파괴하거나 기동부대를 지원하여 기동 여건을 조성해 주며, 적의 기동을 방해 및 저지하는 기능이다. 기동은 적을 노출시켜 화력에 표적을 제공해 주고, 화력은 표적을 타격하여 기동을 지원하는 상호 보완적인 관계이다. 화력무기체계는 과거에 비해 사거리, 정확도, 살상범위 등이 획기적으로 증대되어 기동을 대체하는 수준까지 도달하였으며, 그 중요성은 점점 더 증대될 것이다.

방호기능

방호기능은 전장의 각종 위협으로부터 인원, 무기, 장비, C4I[41] 체계, 주요시설 등에 대한 피해를 예방하거나 보호함으로써 아군의 전투력을 보존하는 기능이다. 방공, 화생방 방호, 작전보안, 야전축성, 경계 등은 주요 방호기능의 활동으로서, 이를 통해 아군의 생존성을 증대시키고 적의 기습을 방지하며 행동의 자유를 보장할 수 있다.

작전지속지원기능

작전지속지원기능은 부대의 전투력을 유지하고 지속적인 작전수행을 보장하는 기능이다. 인원, 장비, 물자, 시설 등 작전에 필요한 제반 자원을 적시(適時) 적소(適所)에, 적절(適切)한 양을 보충·정비·후송 지원하고 전투원의 사기 및 복지 증진, 전장군기 확립, 전투의지 고양을

---

40) 화력(Fire power)이란 살상 및 비살상 무기체계에 의해서 전술항공, 육군항공, 포병, 함포, 기타 특정화기로부터 적에게 투사되는 사격량 또는 사격능력을 말한다.

41) C4I: Command, Control, Communication, Computer, Intelligence

위한 제반 근무를 제공한다.

전투수행기능의 운용과 관련하여 중요하게 인식해야 할 두 가지 사항이 있다. 첫째, 각각의 전투수행기능은 저마다 독특한 고유 기능을 가지고 있지만 모든 기능들을 동시에 통합하여 운용하면 상승효과를 볼 수 있다는 것이다. 하나의 기능만 운용하는 것보다는 두 가지 이상의 기능을 결합하여 운용하는 것이 보다 효과적이라는 것은 자명한 사실이다. 또한 그렇게 하는 것이 유휴 전투력(遊休 戰鬪力)[42]을 최소화하는 방법이다. 따라서 어떤 방책이 결정되면 그 방책을 성공시키기 위해 전투수행기능별로 누가, 어떠한 조치를 할 것인지를 명확하게 지정함으로써 방책 실행 시 그 기능을 중심으로 제반 전투수행기능이 유기적으로 통합될 수 있어야 한다. 전투수행기능의 통합은 한 제대가 보유한 기능들을 수평적으로 통합하여 운용하는 것도 중요하지만 상하 제대 간의 수직적인 통합[43]이 동시에 이루어진다면 더욱 강력한 힘을 발휘할 수 있다.

현재의 컴퓨터 운용체제는 윈도우(WINDOW)이며, 그 이전에는 도스 (DOS) 운영체제를 사용하였다. 도스는 한 번에 하나의 작업밖에 할 수 없지만 윈도우를 도입한 이후에는 멀티태스킹(multitasking, 다중작업) 기능으로 음악을 들으면서 문서작업도 할 수 있고, 여러 개의 창을 열어놓고 다수의 작업을 동시에 할 수 있게 되었다. 무기 및 장비의 성능이 획기적으로 발전하고 전장의 모든 활동이 컴퓨터와 네트워크를 통해 연결된 현대전에서 전투수행기능을 통합하여 운용하지 못한다면 이는 윈도우를 과거의 도스 운

---

42) 아무런 역할도 하지 못하고 있는 전투력이며, 전투력 절약을 위해 의도적으로 사용하지 않는 것과는 다르다.

43) 예를 들어, 특정 부대 자체의 화력 기능에 추가하여 상급부대의 화력 기능을 보강한다면 훨씬 더 큰 효과를 얻을 수 있다.

영체제처럼 사용하는 것과 같다.

둘째, 병과마다 특정의 전투수행기능이 고정되어 있으므로 그 기능만 담당한다는 사고는 지양해야 한다. 물론 제병협동부대로 편성된 각 병과부대는 저마다 특정의 전투수행기능을 주로 담당하게 된다. 하지만 병과와 관계없이 모든 부대는 자체적으로 모든 전투수행기능을 발휘할 수 있는 능력을 갖출 수 있도록 자구책을 강구해야 한다.[44] 모든 부대를 완전한 제병협동부대로 편성할 수는 없기 때문이다.

▌ 공격과 방어

공격할 것인가? 방어할 것인가?

공격이 없다면 방어도 없고, 방어가 없다면 공격도 없다. 공격과 방어가 없다면 전투 또한 존재하지 않는다. 전투는 공격 또는 방어의 두 가지 형태가 대립되는 개념이기 때문에 전투력의 운용 역시 공격과 방어라는 두 축을 기준으로 운용하게 된다.

적보다 전투력이 우세하거나 적극적인 목적을 달성하고자 하는 측은 통상 공격을 취하고, 반면에 전투력이 열세하거나 다음의 전투에서 확실한 승리를 기약하고자 하는 측은 일단 방어를 취하게 되어 자연스럽게 공격과 방어가 성립된다. 쌍방 모두가 공격을 취하는 경우에도 전투의 진행에 따라 최초 전투에서 승리한 측은 계속해서 공세를 유지

---

44) 예를 들어, 공병부대는 보병, 기갑 및 기계화부대 등에 대해 기동지원 및 대기동지원 임무를 주로 수행하지만 공병부대 역시 전장에서 적의 위협에 노출되는 것은 주 전투부대와 마찬가지이다. 따라서 자체적으로 적의 위협에 대처할 수 있도록 전투수행기능을 발휘할 수 있어야 한다.

하여 주도권을 장악하려 할 것이고, 상대방은 이러한 예봉(銳鋒)을 꺾어 당면한 위기를 넘기고 나서 다음 전투를 기약하고자 수세로 전환함으로써 결국에는 공격과 방어의 대립으로 귀결된다. 만일 쌍방이 공히 수세적인 자세를 취하고 있다면 전투가 발생하지 않을 수도 있지만 서로 기회를 노리는 상태라면 언젠가는 공격과 방어가 성립될 것이다.

- 不可勝者守也, 可勝者攻也. 守則不足, 攻則有餘.
  불 가 승 자 수 야 가 승 자 공 야 수 즉 부 족 공 즉 유 여
  적이 승리하지 못하게 하는 것은 수비(방어)이고, 승리를 쟁취할 수 있는 것은 공격이다. 수비(방어)하는 것은 힘이 부족하기 때문이고, 공격하는 것은 힘에 여유가 있기 때문이다.

  〈孫子兵法, 軍形編〉

- 우리는 방어가 더욱 강한 형태의 전쟁이며, 적의 패배를 더욱 확실하게 하는 것임을 다시 한번 강조한다. 방어가 더욱 강한 형태의 전쟁이지만, 단지 소극적인 목적을 갖는 것이라면, 방어는 단지 우리가 약한 경우에만 사용되어야 하며 적극적인 목적을 추구하기에 충분한 강한 힘을 가졌을 때는 즉각 방어를 포기해야 한다. 방어를 성공적으로 수행할 때 통상적으로 전투력의 균형이 보다 유리하게 이루어진다. 이와 같이 방어로 시작하여 공격으로 끝나는 것은 자연스러운 전쟁의 과정이다. 그러므로 방어를 최종적인 목적으로 간주하는 것은 전쟁 그 자체와 모순되는 것이다.
- 마치 번뜩이는 복수의 칼과 같이 신속하고 강력한 공세로의 전환은 방어에서 가장 중요한 순간이다.

  〈클라우제비츠〉

공격과 방어 중에서 어느 것이 승리하느냐에 대해 정립된 바는 없다. 다만 각각의 유리점과 불리점이 존재할 뿐이다. 그러나 상대에게 자신의 의지를 관철하고자 한다면 공격이 필요하다는 것은 확실하다. 상대방이 중요시하는 지역과 자원을 탈취하거나 상대가 감내할 수 없

는 상처를 안겨 줌으로써 자신이 요구하는 바를 받아낼 수 있기 때문이다. 따라서 상대로부터 무엇인가를 받아내고자 하는 측이 공격을 통해 먼저 싸움을 걸어오는 것이 일반적인 현상이다.

공자와 방자에게 요구되는 기본정신

강공약수(强攻弱守)는 보편적인 진리이다. 즉 전투력이 우세하면 공격하고 전투력이 열세면 방어한다는 의미이다. 물론 의도적으로, 혹은 상급부대 지시에 의거하여 그 반대로 전투를 수행할 수도 있지만 그것은 특별한 경우에 국한된다. 공격은 통상 전투력이 우세한 경우에 실시하며, 공격하고자 하는 시간과 장소를 선택할 수 있다는 이점이 있기 때문에 방어보다 주도성(主道性)[45]을 발휘하기가 용이하고, 보다 융통성 있게 전투력을 운용할 수 있다. 반면 방어는 공격하는 부대가 언제, 어디로 공격할지 모르기 때문에 융통성이 제한된다. 처음부터 공자(攻者)는 방자(防者)보다 긴 칼자루를 쥐고 있는 것이다. 이처럼 태생적으로 유리한 여건을 보유한 공자가 과도하게 신중한 나머지 결단을 주저함으로써 호기를 상실하거나 사소한 위험조차도 감수할 용기가 부족하다면 공격 자체가 가지고 있는 가치를 스스로 저버리는 것과 같다. 따라서 공격은 위험을 감수할 수 있는 용기와 과감한 결단력, 그리고 적의 약점과 과오에 대해서 단호하고 집요하게 압박을 가할 수 있는 실천력을 발휘하여 적을 물리적·심리적으로 압도함으로써 계속적으로 적을 피동적인 상황에 몰아넣고 주도권을 행사해야 한

---

45) 주도권을 장악하였다는 의미는 작전을 자신의 의도대로 이끌어 나갈 수 있는 형세를 이룬 상태이다. 이에 비해 주도성은 형세의 유·불리와는 무관하게 어떠한 상황에서도 작전을 주도해 나가려는 성향을 말한다.

다. 공격에는 대담성이 절대적이기 때문에 대담성으로 인한 실수에 대해서는 관용과 격려가 필요한 반면, 태만이나 소심함으로 인한 실수는 엄중히 다스려야 한다.

- 대담성에 의해서 패배하는 것보다는 우유부단(優柔不斷)에 의해서 패배하는 경우가 훨씬 더 많다.
- 지휘관의 대담성은 어떤 경우 과오(過誤)로 판명되기도 하지만, 그런 경우의 과오는 칭찬할 만한 과오인 것이다.

〈클라우제비츠〉

반면 방자의 입장에서 적이 언제, 어디로 공격할지 모르고 적보다 전투력이 열세하다는 이유로 적의 공격행동에 대해 수세적이고 피동적인 작전으로 일관한다면 전투 승리는커녕 주도권을 잡을 기회조차도 없게 된다. 방어작전의 궁극적인 목적은 공세로 전환하기 위한 여건을 조성하는 것이다. 그럼에도 불구하고 방어부대가 자신의 주관적인 행동도 없이 공격부대의 행동만을 기다렸다가 대응하는 방식의 소극적인 전투를 수행한다면 공격부대에게 사고와 행동의 자유를 허용하고, 기습과 집중을 달성할 수 있는 호기를 제공하게 되면서 점차 수세적으로 몰릴 수밖에 없다. 이는 상대의 공격에 고분고분 대응하면서 공자에 의해 방자가 길들여진 결과이다. 방어부대가 공격부대로 하여금 움츠리게 하고, 심각한 고민과 갈등에 빠뜨릴 수 있는 방법은 공세적인 행동이다. 수비하고는 있지만 공자가 조그마한 틈이라도 보이면 언제든지 용수철처럼 튀어 올라 그 틈을 공격하는 공세정신이 필요한 것이다. 그래야만 공자가 마음대로 공격하지 못하고 방자는 수세에서 공세로 전환하는 계기를 만들어 낼 수 있다. 결국 방자일지라도 상대의 공격에 '전전긍긍(戰戰兢兢)'하고 '노심초사(勞心焦思)'하는 것보다는 '你打你的 我打我的[46]'와 같이 배짱이 두둑한 사고와 실행력이 요구된다.

대립과 보완의 관계에 대한 인식

제2장 전술의 원리에서 설명하였듯이, 공격과 방어는 대적하는 쌍방의 입장에서는 상호 대립되는 개념이지만 그중 어느 일방의 입장에서는 상호보완적인 개념이다. 전체적인 작전을 공격작전 또는 방어작전 중에서 어느 한가지 작전으로만 일관하는 경우는 거의 없다. 전체적으로는 공격(혹은 방어)을 진행하고 있더라도 그중 일부는 여건에 따라서, 혹은 의도적으로 방어(혹은 공격)를 수행해야 하기 때문이다. 창과 방패는 동시에 사용하는 것이 유리하기 때문이다.

그러나 모든 이론과 교리는 공격과 방어를 따로 구분하여 설명한다. 그 이유는 공격과 방어의 성격이 확연히 구별되는 개념이므로 이를 구분하는 것이 보다 체계적으로 논리를 정립할 수 있기 때문이다. 이러한 취지를 이해하지 못하고 공격과 방어는 따로따로 하는 것으로 사고하는 경향이 있는데, 이러한 사고는 여건을 고려하지 않은 무리한 전투력 운용이나 적의 행동에만 대응하려는 피동적인 전투력 운용으로 나타날 우려가 있다.

따라서 전술을 효과적으로 구사하려면 공격과 방어라는 이분법적 사고를 경계해야 한다. 전투력 운용은 공격과 방어 중 어느 것에 비중

---

46) 중국군 전술학 교범의 방어작전에 기술된 내용으로 직역하면 '너는 너의 목표를 타격해라. 나는 나의 목표를 타격하겠다'이다. 이는 내가 비록 방자이지만 너의 방식에 끌려가지 않고 나의 방식대로 전투할 것이라는 의지가 아주 잘 표현된 것으로 생각된다.

을 더 둘 것이며, 이를 위해 '집(集)', '산(散)', '동(動)', '정(靜)'이라는 전투력의 특성을 상황에 따라 어떻게 잘 조화시킬 것인가에 초점을 맞춰야 한다.

■ 공격 및 방어작전의 준칙

작전의 준칙은 공격 또는 방어작전을 수행하는 과정에서 적용해야할 사고와 행동의 기준을 말한다. 다시 말하자면, 전투수행의 원칙 중에서 공격 또는 방어작전의 성격에 특별히 부합되는 원칙을 선별하여 적용방식을 보다 구체화하였거나 전투수행의 원칙에 반영되지는 않았지만 공격 또는 방어작전 수행을 위해서 반드시 필요하다고 판단되는 것들을 추가하여 제시한 것이다. 그런데 모든 작전에 공히 적용되는 전투수행의 원칙이 있음에도 불구하고 굳이 작전의 준칙이 필요한지에 대해 의문을 가질 수 있다. '작전 준칙을 별도로 설정할 것인가' 또는 '전투수행의 원칙을 그대로 적용할 것인가'는 필요에 따른 선택의 문제라 할 수 있는데, 우리나라의 전술 교리에서는 전투수행의 원칙과는 별개로 공격 및 방어작전을 포함한 작전유형별로 해당 작전에 부합하는 준칙들을 별도로 설정하여 적용하고 있다. 즉 전투수행의 원칙은 모든 군사작전을 수행함에 있어 개연적인 성격을 가지는 지배적인 원리로서 포괄적인 개념이므로 공격 및 방어작전의 수행지침으로서 보다 구체화된 준칙이 필요하다고 판단하였기 때문이다.

국가별 무기체계와 부대의 구조 및 편성의 발전에 따라 작전 수행에 대한 사고와 방법의 변화를 가져오게 되므로 전투수행의 원칙과 작전의 준칙 역시 이에 따라 변화해 나갈 수밖에 없다. 하지만 전투수행의 원칙은 모든 작전에 적용되는 광범위하고 포괄적인 성격을 가지므로 그 유효성은 상당히 장기간 유지되는 반면, 작전의 준칙은 작전의 유형에 따라 적용되는 국한적인 성격으로 해당 작전 수행개념의 변화에 따라 언제든지 변경될 수 있다.

현재 우리 육군에서 적용하는 공격 및 방어작전의 준칙은 다음과 같다.

공격작전 준칙	방어작전 준칙
• 적의 강 · 약점 식별 • 적 방어체계의 균형 와해 • 기습 달성 • 전투력 집중 • 공격기세 유지 • 종심 깊은 적 후방 공격	• 조기 적 기도 파악 • 방어의 이점 최대 이용 • 전투력 집중 • 종심 깊은 전투력 운용 • 방어수단의 통합 및 협조 • 적극적인 공세행동 • 융통성

■ 공격작전의 준칙

적의 강 · 약점 탐지

이 준칙은 정보의 원칙을 공격작전의 특성에 맞도록 구체화한 것이다. 전투 승리를 위해서는 획득한 정보를 통해 제반 분야에 대한 상황을 정확하게 인식하고 이에 대처해야 한다. 특히 공격하는 입장에서는 '避實擊虛(피실격허)[47]'라는 말이 있듯이 적의 강점과 약점을 명확하

---

47) 강한 곳은 회피하고, 약한 곳을 타격한다는 의미

게 파악하는 것이 매우 중요하다. 그래야만 적의 강점으로부터 나의 전투력을 최대한 보존하는 가운데 적의 약점인 급소를 찔러 일거에 적의 균형을 와해시켜야 공격의 이점을 유지하고 기세를 확장해 나갈 수 있기 때문이다. 즉 적의 강점과 약점을 식별하는 것은 공격작전에 성공하기 위한 전제조건과도 같다.

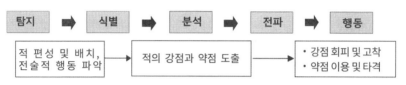

[그림 4-12] 적의 강·약점을 탐지하여 활용하는 과정

적 방어체계의 균형 와해

현대전에서는 각 제대와 전술집단, 그리고 전투수행기능들이 유기적으로 통합되어 전투를 수행한다. 즉 여러 가지 요소들이 통합된 하나의 유기적인 시스템으로 작동하는 것이다. 특히 방어작전을 수행하는 부대는 이러한 시스템의 균형이 중요하다. 왜냐하면 적이 언제, 어느 방향으로 접근해 오더라도 대응할 수 있어야 하는데 일단 진지에 배치하고 방어체계를 구축한 이후에는 전투력의 융통성 있는 전환

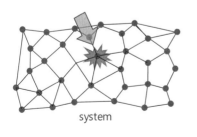

적에 대한 체계적인 접근

모빌의 어느 부분을 제거해야
균형 와해 효과가 가장 클까?

이 제한되기 때문이다. 따라서 공자는 무턱대고 적의 주력을 격멸하기 위해 접근할 것이 아니라 적 방어체계 상의 공백이나 취약점을 파악하여 활용해야 하며, 방어체계의 균형이 잘 유지된 경우에는 그 균형을 우선 무너뜨려 취약점을 조성하고 그곳을 집중적으로 공략해 나가는 것이 효과적이다. 따라서 공격 시에는 적의 강점인 주력부대를 회피 또는 고착한 상태에서 적의 가용한 예비대를 사전 격멸시키거나 적의 지휘통제 체계, 전투지원 또는 전투근무지원 체계, 정보 및 화력 지원체계 등을 제거함으로써 적 방어체계의 균형을 우선적으로 무너뜨려야 한다. 그래야만 자신의 희생을 최소화하면서 작전을 보다 효율적으로 전개해 나갈 수 있다.

기습 달성

기습은 공자와 방자 공히 중요시해야 할 전투수행의 원칙이지만 본질적으로 행동의 자유를 누릴 수 있는 공자 측이 아무래도 기습을 달성하기 쉽고 그 효과도 크다. 공자는 자신의 의지대로 공격하고자 하는 시간과 장소를 선택할 수 있으므로 방자보다 주도권을 획득하기 쉽다는 태생적인 이점을 가지고 있는데, 기습은 이러한 이점을 더욱 확대하고 촉진하는 매우 효과적인 방법이다. 기습의 효과는 산술적으로 정확하게 계산할 수는 없지만 똑같은 전투력을 투입하더라도 기습을 수반하지 않은 일반적인 경우보다 훨씬 클 것이며, 동일한 기습행동이라도 상대가 느끼는 충격의 정도에 따라 달라질 수 있음은 분명하다. 일반적으로 공격은 적보다 우세한 전투력을 전제로 수행되지만 만일 적보다 열세하거나 압도적으로 우세하지 않음에도 불구하고 공격해야 한다면 기습은 선택이 아닌 필수가 되어야 한다.

전투력 집중

적 방어진지의 어느 부분이 약한 곳인지 모른다는 이유로 전투력을 균등하게 배분하여 운용하는 것은 효율적이지 못하다. 이러한 방식은 자신이 받을 피해를 줄일 수 있을지 몰라도 원하는 성과는 얻기는 어렵다. 공격작전의 목적이 피해를 줄이는 것일 수는 없다. 그러므로 전투력의 절약과 집중을 적절히 조화시키고 나의 집중이 적의 약점으로 지향되도록 노력해야 한다.

물론 전투력을 집중하는 방향은 적 방어진지의 공백 지역 또는 약한 지역을 지향하는 것이 효과적이다. [그림 4-13]의 세 가지 경우 중에서 〈#1〉은 집중된 전투력이 적의 공백 지역을, 〈#2〉는 약한 지역을 지향하고 있다. 이 두 경우는 모두 절약한 전투력으로 적 주력을 고착시키고 있으므로 결국 적 주력부대를 포위 격멸할 수 있는 확률이 높아진다. 반면 〈#3〉은 집중된 전투력이 적의 주력과, 절약한 전투력이 적의 약한 전투력과 격돌하므로 예비대를 조기에 투입해야 할 확률이

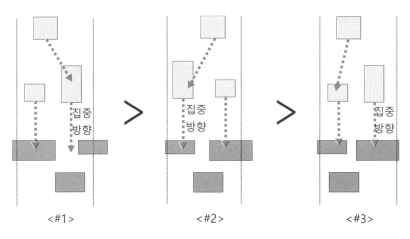

[그림 4-13] 전투력의 집중 방향과 효과

높고, 적 주력부대를 포위하기는 매우 어려워 보인다. 즉 〈#1〉 또는 〈#2〉와 같은 전투력 집중이 이루어져야 하는데, 이는 적에 대한 정보의 획득과 강·약점에 대한 판단이 전제되어야 가능하다.

전투력을 집중한다고 해서 무조건 기동부대의 규모를 크게 한다는 의미는 아니다. 주력부대의 전투정면을 기준보다 협소하게 부여하는 방법, 기만을 통해 적을 고착 또는 분산시키는 방법, 화력과 작전지속 지원의 우선권을 부여하는 방법 등도 전투력을 집중시키는 효과를 가져올 수 있다.

공자는 동적인 전투를 수행하므로 진지에 배치된 방자에 비해 전투력을 집중할 수 있는 여건이 양호하다고 볼 수 있다. 또한 전투력 집중은 적 방어진지에 대한 최초 공격에만 적용되는 것이 아니고 최초 진지 돌파 후 적의 종심지역으로 공격해 들어가는 경우에도 분진합격(分進合擊)의 개념을 적용하여 적 상황에 따라서 집중과 분산이 탄력적으로 이루어져야 한다.[48]

공격기세 유지

공격기세 유지는 공세의 원칙을 공격작전에 적합하게 적용한 준칙이다. 자전거의 속도를 증가 또는 유지하기 위해서는 팽이치기를 하는 것처럼 바퀴의 회전력이 감소하기 전에 연속적으로 페달을 밟아줘야 한다. 공격작전 역시 일회성의 단기적인 공격행위로써 작전을 종결시키는 경우는 극히 드물다. 제1격을 가하는 상황에서도 항상 제2

---

48) 분산하면 생존성이 높아지고 기민성이 증대하며, 집중하면 타격력이 강해진다. 따라서 전과확대, 추격 시 속도를 강조할 때에는 분산하여 기동하고, 목표를 타격할 때에는 집중할 수 있는 탄력적인 운용이 필요한 것이다.

격을 준비해서 제1격의 효과를 확대하기 위한 제2격, 제3격이 연속적으로 이루어져야 한다. 계속해서 적이 전열을 가다듬어 조직적으로 저항할 수 있는 틈을 주지 않는 것이 중요하다. 만일 공격의 고삐를 풀어 적에게 조금이라도 정비할 수 있는 여유를 허용한다면 적은 이내 다친 상처를 치료하고 새로운 장소에서 새로운 방법으로 위협을 가해 올 것이다. 그러므로 무자비한 속도와 압박으로 적을 극한의 상황으로 몰아넣어 새로운 대처 방법을 강구하지 못하도록 지속적으로 압박해야 한다. 이것이 공자에게 주어진 이점을 놓치지 않고 최대한 활용하는 것이다. 하지만 작전지속지원 및 측·후방에 대한 경계대책을 강구하지 않은 채 오로지 공격행동만을 추구한다면 큰 위험에 빠질 수 있다는 사실을 항상 염두에 두어야 한다.

종심 깊은 적 후방 공격

종심(縱深, depth)은 깊이를 말한다. 즉 적의 깊은 곳인 후방을 공격하라는 의미인데, 이는 두 가지 측면에서 이해할 수 있다.

첫째는, 적의 방어진지를 공격하는 데 있어서 공격부대 간에 어깨를 맞대고 전선(戰線)을 형성하면서 밀고 올라가는 형태를 지양(止揚)하고, 적 방어진지의 공백이나 약한 부분으로 집중하여 적의 후방 종심으로 깊숙하게 기동해 들어가야 한다는 의미이다. 방어막을 통과하는 것은 어렵지만 일단 통과한 이후에는 저항이 현저하게 줄어들기 마련이다. 적의 입장에서는 대부분의 방어진지를 지탱하고 있더라도 자신의 진영 내부에서 적의 기동부대가 들어와 움직인다는 사실은 심리적으로 큰 충격을 안겨 줄 것이다. 적 종심으로 기동하는 공격부대는 측·후방 경계대책을 강구하면서 적의 지휘소가 위치한 지역 또는 적의 퇴로 및 증원로를 차단할 수 있는 지역을 지향하여 공격기세를 유지해야 하고, 돌파한 지역이 봉쇄되어 고립되지 않도록 돌파구를 지탱 및 확장해 나가야 한다.

둘째는, 적의 전방지역과 후방 종심지역을 동시에 공격한다는 의미이다. 적은 지키고자 하는 전방지역에 많은 전투력을 투입하여 두껍고 강한 방패막을 만들어 상대의 돌파를 저지하면서도 자신이 보호해야 할 중요한 요소들은 보통 후방에 배치하여 활용한다. 예를 들어 원거리에서도 상대를 타격할 수 있는 포병부대, 두뇌와 신경 역할을 하는 지휘통제시설, 그리고 전투력을 유지하기 위한 작전지속지원 관련 시설, 결정적인 국면에 투입해야 할 예비대 등은 비교적 안전한 후방에 위치한다. 이러한 적의 중요 요소들에 대해 방어진지를 돌파하여 접근해 가는 순차적인 공격보다는 적의 전방 방어진지에 대한 공격과 더불어 사전 침투한 부대와 화력 자산을 이용하여 적 후방의 중요 요소들에 대한 타격을 동시에 진행하는 것이 훨씬 효과적이다.

위의 두 가지 의미를 종합하여 예를 든다면, 종이의 끝단에만 불을 붙이고 전체로 번지기를 기다리기보다는 어느 한 부분을 집중적으로 태워 깊게 불이 타들어 가게 하거나 종이 안쪽의 주변 몇 군데에도 동시에 점화하면 훨씬 더 빠르게 종이를 태워버릴 수 있는 것과 같다. 이처럼 기동부대는 적의 방어진지를 돌파 또는 우회하여 종심으로 압박하는 동시에 적 후방의 중요시설이나 부대들에 대해서 침투

순차적 공격   전후방 동시공격

자산이나 화력수단으로 동시에 타격해 나가는 것이 적 방어체계의 균형을 와해시키는 관건이라 하겠다.

▮ 방어작전의 준칙

조기 적 기도 파악

정보의 원칙이 공격작전에서 적의 강·약점 탐지로 구체화된 것과 같이 방어작전에서는 조기 적 기도 파악으로 구체화되었다. 이는 방어하는 입장에서 적의 공격행위에 따라 단순하게 반응하는 소극적이고 피동적인 사고와 행동을 경고하고 이를 방지하기 위한 목적으로 설정된 것이다.

방자가 흔히 범하는 오류는 주도권을 공자의 전유물로 생각하는 것이다. 즉 공자가 언제, 어디로 공격할지 모르기 때문에 방자의 입장에서는 선제적으로 행동할 수 없으며, 공자가 어떤 행동에 나선 이후에야 비로소 그것에 대한 대응을 할 수 있다는 것이다. 이와 같은 소극적이고 피동적인 사고와 행동으로는 전세를 역전시킬 기회를 잡을 수 없으며, 시간이 지날수록 점점 더 수세적인 상황으로 내몰릴 수밖에 없다.

공자는 주도권을 확보하기가 쉽다는 것이지, 항상 주도권을 확보하고 있다는 것은 아니다. 공자라도 특별한 노력 없이는 주도권을 확보할 수 없으며, 반대로 방자라도 노력 여하에 따라 얼마든지 주도권을 획득할 수 있기 때문이다. 그런데도 공자가 처음부터 주도권을 가진 상태에서 행동한다고 전제하는 것은 금물이다. 실제로 대부분의 공격은 주도권을 갖고 있기 때문에 하는 것이 아니라 상급부대로부터 공격하라는 명령을 받았기 때문에 그 명령을 따르는 것일 뿐이다. 따라서 주도권은 공자의 전유물이 아니라 이를 획득하기 위해 노력하는 측이 가져가게 되는 것이며, 방자의 입장에서 주도권을 확보할 수 있는 방법은 조기에 공자의 기도를 파악하여 선제적인 행동을 취함으로써 처음부터 공자의 의지를 꺾어버리고 공격 균형을 와해시키는 것이다.

그러므로 방자는 공자의 기습을 거부하고 공자가 근접지역에 도달하기 이전부터 정보의 우위를 달성하기 위해 노력해야 한다. 이를 통해 식별된 적을 작전 초기부터 선제적으로 타격하여 기선을 제압하고, 적의 전투력 집중 방향·시기·규모 등을 조기에 판단하여 이에 선제적으로 대응해야 한다. 이렇게만 된다면 상대에게 기도를 읽히고 선제타격으로 인해 출혈을 당한 공자는 주도권을 방자에게 넘겨주게 되며, 이로 인해 비틀거리는 상태에서도 상급부대의 명령에 따라 마지못해 힘겨운 공격을 할 수밖에 없는 어려운 상황으로 내몰리게 될 것이다.

방어의 이점 최대 이용

방자는 일단 진지에 배치된 이후 병력의 전환이 어려워 적이 공격하지 않는 곳에 배치된 전투력이 유휴화(遊休化)될 수 있다는 단점이 있지만 지형과 시간을 충분히 활용할 수 있다는 이점으로 인해 생존성이 향상되고 전투력을 발휘하기가 용이하다. 방자는 이러한 이점을 최대한 이용할 수 있어야 한다.

공자는 생소한 지역으로 이동하여 전투해야 하지만 방자는 지형에 익숙하고, 적의 접근이 가능한 방향의 방어에 유리한 지형을 선점하여 이를 활용할 수 있다. 또한 적이 이동을 시작하여 방어진지에 도달하기 직전까지도 가용한 시간을 충분히 이용하여 진지와 장애물을 더욱 공고히 하고 화력으로 이를 보강할 수 있다. 전투가 시작된 이후에도 시간은 방자에게 유리하게 작용한다. 시간이 지날수록 공자의 작전한계점은 가까워지기 때문이다.

그러나 방어의 이점을 최대한 이용한다는 이유로 진지에 배치된 상태에서 소극적인 전투로 일관하면서 시간만 지연시키려 하면 안 된다. 방어작전의 궁극적인 목적은 현상 유지가 아니라 적극적인 작전으로 적을 작전한계점에 몰아넣고 조기에 공세 이전하는 것이기 때문이다. 따라서 방어의 이점을 최대한 이용하면서 적의 약점을 조성하고 이에 대한 적극적인 공세행동으로 공세 전환의 계기를 만들기 위해 노력해야 한다.

전투력 집중

방자는 일단 전투력이 배치되면 전투력 집중을 위한 집결 및 이동이 상당히 제한되거나 많은 시간이 소요된다. 또한 일정한 전투력 범위 내에서 한쪽에 집중하려면 다른 한쪽에서의 절약이 전제되어야 한다. 따라서 전장감시를 기초로 적의 위협이 상대적으로 약한 지역이나 지형의 이점을 이용할 수 있는 지역에서는 전투력을 절약하고, 적의 위협이 강할 것으로 예상되는 지역에 전투력을 집중해서 운용할 수 있어야 한다. 단 절약된 지역에 대해서는 화력과 장애물를 보강하거나 추가적인 감시 및 경계대책을 강구하여 절약에 따른 위험을 감소시키기 위한 노력을 기울여야 한다.

또한 예비대를 시·공간적인 중앙에 위치시켜 유사시 결정적인 시간과 장소에 투입하여 상대적인 전투력 우세를 달성할 수 있는 태세를 유지해야 하며, 방어의 특성상 기동에 의한 집중이 제한되는 점을 고려하여 결정적 지점에는 기동장애물[49]과 화력을 운용하기 위한 계획이 준비되어 있어야 한다.

내가 집중하지 않고 적이 집중하지 못하도록 방해하는 것도 상대적으로 집중의 효과를 달성하는 좋은 방법이다. 적이 방어 진지에 도달하기 이전부터 적지종심작전과 경계작전을 통해 적의 조기 전개를 강요하거나 기만작전으로 적의 주의를 분산시키고, 접근로상의 중요 지형을 확보하여 적의 이동을 방해하거나 공세행동을 수시로 실시하는 등적의 전투력 집중을 방해하는 활동을 적극적으로 전개해야 한다.

종심 깊은 전투력 운용

축구 경기를 할 때 수비하는 측의 모든 선수가 하프라인에 일렬로 위치해서 공격해 오는 상대를 절대로 통과시키지 않겠다고 버티는 모습을 본다면 굉장히 충격적일 것이다. 그렇다면 방어작전을 수행함에 있어 전방에 강력한 진지를 편성하고 그곳에 모든 전투력을 투입해서라도 한 치의 땅도 빼앗기지 않겠다고 한다면, 앞에서 예로 든 것과 무엇이 다르겠는가?

방자가 싸울 수 있는 지역은 전방의 일정한 선(線)이 아니라 정면과 종심의 면(面)과 공중공간이 결합된 입체이다. 방자가 활용할 수 있는 지형의 이점은 이 공간의 전체에 걸쳐 산재되어 있다.[50] 그런데도 이러

---

49) 기동장애물(mobile obstacle)은 적의 진출 속도를 추적 및 예측하여 적 기동부대의 기동로 상이나 예기치 않은 지역에 작전상황에 따라 신속하게 설치할 수 있는 유동적인 장애물로서 설치시간이 적게 소요되고 가용시간 내에 융통성 있게 적용할 수 있다. 살포식지뢰지대(FASCAM, Family of Scatterable Mines)가 대표적이며, 도로대화구, 급조대전차구 등도 포함된다.

50) 도시지역, 산악지역, 애로지역, 하천선 등은 특히 방어에 매우 유리한 지역으로 지형과 지물의

한 이점들을 팽개치고 오로지 최전선에 뼈를 묻겠다는 각오로 전투에 임하는 것은 어리석은 일이다. 물론 그 지역의 중요성으로 인해 상급 부대에서 반드시 사수하라는 명령이 떨어진 상태라면 예외일 수 있다.

[그림 4-14] 홍수 시 댐의 축차적인 역할

위의 [그림 4-14]처럼 비가 많이 내려 홍수가 발생해도 하천을 연해 구축된 여러 개의 댐이 축차적으로 물을 가두어서 하류에 있는 지역의 피해를 방지하듯이 방어작전 시에도 적지종심지역, 경계지역, 주방어지역, 후방지역에 이르는 전 종심에서 전투력을 상호 연계하여 운용함으로써 적의 공격 기세를 축차적으로 흡수하는 유연한 전투력 운용이 필요하다.

비좁은 공간에서 출혈을 감당하면서 그곳을 지키려는 의지를 앞세우기보다는 나에게 주어진 넓은 공간을 이용해서 적을 유인하여 공세행동을 실시하기도 하고, 적의 압력을 피해서 수시로 진지를 변환하며, 때로는 장애물과 화력, 방어진지를 이용한 강력한 방어를 하는 등 종심 전체를 이용한 신축적인 작전이 더 효과적임을 인식해야 한다.

방어수단의 통합 및 협조

방어수단의 통합 및 협조는 앞에서 설명한 '방어의 이점 최대 이용'

이점을 잘 활용할 수 있다.

이라는 방어작전 준칙과 맥락을 같이 한다. 방자뿐만 아니라 공자 역시 전투를 수행하기 위해 병력, 무기, 장비 등의 수단을 활용하는 것은 마찬가지이다. 그러나 방자는 이들 수단에 지형적인 이점을 결합하고, 전투진지와 장애물이라는 수단을 추가로 할용할 수 있으므로 공자보다 더 효과적으로 전투력을 발휘할 수 있다.

통합은 제반 수단들을 효과적으로 조직 및 결합하여 전투력의 상승효과를 달성하는 것이고, 협조는 최선의 결과를 획득하기 위하여 제반 수단들이 운용될 장소와 시간을 조정하는 것이다. 방자는 병력, 화력, 장애물, 전투진지 등의 가용한 수단들을 주도면밀하게 통합 및 협조함으로써 각 수단의 강점은 더욱 강하게 하고, 약점은 타 수단으로 보완하여 방어력 발휘를 극대화할 수 있다.

오른쪽의 그림과 같이 병력은 지형의 자연적인 방어력을 고려하여 진지를 편성하고 화력과 장애물로 보강해야 한다. 화력은 기동부대 지원, 공간 통제 등을 위하여 기동 및 장애물 운용과 통합되어야 하며, 장애물은 지형의 자연적인 방어력과 통합하여 그 효과를 증대하고, 기동 및 화력으로부터 보호받으면서 기동과 화력의 효과가 증진될 수 있도록 운용해야 한다.

방어수단의 통합 및 협조 '예'

적극적인 공세행동

영어 속담에 "Spare the rod and spoil the child(매를 아끼면 아이를 망친다)"라는 말이 있다. '아이가 버릇없이 자라지 않도록 하려면 회초리를 들어야 할 때는 들어야 한다'라는 정도로 해석할 수 있겠다. 적절한 비유가 될지 모르겠지만, 공자가 거리낌 없이 행동해 나갈 때 방자가 적절한 응징을 하지 않으면 공자는 더욱 거침없이 거세게 나올 것이다. 조기에 공세이전의 여건을 조성하고자 한다면 수세 일변도의 방어작전으로는 이를 달성하기 어렵고 적극적인 공세행동으로 적의 공격기세를 꺾어야 한다. 공세행동이 수반되지 않는 방어는 성공해 봐야 내가 가진 것을 지키는 것일 뿐 아무런 소득이 없기 때문이다.

공세행동이 적을 결정적으로 격멸시키는 것을 의미하는 것은 아니다. 언제든지 적의 약점 또는 과오가 포착되면 규모에 상관없이 신속하게 결심하고 과감하게 공세행동을 시도해야 한다. 한번 얻어맞아 본 경험이 있다면 적은 마음 먹은 대로 행동하지 못하고 주저하거나 포기하는 경우가 발생한다. 매를 들 때는 들어야 버릇없는 행동을 막을 수 있다.

적의 주력을 결정적으로 격멸하는 공세행동은 일반적으로 예비대를 활용하지만, 그밖에 소규모의 공세행동은 타이밍(timing)이 중요하기 때문에 타격하고자 하는 적에 근접한 부대의 전부 또는 일부로서 급속하게 조직하여 활용할 수 있다. 예비대를 공세행동에 투입한 경우에는 반드시 신(新) 예비대를 조직하여 우발상황에 대비해야 한다.

융통성

융통성은 전투수행의 원칙에도 포함되어 있으나 공자에 비해 전투력을 정적(靜的)으로 운용하는 방어작전에서는 융통성을 확보하는 것이 더욱 중요하다. 방자는 작전 초기에 적의 공격 방향을 정확히 파악하기가 어렵고, 많은 전투력이 방어진지에 이미 배치된 상태이므로 작전 수행 간에는 전투력의 전환과 집중이 곤란하다. 따라서 공자에 비해 많은 융통성이 요구된다.

방어작전 시 융통성이란 어떠한 전장 상황 하에서도 방어의 균형을 유지하면서 적의 다양한 공격양상에 탄력적으로 대응할 수 있는 태세를 갖추는 것이다. 이를 위해 적의 공격에 신속히 대응할 수 있는 적절한 규모의 예비대와 기동력을 확보하고 화력지원계획, 장애물 운용계획, 공세행동계획, 그리고 다양한 우발계획 등을 준비하여 균형된 방어계획[51]을 수립해야 한다. 또한 작전 실시간 최초의 계획에 너무 집착하거나 특정 위협에 편향된 사고는 급변하는 전장 상황에 효과적이고 창의적인 대응을 어렵게 한다. 따라서 방자는 변화되는 상황에 대응하기 위한 적시적인 결심과 신속한 전투력의 집중 및 전환 등의 탄력적인 대응으로 상황을 주도해야 하고, 임무형 지휘를 통해 예하 지휘관이 상급 지휘관의 의도를 파악한 상태에서 창의성을 발휘할 수 있도록 융통성을 보장해야 한다.

---

51) 임무변수(METT-TC)를 고려하여 집중과 절약, 수세와 공세, 배치와 집결, 위임과 통제 등이 적절히 조화를 이루는 것으로 적이 어느 쪽으로 공격해오든지 대비할 수 있는 계획을 의미한다. 화력운용 측면에서 예를 들면 적의 집중이 예상되는 축선에 대해서는 직접지원이나 화력증원 임무를 부여하고 그렇지 않은 축선에 대해서는 화력증원 및 일반지원 임무를 부여하여 언제든지 화력을 전환할 수 있는 융통성을 보유하는 것이다.

▌공격 및 방어의 방식

전장 편성

전장 편성이란 쉽게 설명하자면, 전투를 효율적으로 수행하기 위해 싸워야 할 지역을 용도별로 구분하고 각 용도에 부합하는 전투력을 배분하는 것이라 할 수 있다. 다음의 [그림 4-15]는 일반적인 전장 편성의 예를 제시한 것이다.

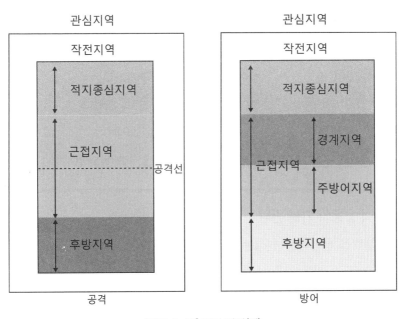

[그림 4-15] 전장 편성(예)

작전지역은 상급부대로부터 부여받은 내가 싸워야 할 지역을 의미한다. 관심지역은 내가 싸워야 할 지역은 아니지만 적이 이 지역에 있다면 언제든지 작전지역 안으로 투입될 가능성이 있기 때문에 관심을 가져야 할 지역이다. 관심지역은 첩보수집 가능범위와 적의 이동속도 등을 고려해서 범위를 한정한다.

작전지역은 크게 적지종심지역, 근접지역, 후방지역으로 구분한다. 적지종심지역은 투입되지 않은 적 제2제대를 타격하고 이동을 방해하여 차후 작전에 지장을 초래하도록 설정한 지역이다. 근접지역은 투입된 적 제1제대와 근접전투를 수행하는 지역이다. 방어작전에서는 근접지역을 경계부대를 운용하는 경계지역과 주방어부대를 운용하기 위한 주방어지역으로 구분한다. 후방지역은 부대의 지휘통제와 작전지속지원 활동이 이루어지는 지역으로 예비대, 지휘통제시설, 작전지속지원시설, 포병부대 등이 위치한다. 지휘관은 이와 같은 개념으로 전장을 구분하고 각 전술집단과 시설들은 적절한 지역에 배치, 운용해야 하며 최초에 구분한 전장은 작전의 진행에 따라 변경될 수 있다.

앞의 [그림 4-15]의 전장 편성은 일반적인 경우이며, 만일 피·아가 혼재된 완전한 비선형전투를 수행하는 경우에는 적용되지 않는다.

전투력 운용의 기본 원리

전투력을 운용하는 원리는 4F로서 설명할 수 있다. 즉 적을 우선 찾아내고(Find), 적을 구속(Fix)한 상태에서 타격(Fight)하고 작전을 완전하게 종결(finish)한 후 다음 작전으로 전환하는 것이다. 이 중 전체적인 전투력 운용의 골간은 적을 구속해서 타격하는 것이다. 적을 자유롭게 행동할 수 있도록 허용한 상태에서 타격한다면 적이 이를 회피하고 다른 방법을 시도할 여지가 있으며, 타격하더라도 기대만큼의 효과를 거두기 어렵기 때문이다. 따라서 공격과 방어작전에서의 전투력 운용 방식은 어떻게 적을 구속하고 타격할 것인가에 따라 결정된다.

공격의 방식

공격은 적 방향으로 작전을 이끌어 나가면서 적을 격멸하고 지역을 탈취함으로써 상대에게 나의 의지를 관철하는 적극적인 행동이다. 그러므로 적 진영 내부에 위치하고 있는 목표를 공격하기 위해서는 적의 전선에 형성된 방어진지를 극복하고 넘어서야 한다. 방어진지를 극복하는 방법으로는 적의 방어진지를 정면으로 공격하여 뚫고 들어가는 방법, 적의 약한 측익(側翼)을 골라서 들어가는 방법, 적이 배치되지 않은 진지 간격을 이용하여 돌아 들어가는 방법 등이 있을 것이다.

① 돌파

돌파(penetration)는 적 방어진지의 간격이나 약한 측익이 없다고 판단되었을 경우에 특정 지역에 전투력을 집중하여 적의 방어진지를 뚫어내는 것이다. 적의 진지를 뚫기 위해서는 돌파 정면의 적에 비해 압도적인 전투력을 집중하고 다른 지역의 적 전투력이 돌파 지역으로 전환하지 못하도록 구속해야 한다. 또한 돌파에 따른아 전투력의 희생을 감수해야 하므로 일반적으로 돌아 들어가기 어렵고 약한 측익을 발견할 수 없는 경우에 한하여 실시한다. 그러나 가급적이면 적의 약한 정면을 돌파할 수 있도록 지역으로 선정해야한다.

돌파에 성공하기 위해서는 수 개의 제대에 의한 연속적인 타격이 필요하다. 즉

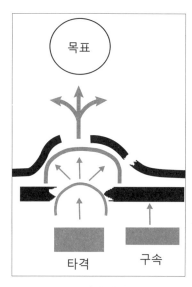

돌파의 개념

돌파구를 형성하고, 형성된 돌파구를 확대하여 견부를 지탱할 수 있어야 하며, 확대된 돌파구를 통해 종심으로 기동하여 목표를 확보하는 과정이 조직적으로 이루어져야 한다. 돌파에 성공할 수 있는 관건은 기동부대의 공격에 앞서 강력한 화력을 이용하여 적의 방어진지를 최대한 약화하는 것이다.

② 포위

포위(envelopment)는 적 방어진지의 약한 측익을 공격하여 적 후방에서 퇴로를 차단할 수 있는 지형을 확보하고 이를 기반으로 적 주력의 후방 또는 측방을 공격하는 것이다. 타격력의 효과는 적의 배후−측방−정면의 순으로 나타나는데, 돌파가 적을 정면으로 타격한다면 포위는 적의 배후와 측방을 타격하는 것이다. 물론 다른 지역의 적 전투력이 포위를 위해 기동하는 부대에 위협이 되지 못하도록 구속해야 한다. 포위 기동부대가 퇴로차단 지형을 확보하면 적을 구속하던 부대는 정면에서 압박해 들어가면서 포위 기동부대와 상호 지원하에 적을 협격하여 격멸한다.

우측 그림에서 보는 것은 적을 한 쪽 방향으로 포위 격멸하는 일익포위의 예이다. 만일 부대의 전투력이 적에 비해 압도적이라면 양익포위나 전면포위도 가능하다. 또한 공중기동 자산이 가용하고

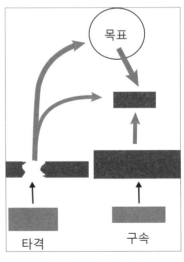

포위의 개념(일익포위)

적의 대공위협을 사전에 제압할 수 있는 여건이 된다면 공중강습에 의한 수직포위도 가능하다.

③ 우회

방자는 지형의 이점을 최대한 이용하기 위해 방어에 유리한 지형을 선정하고 여기에 병력, 화력, 장애물, 전투진지 등의 가용한 수단들을 주도면밀하게 통합 및 협조함으로써 강력한 방어체계를 구축한다. 우회(turning movement)는 이렇게 준비된 방어체계를 무용지물로 만들 수 있는 공격 방식이다. 기껏 힘들여 구축한 방어체계를 돌아 들어가 적의 후방에서 전투를 강요한다면 적은 방어진지를 이탈하여 후방으로 전환해야 한다. 방자가 싸우고자 하는 시간과 장소를 거부하고 공자가 원하는 시간과 장소에서 싸울 것을 강요하는 우회는 가장 이상적인 공격 방식이라 할 수 있다.

우회가 포위와 다른 점은 우회 기동부대와 적을 구속하는 부대가 상호 지원할 수 있는 거리를 넘어 적 후방 종심으로 깊숙이 들어간다는 것이다. 그러므로 우회 기동부대는 자체적으로 기동력과 화력을 발휘하여 독립적인 전투를 할 수 있는 능력을 갖추어야 한다. 또한 적의 종심지역으로 들어간 우회 기동부대는 적의 증원이나 철수를 허용하거나 스스로 적 지역에서 고립되어 포위당하지 않도록 대책을 강구해야 한다.

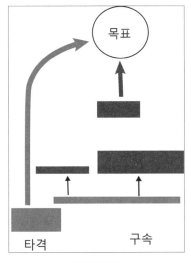

우회의 개념

④ 정면 공격

　정면 공격(frontal attack)은 적의 전(全) 정면에 걸쳐 공격을 가하는 방식으로 보통 적 주력을 고착하여 행동을 구속함으로써 우회, 돌파, 포위를 위한 기동 여건을 조성하기 위해 실시한다. 또한 적의 전투력과 방어체계가 상당히 미약하거나 적이 무질서하게 퇴각하는 경우에도 실시할 수 있지만 기본적으로 전투수행의 원칙과 공격작전의 준칙에 부합되지 않는 비경제적인 전투력 운용 방식이므로 가급적 지양(止揚)하는 것이 좋다.

　이 외에 침투(infiltration)를 공격의 방식으로 포함하기도 하는데, 관점에 따라 다르겠지만 침투를 공격의 방식으로 분류하는 것은 한계가 있다고 판단된다. 침투는 하나의 공격 방식을 대변하기보다는 공격 방식을 촉진하는 수단적인 측면이 강하기 때문이다. 예를 들어, 우회 또는 포위 기동부대가 침투라는 방법으로 임무를 수행했다면 그것을 우회나 포위가 아니라 침투라고 할 수는 없는 것이다. 또한 침투를 통해 적 후방의 주요 시설이나 화력지원 수단을 타격하거나 기동로 상의 애로나 견부를 확보하는 임무를 수행하였다면 이런 활동들은 그 자체가 목적이 아니고 위에서 다른 공격 방식을 효율적으로 수행할 수 있는 여건을 조성하는 것이 목적이라 할 수 있다. 즉 우회, 돌파, 포위, 정면 공격은 특정한 작전의 개념을 표현하고 있지만 침투는 그러한 개념 달성을 촉진하는 하나의 수단으로 볼 수 있는 것이다.

방어의 방식

　방어를 선택하는 궁극적인 이유는 차후에 내가 공격으로 전환할 수

있는 여건을 만드는 것이다. 물론 공격할 수 있는 능력이 있어도 보다
좋은 여건을 조성하기 위해 의도적으로 방어하는 경우도 있지만 대부
분의 방어는 적의 기습적인 공격에 대응하거나 적에 비해 전투력이
열세하기 때문에 일단 적의 공격을 효과적으로 막아내어 작전한계점
을 유도하고 공격으로 전환하고자 일시적인 방편으로 실시한다.

방어하는 방식은 지형의 이점을 이용하여 지역을 지키는 방식, 기
동을 통한 타격으로 적을 격멸하는 방식, 적의 공격을 지연하는 방식
등이 있다.

① 지역방어

지역방어(area defense)는 지형의 자연적인 방어력을 이용하여 적을
타격하고 방어지역을 확보하는 것
이다. 공자가 공격하고자 하는 시간
과 장소를 선택하여 기습과 집중을
달성하기 쉽다는 이점이 있다면, 방
자는 방어에 유리한 지형을 선정하
고 준비할 수 있다는 이점이 있다.
이러한 이점을 살려 적의 접근이 예
상되는 주요 지형에 전투진지를 구
축하고 화력과 장애물로 진지를 보
강하고 이를 이용하여 공격하는 적
을 구속하고 타격한다. 우측의 그림
처럼 타격하는 방식은 진지에 고정
된 전투력이 주 역할을 담당하지만

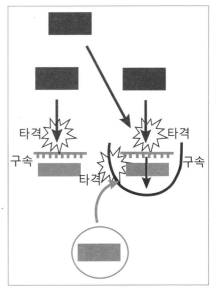

지역방어의 개념
(전방에서 적을 구속, 타격)

진지가 돌파되면 공세행동을 통해 적을 타격하고 상실된 방어지역을 회복함으로써 방어의 지속성을 유지한다. 지역방어를 수행하는 데에 있어 적이 아예 내 지역에 발을 들여놓지 못하도록 무조건 전방에서만 적을 구속하고 타격하려고 고집하면 안 된다. 지역방어에 필수적인 지형의 이점은 전방에만 존재하지 않고 방어지역의 전 종심에 걸쳐 존재하기 때문이다.

② 기동방어

대부분의 전투력을 진지에 고정 배치하여 운용하는 지역방어에 비해 기동방어(mobile defense)는 대부분의 전투력을 능동적으로 기동하면서 적을 타격하는 방식이다. 기동은 적에게 타격을 가하는 행동일 수도 있고 진지를 변환하는 행동일 수도 있는데 기동방어에서는 적을 타격하는 데 주안을 둔다. 지역방어에서 공세행동과 기동방어에서 적을 타격하는 행동이 다른 점은 지역방어의 공세행동이 우발적인 상황을 타개하는 행동이라면 기동방어의 타격행위는 사전에 계획한 지역으로 적을 유인하여 타격하는 의도적인 행동이라는 점이다.

타격하는 위치는 최전방 방어선을 넘어 적 지역에서 이

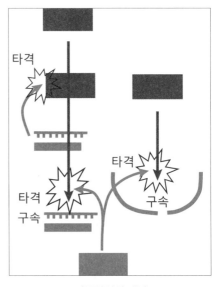

기동방어의 개념

루어질 수도 있고 방어지역 전방이나 종심이 될 수도 있다. 또한 타격의 목적도 적 주력을 일거에 격멸하기 위한 일회성의 결정적인 타격이 될 수도 있고 방어 종심의 공간을 충분히 활용하여 다수의 타격을 실시함으로써 누적적인 효과를 추구할 수도 있다. 다만 적을 구속한 상태에서 타격해야 큰 효과를 거둘 수 있으므로 이를 위한 적시적인 진지 변환이 수반되어야 한다는 점에 유념해야 한다.

③ 지연방어

지연방어는 방어지역 종심을 따라 전투진지를 축차적으로 점령하면서 적의 공격을 조직적으로 지연시키는 방식이다. 차후 작전을 수행할 수 있도록 전투력을 최대한 보전하면서 적을 지연시키려면 적에게 공간을 허용하는 대신에 시간을 얻을 수 있어야 한다. 지연방어를 수행한 부대는 적과의 접촉을 단절하고 새로운 지역에서 임무를 수행할 수도 있고 접촉을 계속 유지하면서 새로운 진지에서 연속적인 방어 임무를 수행할 수도 있다.

지연방어를 실시하는 경우로는, ① 적의 압력으로 현진지를 고수하기가 불가능하거나 현진지가 방어 임무를 수행하는 데 불리하다고 판단될 경우, ② 다른 지역에서 새로운 임무를 수행하도록 명령을 받은 경우, ③ 기

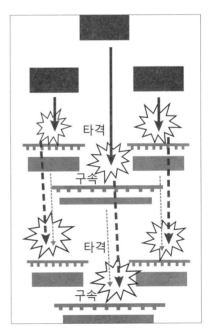

지연방어의 개념

동방어 시 아군이 계획한 타격지역으로 적 부대를 유인하는 임무를 수행하는 경우 등이 될 수 있다.

지역방어 시에도 방어지역 종심을 이용하여 적을 축차적으로 격멸할 수 있다. 그러나 지역방어가 적을 적극적으로 타격하여 책임지역을 지키는 방식인 반면, 지연방어는 최대한 시간을 획득하고 나의 전투력을 보존하는 것을 목적으로 실시하기 때문에 적을 타격하기 위해 자신의 전투력을 과도하게 투자하는 행동은 가급적 지양한다.

지연방어를 수행할 때 전투력을 보존해야 한다고 해서 무조건 뒤로 물러나서는 소기의 목적을 달성할 수 없고 자칫 적에게 포위를 당할 수도 있다는 점에 유념해야 한다. 따라서 지연방어 간에는 적과 계속 접촉을 유지하면서 적절한 범위 내에서 적에 대한 타격이 이루어져야 시간을 획득하는 동시에 적 전투력을 약화시킴으로써 다음 작전을 기약할 수 있기 때문이다.

『孫子兵法』解説

『손자병법』의 구성 및 체계

　손자병법은 약 2,500년 전 춘추시대 말기에 손무(孫武)가 저술한 것으로 알려져 있으며, 무경칠서[1] 중 으뜸이라 할 수 있다. 손자병법은 총 13편, 6,109자에 불과한 짧은 분량이지만 변증법적인 사고방식에 입각하여 정제된 어귀로 간결하게 표현되어 있으며, 국가 및 군사전략으로부터 전술에 이르기까지 용병(用兵)과 치병(治兵)에 대한 내용을 다루고 있다. 손자병법의 구성과 체계는 다음과 같다.

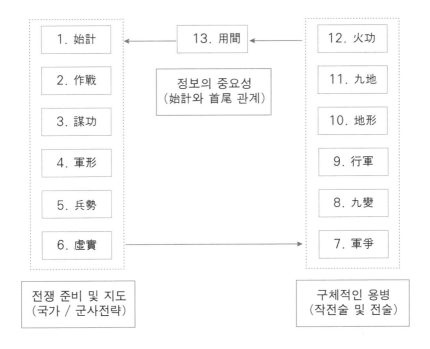

1) 무경칠서(武經七書)는 중국의 일곱 가지 대표적인 병서인 손자병법(孫子兵法), 오자병법(五子兵法), 육도(六韜), 삼략(三略), 울료자(尉繚子), 사마법(司馬法), 이위공문대(李衛公問對)를 총칭하는 것이다.

『손자병법』의 핵심사상

전쟁에 대한 관점

손자는 전쟁이란 함부로 일으켜서는 안 되는 것으로 매우 신중하게 고려하여 결정할 문제라는 신중론(愼重論)을 견지한다. 즉 승산과 손익을 계산해야 한다는 것이다.

먼저 전쟁은 국가와 사회, 그리고 인간 생활에 파괴적인 영향을·미치며, 천문학적인 전쟁 비용이 소요되므로 그 수행 여부를 결정하려면 철저하게 승산을 따져야 한다(兵者國之大事, 死生之地, 存亡之道, 不可不察也). 그리고 승산을 계산하는 기준으로 5事와 7計를 제시하고 있는데, 5事에 입각하여 나의 상태를 먼저 살펴본 후 7計를 기준으로 적과 나를 비교하여 승산이 충분할 경우에 전쟁을 수행해야 함을 강조한다.

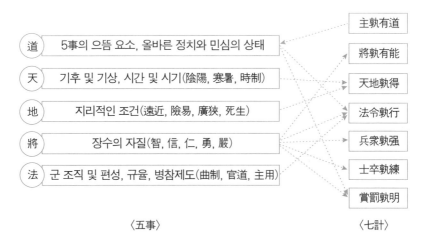

> 兵者國之大事, 死生之地, 存亡之道, 不可不察也
> 전쟁은 백성의 생사와 나라의 존망을 좌우하는 국가의 중대사이므로 신중하게 살피지 않으면 아니 된다.

그리고 전쟁은 철저한 손익을 계산해야 하는데, 이는 국가이익이 손해인지 이익인지를 판단하는 것과 관련된다. 즉 전쟁의 최종적인 결과가 국가이익에 부합하는 경우에 전쟁을 개시해야 한다는 것이다.

> • 非利不動, 非得不用, 非危不戰
>   유리하지 않으면 군을 움직이지 말고, 이익이 없으면 군을 사용하지 말며, 위태롭지 않으면 전쟁을 하지 말아야 한다.
> • 主不可以怒而興師, 將不可以慍而致戰, 合於利而動, 不合於利而止.
>   군주는 노여움 때문에 군대를 일으켜서는 안 되고, 장수는 분노 때문에 전쟁에 돌입하면 안 된다. 이익에 합치되면 움직이고 그렇지 않으면 그쳐야 한다.
> • 怒可以復喜, 慍可以復悅, 亡國不可以復存, 死者不可以復生.
>   노여움은 다시 기쁨으로 바뀔 수 있고, 분노는 다시 즐거움으로 바뀔 수 있지만, 망한 나라는 다시 존재할 수 없고 죽은 사람은 다시 살아날 수 없다.
>
> 〈第12 火攻〉

이와 같은 손자의 전쟁관은 가급적 전쟁을 회피하고 평화를 추구하는 이상주의자와 전쟁을 불가피한 것으로 간주하는 현실주의자의 시각이 결합된 것이라 볼 수 있다.

1982년 4월 2일 아르헨티나 해병과 육군 특수부대는 영국령 포클랜드섬을 점령함으로써 포클랜드 전쟁(1982.4.2.~6.15.)을 발발하였다. 아르헨티나의 갈티에리 군사정부는 국가이익이 아닌 국민의 집권세력에 대한 불만을 잠재울 목적으로 전쟁을 일으켰으며, 나름대로 국

포클랜드 전쟁

제적인 환경이 자신에게 유리한 것으로 판단[2]하였다. 문제는 아르헨티나가 영국이라는 상대국을 포함하여 제반 국제적인 환경을 자신에게 유리한 방향으로 판단하였기 때문에 국민의 대 영국전쟁에 대한 지지와 대동단결에도 불구하고 겨우 75일 만에 항복하게 되었고 급기야 정권이 붕괴되는 결과로 이어졌다. 신중하지 못한 전쟁 수행 결심으로 인해 치욕스러운 결과를 맞이한 사례라 할 수 있다. 1990년 이라크가 쿠웨이트를 강점하면서 발발한 걸프전쟁도 이라크 후세인의 신중하지 못했던 판단에서 비롯되었다.

전쟁에 대한 의지와 신념

전쟁에 대한 의지와 신념은 '어떤 전쟁을 수행하고자 생각하였는가'에 대한 문제로서, 이에 대해 손자는 부전승사상, 전승사상, 속전속결사상, 이렇게 세 가지로 대답하고 있다.

---

2) 영국이 포클랜드섬으로부터 원거리에 이격되어 탈환작전이 제한될 것이므로 유엔의 일시적인 비판을 감수하면 포클랜드섬 점령을 기정사실화할 수 있다고 판단하였으며, 식민통치를 경험한 중남미국가들이 자신에게 동조할 것으로 생각했다. 그리고 아르헨티나를 중심으로 하는 남대서양 조약기구를 구성하고자 노력하고 있는 미국의 역할, 아르헨티나 곡물의 주요 수출국인 소련의 지원, OAS(미주기구) 회원국으로서 상호 원조의무 조항에 대한 기대 등이 포클랜드섬 점령의 판단 근거라 할 수 있다.

부전승사상(不戰勝思想)은 강력한 군사력이 뒷받침하는 정치·외교적 수단으로 싸우지 않고 승리하는 것을 의미한다. 손자의 추종자로 알려진 리델 하트는 이를 무혈승리(無血勝利, bloodless victory)라 불렀다.

- 凡用法之法, 全國爲上, 破國次之, 全軍爲上, 破軍次之.
  무릇 용병을 하는 방법에 있어, 적국을 온전한 채로 굴복시키는 것이 최상이요, 적국을 쳐부수는 것은 차선이다. 적의 군대를 온전한 채로 굴복시키는 것이 최상이요, 적의 군대를 쳐부수는 것은 차선이다.
- 百戰百勝, 非善之善者也. 不戰而屈人之兵, 善之善者也.
  백 번 싸워 백 번 모두 승리하는 것이 최선이 아니라 싸우지 않고 적의 군대를 굴복시키는 것이 최선이다.
- 上兵伐謀, 其次伐交, 其次伐兵, 其下攻城, 爲不得已.
  최상의 병법은 적의 계략(전략)을 치는 것이고, 그다음은 적의 동맹(외교) 관계를 치는 것이며, 그다음은 적의 군사를 치는 것이고, 최하의 방법은 적의 성을 직접 공격하는 것으로 이는 부득이한 경우에만 행한다.

〈第3 謀攻〉

전승사상(全勝思想)은 전쟁을 회피하기가 제한되어 군사력을 사용할 수밖에 없는 경우에 최소한의 희생과 비용으로 전쟁을 수행하여 이기는 것을 말한다.

- 自保而全勝.
  자신을 보존하고 온전한 승리를 거둔다.

〈第4 軍形〉

- 知彼知己, 勝乃不殆, 知天知地, 勝乃可全.
  적을 알고 나를 알면 승리하되 위태롭지 않으며, 지리와 천시를 알면 온전한 상태로 완전한 승리를 거둘 수 있다.

〈第10 地形〉

속전속결사상(速戰速決思想)은 전쟁을 수행하는 과정에서 전력이 쇄진됨은 물론 국가의 재정도 파탄나고, 국민의 고통도 날로 증가하며, 제삼국의 침공이나 개입 등의 추가적인 우발상황이 발생할 우려가 있으므로 최대한 빠르게 전쟁을 승리로 종결해야 한다는 의미이다.

> - 兵聞拙速, 未睹巧之久也. 夫兵久而國利者, 未之有也.
>   전쟁은 다소 미비하더라도 속전속결해야 한다고는 들었어도 교묘하게 오래 끄는 것은 보지 못했다. 무릇 전쟁을 오래 끌어 나라를 이롭게 한 예는 아직 없었다.
> - 兵貴勝, 不貴久.
>   전쟁은 이기는 것을 중시하되 오래 끌지 말아야 한다.
>
>   〈第2 作戰〉

용병의 핵심사상

궤도(詭道)

정공법에 의한 전쟁은 우승열패(優勝劣敗)의 논리가 지배할 수밖에 없기 때문에 손자는 궤도를 군사력 운용의 기본으로 제시하고 있다. 적을 교란하거나 기만하고, 적의 기습을 방지하면서 적에게 기습을 가함으로써 승리할 수 있는 여건을 조성하는 것이다. 즉, 적이 생각하고 행동하는 방향과 어긋나게 군대를 운용하는 것을 의미한다. 약육강식의 시대로 접어든 춘추시대 말기부터는 정공법으로 승리하는 것이 더 이상 어려워졌고 분진합격, 양공, 포위, 매복, 습격, 기만, 수공 및 화공 등의 다양한 방법을 적용하여 적을 속여야 할 필요성이 크게 대두되었기에 궤도는 선택이 아닌 필수가 된 것이다. 손자병법에서는 궤도의 방법으로 다음과 같은 열네 가지를 제시하고 있다.

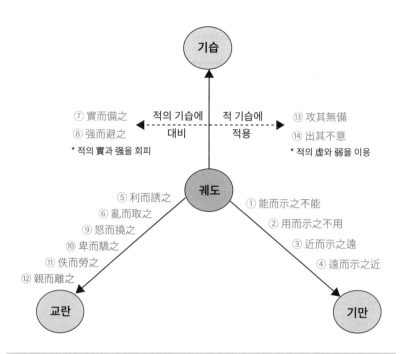

- 兵者, 詭道也 ⇒ 此兵家之勝, 不可先傳也.
  병법은 적을 속이는 것이다. 이는 병법가의 승리요결이므로 사전에 누설되면 안 된다.

  〈第1 始計〉

- 兵以詐立, 以利動, 以分合爲變者也.
  용병은 속임으로써 성립하고, 이익을 미끼로 적을 움직이며, 분산하거나 집중함으로써 변화를 만들어 내는 것이다.

  〈第7 軍爭〉

- 凡戰者, 以正合, 以奇勝.
  무릇 전쟁의 수행은 정(正)으로 적과 맞서고 기(奇)로서 승리하는 것이다.

- 奇正之變, 不可勝窮也.
  기(奇)와 정(正)의 배합에 따른 변화로 적이 이기지 못하도록 하는 방법은 끝이 없다.

  〈第5 兵勢〉

제승지형(制勝之形)

　제승지형은 승리할 수 있는 형세를 만들어 나가는 것을 의미한다. 즉, 주도권을 확보하고, 이를 유지 및 확대함으로써 최소의 전투로 쉽게 승리를 달성해 나가는 과정이라 할 수 있다. 제승지형의 과정에서 궤도의 14가지 방법이 적용되는 것은 물론이다. 제승지형과 관련된 주요 어구를 제시하면 다음과 같다.

구분		주요 내용
第4篇 軍形 (배치 · 편성 · 준비)	태세	• 先爲不可勝, 以待敵之可勝 　* 적이 이길 수 없도록 먼저 태세를 갖추고 승리할 기회를 기다림 • 勝者, 先勝以後求戰 　* 승리할 군대는 먼저 승리할 조건을 갖추고 전쟁을 시작함
第8篇 九變 (이길 수 있는 태세 구축)		• 無恃其不來, 恃吾有以待之. 無恃其不攻, 恃吾有所不可攻也 　* 적이 오지 않을 것임을 믿지 말고 내가 대비 태세를 갖추고 있음을 믿어야 하고, 적이 공격하지 않을 것임을 믿지 말고, 적이 감히 나를 공격할 수 없도록 내가 준비되어 있음을 믿어야 한다.
第5篇 兵勢 (勢 형성)	운용	• 分數(제대 구분), 形名(지휘 및 통제수단), 奇正, 虛實을 통한 勢 형성 • 善戰者, 求之於勢, 不責於人 　* 승리를 부하로부터 구하지 않고 勢로부터 구함
第6篇 虛實 (强과 弱의 조화)		• 善戰者, 致人而不致於人 　* 적에 조종당하지 않고 적을 조종하여 능동으로 피동에 몰아넣음 • 避實而擊虛 　* 적의 튼튼한 점은 회피하고 약점을 조성 및 이용 • 能因敵變化而取勝者 　* 적에 따라 변화된 방법으로 승리 쟁취(융통성, 임기응변)

제승지형의 의미처럼 승리의 형세를 조성해 나가기 위해서는 우선 부대의 전투준비, 편성, 배치 등에 있어 이길 수 있는 태세를 갖추어야 하며, 이를 기초로 변화무쌍한 용병을 통해 勢를 형성해 나가야 한다. 勢를 형성하는 것은 곧 주도권을 획득, 유지, 확대해 나가는 것으로 해석할 수 있다.

우직지계(迂直之計)

우직지계는 간접접근에 의해 승리를 추구하는 방법이다. 이는 기만을 통해 적 주력을 견제한 상태에서 최소 예상선과 최소 저항선을 이용하여 적의 배후로 기동할 것을 강조한 리델 하트의 '간접접근전략'과 동일한 맥락이다. 즉, 적의 강점에 정면으로 접근하지 않고 우회하여 돌아서 들어가는 것이 적의 예상보다 빠르면서 나의 희생을 최소화하고 적에게 기습을 달성할 수 있다는 것이다. 이는 간접접근에 의한 전승(全勝)을 추구하는 사상이라 할 수 있다.

> 軍爭之難者, 以迂爲直, 以患爲利.
> 군쟁(軍爭, 기회·위치·시간 등의 유리함을 차지하기 위한 적과의 다툼)에 있어 어려운 것은 돌아가는 것을 곧바로 가는 것과 같이 만들고, 곤란한 상황을 유리한 상황으로 만드는 것이다.
>
> 〈第7 軍爭〉

손자는 제7편 군쟁에서 우직지계를 적용하는 경우에는 반드시 다음과 같은 계책을 강구하라고 강조한다.

① 적에 대한 기만 대책 강구

* 迂其途, 而誘之以利, 後人發, 先人至. 此知迂直之計者也.

길을 돌아가면서도 이익을 미끼로 적을 속인다면 적보다 늦게 출발했어도 적보다 먼저 도착하게 된다. 이것이 우직지계를 아는 것이다.

② 군수지원 대책 강구

* 軍無輜重則亡, 無糧食則亡, 無委積則亡.

군대는 치중이 없으면 망(패배)하고, 식량이 없으면 망하며, 예비로 비축된 물자가 없어도 망하게 된다.

③ 사전 준비

* 제3국의 위협을 배제하거나 협공을 위한 사전 동맹, 지형 숙지, 길안내자(鄕導)의 활용, 일사불란한 지휘통제 대책 강구 등

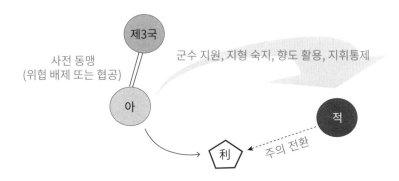

군수와 정보의 중요성 강조

비록 기원전이었지만, 손자는 전쟁의 승패에 있어 전쟁의 준비, 군사력의 운용과 더불어 정보와 군수의 중요성을 당시 누구보다 잘 알

고 있는 것으로 보인다. 정보와 군수활동은 그 자체로서 전쟁의 결과에 직접적으로 관여하는 것은 아니지만, 군사력 운용에 있어 행동의 자유와 작전의 범위에 융통성을 제공함으로써 전쟁의 결과에 결정적인 영향을 미친다는 사실은 부인할 수 없다.

군수 측면에서 손자는 군수지원으로 인한 국가 경제에 미치는 영향이 크기 때문에 가급적이면 속전속결로 전쟁을 종결해야 하고, 적지 깊숙이 원정을 떠났을 경우에는 적지 조달(敵地 調達)로 군수소요를 충족해야 한다고 강조하였다.

- 國之貧於師者, 遠輸. 遠輸, 則百姓貧.
  나라가 군사로 인해 가난해지는 원인은 군수물자를 멀리 실어보내기 때문이다. 이로 인해 백성도 빈곤해진다.
- 兵聞拙速, 未睹巧之久也.
  전쟁은 다소 미비하더라도 속전속결해야 한다고는 들었어도 교묘하게 오래 끄는 것은 보지 못했다.
- 因糧於敵.
  식량을 적으로부터 탈취하여 조달한다.
- 勝敵而益强
  승리할수록 점점 더 강해진다.(병력, 장비 등 전리품 활용으로 군사력 증강)

〈第2 作戰〉

정보 측면에서 돋보이는 것은 적에 대한 정보뿐만 아니라 아군에 대한 정보까지 중시하고 있다는 것이다. 적에 대해 아무리 잘 알고 있어도 자신을 냉철하게 파악하지 못하면 적을 과대 또는 과소평가할 수 있기 때문이다. 또한 전쟁지도 측면에서 적을 파악하는 방법, 전장에서 적을 파악하는 방법, 적의 행동과 징후를 통해 적의 상태를 파악하는 방법 등을 제시하고 있다.

치병(治兵)

손자병법은 용병에 관한 내용 이외에도 장수의 지휘권한 보장과 장수로서 병력을 다스리는 방법에 대해서도 언급하고 있다. 물질적인 유형 전투력의 운용에만 국한되지 않고 유형 전투력의 효율성을 촉진할 수 있는 장수의 리더십, 병력에 대한 교육과 훈련, 정신무장 등을 위해 장수로서 관심을 가져야 할 사항들에 대해서도 통찰하고 있었고, 이를 매우 중요한 전쟁의 승리 요인으로 인식하고 있었음을 알 수 있다.

구분	주요 내용
장수의 자질	• 將者, 智·信·仁·勇·嚴 將(장수의 자질)이란 지혜, 신의, 인애, 용기, 엄정을 말한다. 〈第1 始計〉
장수의 지휘 권한 보장	• 將者, 國之輔也. 輔周, 則國必强. 輔隙, 則國必弱. 장수는 국가의 버팀목 역할을 한다. 이 역할이 나라에 두루 미치면 나라는 필히 강성해질 것이고, 이 역할에 틈이 있으면 나라는 필히 약해질 것이다. • 軍之所以患於君者三 군대가 군주로부터 우환을 갖게 되는 세 가지 경우 – 不知軍之不可以進, 而謂之進, 不知軍之不可以退, 而謂之退, 是謂縻軍 　군의 진격할 수 없는 처지를 모르고 진격하라 하고, 후퇴할 수 없는 처지를 모르고 후퇴하라고 한다. 이를 속박된 군대라 한다. – 不知三軍之事,而同三軍之政, 則軍士惑矣. 　군의 사정을 모르면서 군정에 간섭하여 군대를 혼란스럽게 한다. – 不知三軍之權,而同三軍之任, 則軍士疑矣. 　군의 지휘권한을 모르고 군령에 간섭하여 군대가 불신감을 갖게 한다. 〈第3 謀攻〉 • 戰道必勝, 主曰無戰,必戰可也. 戰道不勝, 主曰必戰,無戰可也. 전쟁에서 승리를 확신한다면 군주가 싸우지 말라고 해도 필히 싸워야 한다. 전쟁에서의 승리를 확신하지 못한다면 군주가 반드시 싸우라고 해도 싸우지 않을 수 있다. • 進不求名, 退不避罪, 唯民是保, 而利合於主, 國之寶也. 장수는 전장에 나아가되 명예를 구하지 않으며, 전장에서 물러나되 죄를 받는 것을 피하지 않고, 오로지 백성을 보호하고 이익이 군주(나라)에 합치되도록 할 따름이니 이러한 장수는 나라의 보배이다. 〈第10 地形〉

구분	주 요 내 용
장수가 경계해야 할 사항 (5危)	• 必死可殺, 必生可虜, 忿速可侮, 廉潔可辱, 愛民可煩. 지모를 쓰지 않고 용맹만을 내세워 죽기로 싸우면 죽음을 당할 수 있고, 기어이 목숨만을 지키려고 한다면 적에게 사로잡힐 수 있으며, 분을 이기지 못해 급하게 행동하면 수모를 당할 수 있고, 성품이 지나치게 깨끗하면 치욕을 당할 수 있으며, 병사를 너무나 아끼면 번뇌가 많아진다. • 凡此五危, 將之過也, 用兵之災也. 覆軍殺將, 必以五危, 不可不察也. 무릇 이 다섯 가지 위태로움은 장수의 허물이자 용병에 있어서 재앙이다. 군대가 패배하고 장수가 죽게 되는 것은 반드시 이 다섯 가지 위태로움에서 비롯되니 신중히 살피지 않을 수 없다. 〈第8 九變〉
장수의 과오에 따른 군대의 유형	• 무모한 장수(走兵) ＊夫勢均, 以一擊十, 曰走: 무릇 양측의 새가 비슷한데도 하나로 열을 침으로써 제대로 싸워보지도 못하고 도주하게 되는 군대 • 우유부단한 장수(弛兵) ＊卒强吏弱, 曰弛: 병사들은 강하지만 간부들이 약한 군대 • 강압적인 장수(陷兵) ＊吏强卒弱,曰陷: 간부들은 강하지만 병사들이 약한 군대 • 부하 능력을 모르는 장수(崩兵) ＊大吏怒而不服, 遇敵懟而自戰, 將不知其能, 曰崩: 고급 간부가 화를 잘 내어 병사들이 복종하지 않고, 적을 만나면 적개심에 제멋대로 싸우는데도 장수가 이를 잘 알지 못하는 군대 • 통솔력이 부족한 장수(亂兵) ＊將弱不嚴, 敎道不明, 吏卒無常, 陳兵種橫, 曰亂: 장수가 유약하고 위엄이 없어 교육과 훈련이 명확하지 않으며, 병사와 간부들이 위계질서가 없어 진을 칠 때 병력의 대오가 종횡으로 무질서한 군대 • 작전능력이 부족한 장수(北兵) ＊將不能料敵,以少合衆, 以弱擊强, 兵無選鋒, 曰北: 장수가 적을 헤아릴 능력이 없어 적은 병력으로 많은 적과 맞붙어 싸우며, 약한 병력으로 강한 적을 치고, 앞으로 나서는 정예부대가 없는 군대 • 凡此六者, 敗之道也. 將之至任, 不可不察也. 무릇 이 여섯 가지는 패배를 부르는 요인이자 장수의 커다란 책임이므로 신중하게 살피지 않으면 안 된다. 〈第10 地形〉

구분	주요 내용

장수의
지휘통솔
	• 복종 유도를 통한 사용 가능한 병력화
	
	  – 벌의 집행
	
	    * 卒未親附而罰之, 則不服.不服, 則難用也. 卒已親附而罰不行, 則不可用.
	     병력들과 아직 친해지지 않은 상태에서 벌을 주면 복종하지 않게 되고, 복종하지 않으면 쓰기 어렵게 된다. 병사들이 이미 친밀해졌는데도 벌을 주지 않으면 쓸 수 없게 된다.
	
	  – 합리적인 명령과 엄격한 통제
	
	    * 令之以文, 齊之以武, 是謂必取.
	     합리적으로 명령하고, 엄격함으로 이를 통제해야 하는데 이를 일컬어 반드시 승리를 획득하는 방법이라 한다.
	
	                                     〈第9 行軍〉
	
	• 嚴과 情의 조화 (第10 地形)
	
	  – 視卒如嬰兒, 故可與之赴深谿. 視卒如愛子, 故可與之俱死.
	  병사들을 어린아이 보살피듯 대하면 병사들은 장수를 따라 깊은 골짜기에 뛰어들게 된다. 병사들을 사랑하는 자식처럼 대하면 병사들은 장수와 더불어 기꺼이 죽을 수 있게 된다.
	
	  – 厚而不能使, 愛而不能令. 亂而不能治, 譬與驕子, 不可用也.
	  병사들을 후하게만 대하면 다룰 수 없게 되고, 아끼기만 하면 제대로 명령할 수 없게 된다. 이리하여 질서(군기)가 문란해져 다스릴 수 없게 되니 비유컨대 버릇없는 자식과 같아 아무짝에도 쓸모가 없어진다.
	
	                                     〈第10 地形〉

『손자병법』의 특징

『손자병법』은 무려 2,500년 전에 저술된 병서이지만 오늘날에도 군은 물론이거니와 정치, 경제, 사회, 경영 등의 제반 분야에서도 여전히 그 가치와 유용성을 인정받고 있다. 그만큼 손자병법은 다른 병서에서 볼 수 없는 특징을 지니고 있기 때문일 것이다. 손자병법의 특징을 몇 가지로 요약해 보면 다음과 같다.

첫째, 동양과 서양을 망라한 병학서 중에서 최고 수준의 용병서로서 현재까지도 전쟁에 대한 이해와 지평을 열어주고 문제 해결의 방향을 제시해 준다.

둘째, 군대의 규모, 전쟁의 수준, 그리고 시대를 초월하여 적용이 가능한 추상성을 지니고 있어 독자들의 수준에 따라 상상력과 창의력 발휘의 여지를 제공한다.

셋째, 국가의 존립과 정치적 목적을 달성하기 위한 국력, 경제력, 외교력, 군사력의 활용 방법이 망라되어 있다. 예를 들어 서양의 대표적인 군사사상가이자 이론가인 클라우제비츠는 전쟁에 있어서 군사전략과 전술에 한정된 이론을 펼친 반면, 그보다 훨씬 전에 완성된 『손자병법』은 국가전략-군사전략-작전술-전술에 두루 적용이 가능하다.

넷째, 기만, 기도비닉, 기습, 기동, 집중, 주도권, 정보, 군수 등과 같은 현대에도 군사작전에 적용해야 할 주요 개념들을 선명하게 제시하고 있다.

마지막으로, 『손자병법』에서는 이상적인 용병법을 제시하고는 있지만, 구체적인 성취 방법에 대해서는 함구하고 있어 시대를 초월하여 그 시대에 맞는 방법을 개발할 수 있는 여지를 제공해 준다. 이것이 손자병법이 지금까지도 생명력을 발휘하는 가장 중요한 원인이라 할 수 있다.

『孫子兵法』 본문 해설

『손자병법』의 구성

1 始計: 전쟁에 대한 국가적인 판단과 계획의 착수
➜ 전쟁 결심 이전에 검토해야 할 사항과 결심한 이후 알아야 할 군사력 운용의 기본

2 作戰: 전쟁의 수행
➜ 전쟁 수행에 있어 유념해야 할 핵심 개념

3 謀功: 교묘한 계략(謀計)으로 적을 굴복
➜ 군사적인 방법뿐만 아니라 정치 및 외교적인 방법까지 망라

4 軍形: 적과 대치한 상태에서의 태세(배치, 편성, 준비) 구비
➜ 形(態勢, 靜: 힘의 축적) → 勢(運用, 動: 힘의 발휘):「軍形」과「兵勢」가 연결됨

5 兵勢: 태세(形)을 갖춘 군대를 움직임으로써 발휘되는 힘의 위력(氣勢)
➜ 形을 기반으로 勢가 이루어짐

6 虛實: 강함과 약함(전투력의 集中과 節約을 조화)
➜ 적의 虛를 조성 → 實로써 虛를 친다. 實한 곳을 회피하고 虛한 곳을 친다(避實擊虛)

7 軍爭: 적보다 유리함(기회, 위치, 시간 등)을 차지하기 위한 경쟁
➜「허실」까지 추상적인 이론이었다면「군쟁」부터는 실제적인 방법론을 다룸

8	九變: 상황에 대처하는 용병의 변화 능력(融通性, 臨機應變) 術的인 차원 ➔ 九變의 術을 발휘하기 위한 전제조건을 제시하고 구체적인 내용은 「九地」편에 기술
9	行軍: 군을 움직이는 것 ➔ 기동, 전투, 정찰, 행군, 숙영 등의 제반 군사작전 활동과 지휘통술 방법 등을 망라
10	地形: 땅의 형상 ➔ 지형별 용병법과 완전한 승리를 위해 적과 나, 그리고 천시를 명확히 알아야 함
11	九地: 지리적 구분에 따른 용병법(九地之變 = 九變之術) ➔ 「지형」편이 전술적인 지형론이라면, 「구지」편은 전략 및 작전적 지형론임
12	火攻: 불을 이용한 공격방법 ➔ 고대의 강력한 공격수단인 화공 방법 + 전쟁에 관한 종합적인 결론
13	用間: 간첩의 이용(정보획득, 분석 및 평가, 역정보, 기만 등 포괄) ➔ 제1편 「始計」와 首尾 관계를 이루고 있음

第一篇 始計

始計: 전쟁에 대한 국가적인 판단과 계획의 착수

※ 전쟁을 결심하기 전에 검토해야 할 것은 무엇이고, 전쟁을 하기로 결심하였다면 군사력 운용의 기본은 무엇이어야 하는가를 제시

■ 전쟁의 중대성: 國之大事, 死生之地, 存亡之道 → 不可不察也(신중한 결정)

  ※ 速戰速決·不戰勝·全勝을 추구하는 이유

■ 전쟁수행능력 판단: 5事를 7計로써 계측하여 비교 검토(計算)

무엇을? (5事: 다섯 가지 근본 요소)	어떻게? (7計: 적과 나를 비교하는 기준)
道	主孰有道
天 地	天地孰得
將	將孰有能 兵衆孰強, 士卒孰練, 賞罰孰明
法	法令孰行

■ 전쟁을 결심하였다면 군사력 운용은?: 적을 속이는 것이 기본(兵者, 詭道也)

  * 이유: 正攻法에 의한 전쟁은 優勝劣敗의 논리가 지배할 수밖에 없음

  ① 能而示之不能   ② 用以示之不用   ③ 近以示之遠

  ④ 遠以示之近 ⑤ 利而誘之   ⑥ 亂而取之

  ⑦ 實而備之   ⑧ 強而避之   ⑨ 怒而撓之

  ⑩ 卑而驕之   ⑪ 佚而勞之   ⑫ 親而離之

  ⑬ 攻其無備   ⑭ 出其不意

  ※ 14詭道: 兵家之勝 ⇒ 不可先傳也

孫子曰. 兵者, 國之大事, 死生之地, 存亡之道, 不可不察也
손자왈 병자 국지대사 사생지지 존망지도 불가불찰야

손자가 이르기를, 전쟁은 나라의 중대사로서 백성의 생사와 나라의 존망이 달린 길이
니 깊이 살피지 않으면 안 된다.

☞ 兵: 군대, 병기, 병사, 군사, 전쟁, 전투력 등 / 地: ~하는 바(곳)의 의미

故經之以五事, 校之以計, 而索其情. 一曰道, 二曰天, 三曰地, 四曰將, 五曰法.
고 경지이오사 교지이계 이색기정 일왈도 이왈천 삼왈지 사왈장 오왈법

그러므로 다섯 가지 요소(五事)를 근본으로 삼아 이를 계산하여 비교함으로써 정세를
살펴야 한다. 첫째는 道, 둘째는 天, 셋째는 地, 넷째는 將, 다섯째는 法이다.

☞ 經之: 근본으로 삼다 / 情: 정세, 실정, 정황

道者, 令民與上同意也. 可與之死, 可與之生, 而不畏危也.
도자 영민여상동의야 가여지사 가여지생 이불외위야

道(올바른 정치)란 백성이 윗사람(군주)과 뜻을 같이하여 가히 생사를 함께하려 하고,
위험을 두려워하지 않게 하는 것이다.

☞ 令: 하여금, 명령하다 / 畏: 두려워하다

天者, 陰陽, 寒暑, 時制也.
천자 음양 한서 시제야

天(하늘의 변화, 기상 및 기후)이란 음양(밤과 낮, 흐림과 맑음, 건조와 습도), 한서(추위와
더위), 시기 및 계절의 변화를 말한다.

☞ 天: 기상 및 기후를 말하며 시간, 시각(時刻)의 의미도 포함할 수 있다.

地者, 遠近, 險易, 廣狹, 死生也.
지자 원근 험이 광협 사생야

地(지리적인 조건)란 멀고 가까움, 지세의 험하고 평탄한 정도, 지형의 넓고 좁음, 죽거
나 살기에 용이한 정도를 말한다.

☞ 死生: 死地와 生地

將者, 智·信·仁·勇·嚴也.
장자 지 신 인 용 엄야

將(장수의 자질)이란 지혜, 신의, 인애, 용기, 엄정을 말한다.

法者, 曲制, 官道, 主用也.
법 자 곡 제 관 도 주 용 야

法(법제)이란 군의 조직과 편성, 군의 계급체계와 규율, 병참제도를 말한다.

☞ **曲制**: 외형적 조직 / **官道**: 내부적인 운용 / **主用**: 군수물자의 조달과 공급

凡此五者, 將莫不聞, 知之者勝, 不知者不勝.
범 차 오 자 장 막 불 문 지 지 자 승 부 지 자 불 승

무릇 이 다섯 가지를 장수가 듣지(파악하지) 않으면 안 된다. 이를 아는 자는 승리하고 모르는 자는 승리하지 못할 것이다.

☞ **凡**: 무릇 범 / **此**: 이 차, 그칠 차 / **莫**: 아닐 막, 저물 막, 없을 막

故校之以計, 而索其情. 曰. 主孰有道, 將孰有能, 天地孰得, 法令孰行, 兵衆孰
고 교 지 이 계 이 색 기 정 왈 주 숙 유 도 장 숙 유 능 천 지 숙 득 법 령 숙 행 병 중 숙
強, 士卒孰練, 賞罰孰明. 吾以此知勝負矣.
강 사 졸 숙 련 상 벌 숙 명 오 이 차 지 승 부 의

그러므로 이(5事)를 계측하여 비교함으로써 정세를 살펴야 하는데, 그 비교 요소는 '군주는 어느 편이 올바른 정치를 행하는가?', '장수는 어느 편이 유능한가?', '천시와 지리는 어느 편이 유리한가?', '법제는 어느 편이 철저히 시행하는가?', '군대는 어느 편이 강한가?', '병력은 어느 편이 잘 훈련되어 있는가?', '상벌은 어느 편이 공명하게 이루어지는가?'이다. 나는 이것(7計)으로써 승부를 알 수 있다.

☞ **孰**: 누구 숙, 어느 숙 / **兵衆**: 군대 / **士卒**: 병력. 장교와 병사 / **矣**: 어조사 의

　＊위에서 제시한 계측하여 비교해야 할 일곱 가지 요소를 7計라 칭함.

將聽吾計, 用之必勝, 留之. 將不聽吾計, 用之必敗, 去之.
장 청 오 계 용 지 필 승 유 지 장 불 청 오 계 용 지 필 패 거 지

장수가 나의 계(5事 7計)를 받아들여서 군대를 부린다면 반드시 승리할 것이니 나는 (이 나라에) 남을 것이지만, 나의 계를 받아들이지 않고 군대를 부린다면 반드시 패배할 것이므로 나는 떠날 것이다.

☞ 손무가 임용되기 위해 吳王 합려에게 한 말로 해석됨. 즉 합려가 이(5事 7計)를 받아들인다면 자신은 남아 있을 것이고, 그렇지 않으면 떠날 것임을 의미한 것.

計利以聽, 乃爲之勢, 以佐其外. 勢者, 因利而制權也.
계 리 이 청 내 위 지 세 이 좌 기 외 세 자 인 리 이 제 권 야

계(5事 7計)의 유리함을 받아들이면 이는 곧 기세를 이루어 외적으로 확대될 것이다.

勢는 곧 유리한 형세를 만들어 주도권(權)을 장악(制)하는 것이다.

☞ 乃: 곧 내 / 爲: ~이 되다 / 佐: 도울 좌 / 因: 인할 인, 까닭 인, 인연 인 / 權: 전장에서의 권한

兵者, 詭道也.
병자 궤도야

① 故能而示之不能, ② 用而示之不用, ③ 近而示之遠, ④ 遠而示之近,
　고능이시지불능　　용이시지불용　　근이시지원　　원이시지근

⑤ 利而誘之, ⑥ 亂而取之, ⑦ 實而備之, ⑧ 强而避之, ⑨ 怒而撓之,
　이이유지　난이취지　실이비지　강이피지　노이요지

⑩ 卑而驕之, ⑪ 佚而勞之, ⑫ 親而離之, ⑬ 攻其無備, ⑭ 出其不意.
　비이교지　일이노지　친이리지　공기무비　출기불의

병법은 적을 속이는 것이다.(詭: 속일 궤, 詐(사)와 동일한 의미)

※ 적을 속인다는 의미는 기만으로만 한정되는 의미가 아님. 적이 생각하고 행동하는
　 방향과 어긋나게 군대를 운용한다는 의미로 보는 것이 타당 ⇒ 14가지 방법(詭道)을
　 제시

① (공격할) 능력이 있어도 능력이 없는 것처럼 보이게 한다.

② (공격할) 필요가 있으면서도 필요가 없는 것처럼 보이게 한다.

③ 가까운 곳을 공격할 것이면서도 먼 곳을 공격할 것처럼 보이게 한다.

④ 먼 곳을 공격할 것이면서도 가까운 곳을 공격할 것처럼 보이게 한다.

⑤ 이익을 주는 것처럼 하여 유인한다.

⑥ 적을 혼란케 하고 이를 이용하여 取(적을 격멸하거나 목표를 탈취)한다.

⑦ 적의 힘이 충실하면 이에 대비한다.

⑧ 적의 힘이 강대하면 결전을 회피한다.

⑨ 적을 분노케 하여 어지럽게(냉정을 잃게) 한다. (撓: 어지러울 요)

⑩ 비굴함을 보여주어 적을 교만케 한다. (卑: 낮을 비, 천할 비 / 驕: 교만할 교)

⑪ 적이 안정되고 편안하면 피로하게 만든다. (佚: 편안할 일, 勞: 힘쓸 로, 일할 로)

⑫ 적이 내부적으로 친밀하면 이를 분열(이간)시켜야 한다.

⑬ 적이 대비하지 않은 곳으로 공격한다. (최소 저항선)

⑭ 적이 뜻(예상)하지 않은 곳으로 나아간다. (최소 예상선)

此兵家之勝, 不可先傳也.
차 병 가 지 승 불 가 선 전 야

이것이 병법가의 승리요결이므로 사전에 누설되어서는 안 된다.

夫未戰而廟算勝者, 得算多也. 未戰而廟算不勝者, 得算少也.
부 미 전 이 묘 산 승 자 득 산 다 야 미 전 이 묘 산 불 승 자 득 산 소 야

무릇 전쟁이 시작되기 전 묘당(조정, 정부)에서 승리할 것으로 계산하는 것은 가지고 있는 방법이 많기 때문이고, 승리하지 못할 것으로 계산하는 것은 방법이 적기 때문이다.

☞ 夫: 어조사 부(대저), 지아비 부 / 未: 아닐 미(아직은 아니라는 의미) / 廟: 사당 묘, 대청 묘(여기서는 정부의 뜻) / 廟算: 임금과 신하들이 제를 올리고 전쟁의 승패를 판단하는 활동(최고작전회의) / 算: 計策의 수(* 14詭道에 제시된 다양한 계책들)

多算勝, 少算不勝, 而況於無算乎? 吾以此觀之, 勝負見矣.
다 산 승 소 산 불 승 이 황 어 무 산 호   오 이 차 관 지 승 부 현 의

계책이 많으면 승리하고 계책이 적으면 승리하지 못하는데, 하물며 계책이 없고서야?
나는 이를 살펴봄으로써 승부를 미리 볼 수 있다.

☞ 況: 하물며 황 / 於: 어조사, ~보다, ~에서 / 乎: 어조사, ~로다, ~인가 /
　見: 볼 견, 나타날 현 / 矣: 어조사, 단정하는 의미

第二篇　作戰

作戰: 전쟁의 수행 ☞ 현대 군사용어인 작전(Operations)보다 큰 개념

※「始計」는 전쟁을 개시하기 전에 검토해야 할 사항들에 대해 기술하였다면,
「作戰」은 전쟁을 수행하는 데 있어 유념해야 할 핵심 개념을 기술

■ 速戰速決의 중요성: 兵聞拙速 / 兵貴勝, 不貴久
  • 전쟁 자체가 막대한 병력과 재정 소요 불가피
  • 長期持久戰의 폐해: 전력 쇄진, 재정 파탄, 제3국의 침공 유발
  ※ 전쟁으로 얻는 이익과 폐해를 잘 따져볼 수 있어야 함.

■ 敵地 調達의 중요성
  • 식량의 탈취: 因糧於敵
  • 무기, 장비, 포로 ⇒ 나의 戰力으로 만들어서 활용
  ※ 적지 조달을 통해 싸워 이길수록 더욱 강해짐: 勝敵而益强

■ 전쟁의 본질을 이해하는 장수의 중요성: 知兵之將, 民之司命, 國家安危之
  主也.
  * 속전속결과 적지 조달을 통해 전쟁의 폐해를 최소화할 수 있는 장수

孫子曰. 凡用兵之法, 馳車千駟, 革車千乘, 帶甲十萬, 千里饋糧, 則內外之費,
손자왈　법용병지법　치차천사　혁차천승　대갑십만　천리궤량　즉내외지비
賓客之用, 膠漆之材, 車甲之奉, 日費千金, 然後十萬之師擧矣.
빈객지용　교칠지재　차갑지봉　일비천금　연후십만지사거의

손자가 이르기를 무릇 용병(전쟁)을 하려면 전차가 천 대, 수송용 수레 천 대, 무장한
병사 십만이 동원되어야 하고 천리 먼 길에 식량을 날라야 하며, 전·후방으로 드는 비
용과 외교사절에 드는 비용, 아교와 칠 등 장비의 정비에 소요되는 재료, 전차와 갑옷

의 제작 및 조달 등으로 인해 하루에 쓰는 비용이 천금이나 된다. 그러한(그 정도의 준비를 갖춘) 후에야 십만의 군사를 일으킬 수 있다.

☞ 馳: 달릴 치(馳車: 말이 끄는 고대 전차) / 駟: 사마 사(전차의 수량 단위, 전차를 끄는 말 네 마리) /革車: 가죽을 두른 수송용 수레 / 帶: 띠 대(帶甲: 갑옷 입은 병사) / 饋: 먹일 궤 / 賓客: 손 빈, 손 객(외교관, 밀사) / 膠漆: 아교 교, 옻칠(병기 제조용)

其用戰也貴勝. (勝)久則鈍兵挫銳, 攻城則力屈, 久暴師則國用不足,
기 용 전 야 귀 승   승 구 즉 둔 병 좌 예   공 성 즉 역 굴   구 폭 사 즉 구 용 부 족

그러한 전쟁 승리의 대가는 비싸다. (승리해도) 전쟁을 오래 끌면 군대는 무디어지고 날카로운 기세는 꺾이게 되며, 성을 공격하면 전투력이 심각하게 소모되고, 오랜 기간 군대를 밖에 내어놓으면(나라 밖으로 끌고 나가서 부리면) 나라의 재정은 부족해진다.

☞ 挫: 꺾을 좌 / 屈: 다할 굴

夫鈍兵, 挫銳, 屈力, 殫貨, 則諸侯乘其弊而起, 雖有智者, 不能善其後矣!
부 둔 병   좌 예   굴 력   탄 화   즉 제 후 승 기 폐 이 기   수 유 지 자   불 능 선 기 후 의

대저 군대가 무디어지고, 예기가 꺾이고, 힘이 다하고, 재정이 고갈되면 주변의 제후 (제3국)들이 그 폐해를 틈타 들고 일어난다. 아무리 지혜로운 자도 그 뒤를 수습할 수는 없다.

☞ 殫: 다할 탄 / 諸侯: 제3국 / 弊: 해질 패(낡다, 해지다, 넘어지다) / 雖 : 비록 수

故兵聞拙速, 未睹巧之久也. 夫兵久而國利者, 未之有也.
고 병 문 졸 속   미 도 교 지 구 야   부 병 구 이 구 리 자   미 지 유 야

그러므로 전쟁은 다소 미비하더라도 속전속결해야 한다고는 들었어도 교묘하게 오래 끄는 것은 보지 못했다. 무릇 전쟁을 오래 끌어(장기전) 나라를 이롭게 한 예는 아직 없었다.

(※ 단기전으로 전쟁의 폐해를 최소화하는 승리가 가치가 있음을 의미)

☞ 拙: 못날 졸(어설픔) ＊拙速: 다소의 위험을 감수하고라도 속전속결이 중요함을 의미 /
　　睹: 볼 도 / 巧: 교묘할 교, 공교할 교(아름답다, 기교)

故不盡知用兵之害者, 則不能盡知用兵之利也.
고 부 진 지 용 병 지 해 자   즉 불 능 진 지 용 병 지 리 야

고로 용병(전쟁)의 폐해를 다 알지 못하는 자는 용병의 이(利)를 다 알 수가 없다.

(※ 전쟁의 결과로서 이익(利)과 폐해(害)를 잘 따져 볼 수 있어야 함을 의미)

善用兵者, 役不再籍, 糧不三載. 取用於國, 因糧於敵, 故軍食可足也.
선 용 병 자 역 불 재 적 량 불 삼 재 취 용 어 국 인 량 어 적 고 군 식 가 족 야

용병을 잘하는 자는 군역을 부과함에 있어 두 번 병적을 만들지 않고(추가 징집하여 동원하지 않고), 식량을 세 번 싣지(재차, 삼차 수송하지) 않는다. 군용물자는 나라에서 마련해 온 것을 계속 사용하지만, 식량은 적으로부터 탈취함으로써 군량은 가히 충족하게 할 수 있다.

☞ 役: 부릴 역 / 籍: 서적 적(장부, 호적, 병적, 학적 등) / 載: 실을 재

國之貧於師者, 遠輸. 遠輸, 則百姓貧.
국 지 빈 어 사 자 원 수 원 수 즉 백 성 빈

나라가 군사로 인해 가난해지는 원인은 군수물자를 멀리까지 실어 보내기 때문이다. 이로 인해 백성도 (부담이 커지므로) 빈곤해진다.

☞ 者: ~라는 것 / 輸: 나를 수

近於師者, 貴賣. 貴賣, 則百姓財竭. 財竭, 則急於丘役,
근 어 사 자 귀 매 귀 매 즉 백 성 재 갈 재 갈 즉 급 어 구 역

군대로부터 가까운 곳은 물건 값이 비싸진다(물가가 오른다). 물건 값이 비싸지면 백성의 재산이 바닥나고, 백성의 재산이 바닥나면 (나라는) 부역(賦役: 정부의 노력 동원)에 급급해진다.

☞ 貴: 귀하다, 값비싸다 / 竭: 다할 갈 /

  丘: 언덕 구(丘役: 공동작업으로 국가에 바치는 賦役)

    * 고대 井田法에서는 사방 10리를 井자로 분할하고 8명이 경작하되 한 구역은 공동작업(公
      田=丘役)하여 세금으로 나라에 바침.

力屈財殫, 中原內虛於家. 百姓之費, 十去其七,
역 굴 재 탄 중 원 내 허 어 가 백 성 지 비 십 거 기 칠

나라의 힘이 다하고 재산이 바닥나면 나라 안(중원)은 집집마다 텅 비게 되며, 백성들의 재산 10 중 7이 (전쟁 비용으로) 사라진다.

公家之費, 破車罷馬, 甲冑弓矢, 戟楯矛櫓, 丘牛大車, 十去其六.
공 가 지 비 파 차 파 마 갑 주 궁 시 극 순 모 로 구 우 대 차 십 거 기 육

국가(정부)의 재정도 부서진 전차 수리와 시달린 말 교체, 갑옷과 투구·활과 화살·창과 방패 등의 병기 제작, 구역을 위한 소와 큰 짐수레 등의 소요로 인해 10에 6이 (전쟁

비용으로) 사라진다.

☞ 公家: 국가 / 罷: 방면할 파 / 甲冑: 갑옷 갑, 투구 주 / 戟楯矛櫓: 창 극(끝이 두 갈래인 창),
  방패 순, 창 모, 방패 로 / 丘牛: 큰 소 또는 丘役에 부리는 소

故智將, 務食於敵. 食敵一鍾, 當吾二十鍾. 芑稈一石, 當吾二十石.
고 지 장 무 식 어 적 식 적 일 종 당 오 이 십 종 기 간 일 석 당 오 이 십 석

고로 지혜로운 장수는 식량을 적지에서 획득하기 위해 노력한다. 적의 식량 1종은 나의 20종에 해당하고, 적의 사료 1석은 나의 20석에 해당한다.

☞ 芑: 콩깍지 기 / 稈: 볏짚 간 * 芑稈: 말 먹이 /
  鍾: 양곡의 용량 단위 / 石: 중량 단위(1석=120근)

故殺敵者, 怒也. 取敵之利者, 貨也. 故車戰, 得車十乘以上, 賞其先得者, 而更
고 살 적 자 노 야 취 적 지 리 자 화 야 고 거 전 득 거 십 승 이 상 상 기 선 득 자 이 경
其旌旗, 車雜而乘之, 卒善而養之. 是謂, 勝敵而益强.
기 정 기 거 잡 이 승 지 졸 선 이 양 지 시 위 승 적 이 익 강

그러므로 적을 죽이려는 것은 적개심을 가지기 때문이고, 적으로부터 전리품(利)을 빼앗는 것은 재물로 상을 주기 때문이다. 고로 전차전(車戰)에서 적의 전차 10대 이상을 획득하였으면 가장 먼저 노획한 자에게 상을 내려 주고, 그 (전차의) 기를 고쳐(바꾸어) 달고 아군의 전차에 편입(혼합 편성)하여 병사들을 태운다. 병사(적 포로)들은 잘 선도하여 아군으로 동화시킨다. 적에게 승리를 거둘수록 점점 더 강해진다는 것은 이를 일컫는다.

☞ 車戰: 고대 전차전(4필의 말이 이끔) / 更: 고칠 경 / 乘: 전차의 단위, 탈 승 /
  旌: 기 정(천자가 사기를 고무시킬 때 쓰던 기) * 깃대 끝을 새의 깃으로 장식 /
  旗: 기 기(곰과 범을 그린 붉은 기) / 雜: 섞일 잡(섞어 편입함) /
  養: 기를 양, 잘 선도하고 훈련시켜 아군으로 동화시킨다는 의미

故兵貴勝, 不貴久. 故知兵之將, 民之司命, 國家安位之主也.
고 병 귀 승 불 귀 구 고 지 병 지 장 민 지 사 명 국 가 안 위 지 주 야

그러므로 전쟁은 (단기속결로) 이기는 것을 중시하되 오래 끌지 말아야 한다. 따라서 전쟁의 본질을 잘 아는 장수만이 백성의 생명과 국가 안위를 책임질 수 있는 자이다.

第三篇 謀攻

謀計(교묘한 계략, 책략)로서 적을 공격한다.
※ 군사적인 방법뿐만 아니라 정치·외교적인 방법까지 망라

■ '不戰勝'을 최상으로 삼고 있음: 伐謀, 伐交
  · 百戰百勝, 非善之善者也, 不戰而屈人之兵, 善之善者也.
  · 上兵伐謀, 其次伐交, 其次伐兵, 基下攻城.
  ※ 싸우지 않고 이김으로써 적과 나 공히 온전한 채로 승리(全勝思想)

■ 부득이 군대를 사용하여 적을 공격할 경우의 用兵之法: 伐兵
  · 十則圍之, 五則攻之, 倍則分之, 敵能則戰之, 少則能逃之, 不若則能避之
  · 少敵之堅, 大敵之擒也.
  ※ 병력의 많고 적음에 따라 용병을 달리할 줄 알아야 함

■ 장수의 지휘 권한을 보장해야 함
  · 이유: 將者, 國之輔也, 輔周, 則國必强, 輔隙則國必弱.
  · 군주가 장수를 속박하는 3가지 경우 ⇒ 亂軍引勝(적에게 승리를 바침)
    ① 不知軍之不可以進而謂之進, 不知軍之不可以退而謂之退, 是謂縻軍.
    ② 不知三軍之事, 而同三軍之政, 則軍士惑矣.
    ③ 不知三軍之權, 而同三軍之任, 則軍士疑矣.
    ※ '재갈물린 군대'가 되지 않도록 해야 함

■ 知勝有五: 승리를 아는 다섯 가지 방법
    ① 知可以與戰不可以與戰者, 勝   ② 識衆寡之用者, 勝   ③ 上下同欲者, 勝
    ④ 以虞待不虞者, 勝   ⑤ 將能而君不御者, 勝

■ 知彼知己, 百戰不殆: 정보의 중요성(謀攻의 전제조건)

孫子曰. 凡用兵之法, 全國爲上, 破國次之. 全軍爲上, 破軍次之. 全旅爲上, 破
손 자 왈 범 용 병 지 법 전 국 위 상 파 국 차 지 전 군 위 상 파 군 차 지 전 여 위 상 파
旅次之. 全卒爲上, 破卒次之. 全伍爲上, 破伍次之.
여 차 지 전 졸 위 상 파 졸 차 지 전 오 위 상 파 오 차 지

손자가 이르기를 무릇 용병을 하는 방법에 있어 적국을 온전한 채로 굴복시키는 것이
최상이요, 적국을 쳐부수는 것은 차선이다. 적의 군대(全軍·旅·卒·伍)를 온전한 채로
굴복시키는 것이 최상이요, 적의 군대를 쳐부수는 것은 차선이다.

※ 全勝思想을 고려한다면 적과 나의 국가 및 군대 모두를 의미하는 것으로도 판단 가능

☞ 全: 온전하다 / 軍: 12,500명 단위 / 旅: 500명 단위의 부대 / 卒: 100명 단위의 부대 /

　 伍: 5명 단위의 부대 / * 師 : 2,500명 단위의 부대

是故百戰百勝, 非善之善者也. 不戰而屈人之兵, 善之善者也.
시 고 백 전 백 승 비 선 지 선 자 야 부 전 이 굴 인 지 병 선 지 선 자 야

그런고로 백 번 싸워 백 번 모두 승리하는 것이 최선이 아니라 싸우지 않고 적의 군대
를 굴복시키는 것이 최선이다.

故上兵伐謀, 其次伐交, 其次伐兵, 其下攻城. 攻城之法, 爲不得已.
고 상 병 벌 모 기 차 벌 교 기 차 벌 병 기 하 공 성 공 성 지 법 위 부 득 이

고로 최상의 병법은 적의 계략(전략)을 치는 것이고, 그다음은 적의 동맹(외교) 관계를
치는 것이며, 그다음은 적의 군사를 치는 것이고, 최하의 병법은 적의 성을 직접 공격
하는 것으로 이는 부득이한 경우에만 행한다.

※ 계략(전략)을 친다는 것은 외교적·정치적 흥정, 협상, 기만 등을 통해 전쟁을 포기
하도록 유도하는 것이고, 동맹(외교) 관계를 친다는 것은 적국을 고립시켜 외부로부터
의 군사적 지원을 차단하는 것을 의미

☞ 伐: 칠 벌 / 謀: 꾀 모(꾀, 계책, 계획, 계략, 전략)

修櫓轒轀, 具器械, 三月而後成. 距闉, 又三月而後已. 將不勝其忿, 而蟻附之,
수 로 분 온 구 기 계 삼 월 이 후 성 거 인 우 삼 월 이 후 이 장 불 승 기 분 이 의 부 지
殺士卒三分之一, 而城不拔者, 此攻之災也.
살 사 졸 삼 분 지 일 이 성 불 발 자 차 공 지 재 야

(攻城戰을 위해) 망루차와 병거를 수리하고 공성장비들을 갖추려면 3개월이 걸리고, 토
산을 쌓기 또한 3개월이 지나야 한다. 장수가 그 분노를 이기지 못하고 (준비 없이) 바
로 개미떼처럼 성을 기어오르게 하면 병사의 1/3을 죽게 하고도 성을 빼앗지 못하니
이것이 攻城의 재앙이다.

☞ 櫓: 방패 로(방패, 망루). 여기에서는 성을 관측하기 위해 만든 망루차를 의미 /

　轒輼: 병거 분, 와거(臥車) 온, 흉노가 성을 공격하기 위해 사용한 병거 /

　具: 갖출 구 / 械: 형틀 계. 器械: 다양한 공성장비들을 의미 /

　距闉: 떨어질 거(떨어지다, 도달하다), 성곽문 인. 성벽을 오르기 위해 만든 흙산(토산) /

　蟻附: 개미 의, 붙을 부. 개미처럼 붙어 올라가는 것 / 拔: 뺏을 발(쳐서 빼앗다)

故善用兵者, 屈人之兵而非戰也, 拔人之城而非攻也, 毁人之國而非久也, 必
고선용병자　굴인지병이비전야　발인지성이비공야　훼인지국이비구야　필
以全爭於天下. 故兵不鈍而利可全. 此謀攻之法也.
이전쟁어천하　고병불둔이리가전　차모공지법야

고로 전쟁(용병)에 능한 자는 적의 군대를 굴복시키되 직접 싸우지 않고, 성을 빼앗되
공격하지 않으며, 적을 무너뜨리되 오래 끌지 않음으로써 반드시 온전함으로 천하(의
전쟁)를 다툰다. 이리하여 군대를 무디게 하지 않고(손실 없이) 利(이익)를 온전히 할 수
있으니 이것이 교묘한 계략으로 공격(謀攻)하는 법이다.

☞ 人: 적을 의미. 人之兵(적의 군대), 人之城(적의 성) / 毁: 헐 훼

故用兵之法, 十則圍之, 五則攻之, 倍則分之, 敵則能戰之, 少則能逃之, 不若
고용병지법　십즉위지　오즉공지　배즉분지　적즉능전지　소즉능도지　불약
則能避之. 故少敵之堅, 大敵之擒也.
즉능피지　고소적지견　대적지금야

고로 용병하는 법은 적의 10배가 되면 포위하고, 5배가 되면 공격하며, 2배가 되면 적
을 분할하여 싸우고(각개격파), 대등하다면 능력을 다해 싸우며, 열세하다면 달아나며
(지키며, 정면대결을 피하며), 아주 열세하다면 능숙하게 적을 회피하는 것이다. 적은
병력으로 무턱대고 완강히 버틴다면 적의 대군에 의해 사로잡히게 된다.

☞ 敵則能戰之에서 敵은 대등하다의 의미 / 若: 같을 약(不若: 열세하다=不及) /

　逃: 도망할 도. 避와 동일. * 방어(守)의 의미로도 판단할 수 있음. /

　擒: 사로잡을 금 / 少敵之堅에서 敵은 문맥상 일반적인 군대로 해석해야 함.

夫將者, 國之輔也. 輔周, 則國必强. 輔隙, 則國必弱.
부장자　국지보야　보주　즉국필강　보극　즉국필약

무릇 장수는 국가의 버팀목 역할을 한다. 이 역할이 나라에 두루 미치면 나라는 필히
강성해질 것이고, 이 역할에 틈이 있으면 나라는 필히 약해질 것이다.

☞ 輔: 도울 보(수레바퀴살의 힘을 돕는 나무) / 周: 두루 주(둘레, 미치다) /

　隙: 틈 극(사이가 틀어짐, 갈라지다, 흠, 결점)

故軍之所以患於君者三.
고 군 지 소 이 환 어 군 자 삼

① 不知軍之不可以進, 而謂之進, 不知軍之不可以退, 而謂之退, 是謂縻軍.
부 지 군 지 불 가 이 진 이 위 지 진 부 지 군 지 불 가 이 퇴 이 위 지 퇴 시 위 미 군

② 不知三軍之事, 而同三軍之政, 則軍士惑矣.
부 지 삼 군 지 사 이 동 삼 군 지 정 즉 군 사 혹 의

③ 不知三軍之權, 而同三軍之任, 則軍士疑矣.
부 지 삼 군 지 권 이 동 삼 군 지 임 즉 군 사 의 의

고로 군대가 군주로부터 우환을 갖게 되는 세 가지 경우가 있다.

① 군의 진격할 수 없는 처지를 모르고 진격하라 하고, 후퇴할 수 없는 처지를 모르고 후퇴하라 하는 것이다. 이를 속박된(재갈이 물려진) 군대라 이른다.

② 군의 사정을 모르면서 군정에 간섭하여 군대를 혼란스럽게 하는 것이다.

③ 군의 지휘 권한을 모르고 군령에 간섭하여 군대가 불신감을 갖게 하는 것이다.

☞ 謂: 이를 위 / 縻: 고삐 미(얽어매다, 잡아매다) /

   三軍(全軍을 의미): 1개 軍은 12,500명. 上軍, 中軍, 下軍 /

   同: 함께하다, 간섭하다 / 惑: 미혹할 혹(헷갈리게 하다)

三軍旣惑且疑, 則諸侯之難至矣. 是謂, 亂軍引勝.
삼 군 기 혹 차 의 즉 제 후 지 난 지 의 시 위 난 군 인 승

이윽고 전군이 혼란스럽고 불신감이 팽배해지면 주변 제후국들로부터의 난(難)에 이르게(침략을 당하게) 되는데, 이를 일컬어 (스스로) 군을 혼란시킴으로써 (적의) 승리를 이끈다고 한다.

☞ 旣: 이미 기(이윽고) / 且: 또 차

故知勝有五.
고 지 승 유 오

① 知可以與戰不可以與戰者, 勝. ② 識衆寡之用者, 勝. ③ 上下同欲者, 勝.
지 가 이 여 전 불 가 이 여 전 자 승   식 중 과 지 용 자 승   상 하 동 욕 자 승

④ 以虞待不虞者, 勝. ⑤ 將能而君不御者, 勝. 此五者, 知勝之道也.
이 우 대 불 우 자 승   장 능 이 군 불 어 자 승 차 오 자 지 승 지 도 야

그러므로 승리를 알 수 있는 다섯 가지가 있다.

① 더불어 싸워야 할 때와 싸우지 않아야 할 때를 아는 자가 승리한다.

② 병력이 많고(우세) 적음(열세함)에 따른 용병을 아는 자가 승리한다.

③ 장수와 병사의 마음과 의지가 일치하면 승리한다.

④ 미리 만반의 준비를 한 상태에서 준비되지 않은 적을 기다리는 자가 승리한다.

⑤ 장수가 유능하여 군주가 간섭하지 않으면 승리한다.

이 다섯 가지가 승리를 아는 방법(판단근거)이다.

☞ 寡: 적을 과 / 虞: 헤아릴 우(미리 고려하다) / 御: 어거할 어(다스리다)

故曰, 知彼知己, 百戰不殆. 不知彼而知己, 一勝一負. 不知彼不知己, 每戰
고 왈 지 피 지 기 백 전 불 태 부 지 피 이 지 기   일 승 일 부 부 지 피 부 지 기 매 전
必殆.
필 태

그러므로 적을 알고 나를 알면 백 번 싸워도 위태롭지 않고, 적을 모르고 나만 알면 한 번은 승리하고 한 번은 패배하며, 적도 모르고 나도 모르면 싸울 때마다 반드시 위태롭게 된다.

第四篇　軍形

軍形: 적과 대치한 상태에서 태세(배치, 편성, 준비)를 갖추는 것

※ 形(態勢, 靜: 힘의 축적) ⇒ 勢(運用, 動: 힘의 발휘): 軍形과 兵勢가 연관됨

■ **먼저 태세를 갖추고 기회를 기다린다: 先爲不可勝, 以待敵之可勝.**

• 적이 승리하지 못하게 하는 것은 가능: 能爲不可勝

　* 나에게 달려 있기 때문(不可勝在己) → 만반의 태세를 갖춘다.

• 적으로 하여금 내가 반드시 승리하도록 하는 것은 불가능: 不能使敵必可勝

　* 적에게 달려 있기 때문(可勝在敵) → 적이 허점을 보이는 기회를 기다린다.

■ **쉽게 한 승리(易勝)가 최선의 승리임: 善戰者, 勝於易勝者也.**

• 먼저 이길 수 있는 태세(形)를 갖추고 전쟁을 개시함.

　* 勝者, 先勝以後求戰.

• 이미 패할 수밖에 없는 처지에 놓인 적에 대해 어긋남이 없이 승리함.

　* 其戰勝不忒. 不忒者, 其所措必勝, 勝已敗者也.

■ **이길 수 있는 태세 확립 방법**

• 군주: 修道 ⇒ 올바른 정치로 상하가 함께하려는 일체감 형성

• 장수: 保法 ⇒ 군의 조직과 편성, 지휘체계, 병참제도 등을 확고히 함

• 정확한 형세 판단: 度 → 量 → 數 → 稱 → 勝

※ 만반의 태세를 갖춤으로써 쉽게 이길 수 있는 것임: 勝兵, 若以鎰稱銖

■ **形의 비유: 勝者之戰, 若決積水於千仞之谿者, 形也.**

　* 천 길 계곡 위에 막아둔 물(形) ⇨ 이를 터뜨려 세차게 흘러내림(勢)

☞ **形과 勢: 제4편에서는 軍形을, 제5편에서는 兵勢를 다룸**

- 우선 이길 수 있는 形을 갖추고, 이로써 勢를 형성하여 戰勝 달성
  - 形: 힘이 작용할 수 있는 준비가 된 상태(정적인 상태)
  - 勢: 形이 움직이면서 점점 증대된 힘을 발휘하는 상태(동적인 상태)
- 예: 당겨진 활과 화살(形) ⇨ 놓아서 발사함(勢)

孫子曰. 昔之善戰者, 先爲不可勝, 以待敵之可勝. 不可勝在己, 可勝在敵.
손 자 왈 석 지 선 전 자 선 위 불 가 승 이 대 적 지 가 승 불 가 승 재 기 가 승 재 적

손자가 이르기를, 예로부터 전쟁을 잘하는 자는 먼저 (적이 나에게) 승리할 수 없도록 하고(만전의 태세를 갖추고), 적이 허점을 드러내 내가 승리할 수 있는 기회가 생기기를 기다린다. (적이 나에게) 승리할 수 없음은 나에게 달려 있고, (내가 적에게) 승리할 수 있음은 적에게 달려 있다.

☞ 昔: 예 석 / 敵之可勝: 내가 승리할 수 있도록 적이 허점을 드러내는 것을 의미 / 己: 자기 기

故善戰者, 能爲不可勝, 不能使敵必可勝. 故曰, 勝可知而不可爲.
고 선 전 자 능 위 불 가 승 불 능 사 적 필 가 승 고 왈 승 가 지 이 불 가 위

따라서 전쟁을 잘하는 자는 능히 (적이) 승리하지 못하게 할 수는 있지만, 적으로 하여금 (내가) 반드시 승리하도록 (행동하게) 할 수는 없다. 그러므로 승리는 미리 예견할 수 있지만, 승리를 억지로 만들 수는 없다.(원한다고 마음대로 얻어지는 것이 아니다.)

☞ 使: 하여금 사

不可勝者守也, 可勝者攻也. 守則不足, 攻則有餘.
불 가 승 자 수 야 가 승 자 공 야 수 즉 부 족 공 즉 유 여

적이 승리하지 못하게 하는 것은 수비(방어)이고, 승리를 쟁취할 수 있는 것은 공격이다. 수비(방어)하는 것은 힘이 부족하기 때문이고, 공격하는 것은 힘에 여유가 있기 때문이다.

☞ 餘: 남을 여

善守者, 藏於九地之下, 善攻者, 動於九天之上, 故能自保而全勝也.
선 수 자 장 어 구 지 지 하 선 공 자 동 어 구 천 지 상 고 능 자 보 이 전 승 야

수비(방어)를 잘하는 자는 땅속 깊은 곳에 숨은 듯하고, 공격을 잘하는 자는 하늘 높은 곳에서 움직이듯 한다. 그러므로 능히 자신을 보존하여 온전한 승리를 거둔다.

※ 수비할 때는 나를 감추고 공격할 때는 적을 훤히 들여다 봄.
☞ 藏: 감출 장 / 九地, 九天: 지하 가장 깊은 곳, 하늘 가장 높은 곳

見勝, 不過衆人之所知, 非善之善者也. 戰勝, 而天下曰善, 非善之善者也.
견 승 불과중인지소지 비선지선자야 전 승 이천하왈선 비선지선자야

많은 사람이 아는 것에 지나지 않는 승리는 최선의 승리가 아니며, 세상 사람들이 잘
했다고 말하는 승리도 최선의 승리가 아니다.

☞ 戰勝: 세상 사람이 다 알만큼 격전을 치러 승리하는 것을 의미함.

故擧秋毫, 不爲多力. 見日月, 不爲明目. 聞雷霆, 不爲聰耳.
고 거 추 호 불위다력 견일월 불위명목 문뢰정 불위총이

고로 가벼운 깃털을 드는 데는 큰 힘을 들이지 않고, 해와 달을 보는 데는 밝은 눈이
필요치 않으며, 천둥번개 소리를 듣는 데는 밝은 귀가 필요하지 않다.

☞ 毫: 가는 털 호 ＊秋毫 : 가을철에 아주 가늘어진 동물의 깃털 / 雷, 霆: 우레 뢰, 천둥소리 정 /
   聰: 귀 밝을 총

古之所謂善戰者, 勝於易勝者也. 故善戰者之勝也, 無智名, 無勇功.
고 지 소 위 선 전 자 승 어 이 승 자 야 고 선 전 자 지 승 야 무 지 명 무 용 공

예로부터 소위 전쟁을 잘한다는 자는 쉽게 승리를 하는 자이다. 따라서 전쟁을 잘하는
자의 승리는 지략이 뛰어났다는 명성도, 용맹성에 의한 전공도 알려진 바가 없다.

故其戰勝不忒. 不忒者, 其所措必勝, 勝已敗者也.
고 기 전 승 불 특 불 특 자 기 소 조 필 승 승 이 패 자 야

그러므로 그와 같은 승리는 어긋남이 없다. 어긋남이 없다는 것은 반드시 이길 수 있
도록 사전 조치(준비)를 하고 이미 패할 수밖에 없는 적을 이기기 때문이다.

☞ 忒: 변할 특(변하다, 어긋나다, 틀리다) / 措: 둘 조(두다, 조치하다)

故善戰者, 立於不敗之地, 而不失敵之敗也.
고 선 전 자 입 어 불 패 지 지 이 불 실 적 지 패 야
是故, 勝兵, 先勝以後求戰. 敗兵, 先戰以後求勝.
시 고 승 병 선 승 이 후 구 전 패 병 선 전 이 후 구 승

고로 전쟁을 잘하는 자는 패하지 않는 곳에 위치해서(패하지 않을 태세를 갖추고) 적이
패배할 기회(적의 허점)를 놓치지 않는다. 그러므로 승리하는 군대는 먼저 승리해 놓고
(승리할 조건을 갖추고 나서) 이후에 전쟁을 시작하고, 패배하는 군대는 먼저 전쟁을 시
작하고 이후에 승리를 구한다.

☞ 失: 잃을 실(잃다, 놓치다)

善用兵者, 修道而保法. 故能爲勝敗之政.
선 용 병 자 수 도 이 보 법 고 능 위 승 패 지 정

용병을 잘하는 자는 올바른 정치로 다스리고 법과 제도를 지킨다. 그렇게 함으로써 능히 승패를 다스릴 수 있다.

☞ 修: 닦을 수 / 道: 오사의 첫 번째 道를 의미 / 法 : 오사의 다섯 번째 法을 의미

兵法, 一曰度, 二曰量, 三曰數, 四曰稱, 五曰勝.
병 법 일 왈 도 이 왈 량 삼 왈 수 사 왈 칭 오 왈 승
地生度, 度生量, 量生數, 數生稱, 稱生勝.
지 생 도 도 생 량 량 생 수 수 생 칭 칭 생 승

병법은 첫째 度(전장의 넓이), 둘째 量(물적 자원), 셋째 數(인적 자원), 넷째 稱(전력의 비교), 다섯째 勝(승리 가능성 판단)이라는 판단 과정으로부터 시작된다. 땅(지형)을 가늠하여 전장의 넓이를 계측하고, 이로부터 물적 자원과 인적 자원의 동원 능력을 판단하고, 적과 나의 군사력을 저울질(상호 비교 평가)하여 승리의 가능성을 판단해 낼 수 있는 것이다.

☞ 度: 잴 도(거리, 너비 등을 재는 것. 전장) / 量: 헤아릴 양(동원 가능한 자원) /
   數: 셀 수(동원 가능한 인원) / 稱: 저울질할 칭(전력 비교)

故勝兵, 若以鎰稱銖. 敗兵, 若以銖稱鎰.
고 승 병 약 이 일 칭 수 패 병 약 이 수 칭 일

고로 승리하는 군대는 마치 鎰의 무게를 가지고 銖(엄청난 무게를 가지고 깃털)의 무게와 저울질하는 것과 같고, 패배하는 군대는 마치 銖의 무게를 가지고 鎰의 무게(깃털의 무게를 가지고 엄청난 무게)와 저울질하는 것과 같다.(* 애초부터 상대가 안 됨: 先勝)

☞ 鎰: 무게 일(무게 단위) / 銖: 무게 수(무게 단위) * 24銖 = 1兩, 24兩 = 1鎰 → 1鎰 = 480銖

勝者之戰, 若決積水於千仞之谿者, 形也.
승 자 지 전 약 결 적 수 어 천 인 지 계 자 형 야

승리하는 군대는 싸우기를 마치 천 길 높은 골짜기 위에 막아둔 물을 터뜨리는 것과 같이 한다. 이를 形이라 한다.

☞ 決: 터질 결 / 積: 쌓을 적 / 仞: 길 인(길이 단위, 8척 : 약 200cm) /
   千仞之谿 : 천 길이 되는 낭떠러지

第五篇　兵勢

兵勢: 태세(形)를 갖춘 군대를 움직임으로써 발휘되는 힘의 위력(氣勢)

※ 제4편 「軍形」과 연계: 形을 기반으로 勢가 이루어짐

■ **勢를 형성하는 용병의 네 가지 조건**

- 分數, 形名 ⇒ 군대를 一絲不亂하게 운용

  * 分數는 여러 개의 조직으로 편성하는 것, 形名은 지휘통제 수단 및 기법

- 奇正 ⇒ 적과 맞서 싸워 결코 패하지 않음

  * 正은 정규전, 奇는 비정규전식(습격, 매복, 유인 등으로 기습)의 용병

- 虛實 ⇒ 숫돌로 계란을 치듯 쉽게 이김: 제6편에서 별도로 설명

  * 강점(實)으로 적의 약점(虛)을 타격

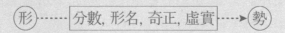

■ **正으로 적과 맞서고 奇로서 승리: 以正合, 以奇勝**

  * 奇와 正의 배합에서 나오는 변화는 무궁무진: 奇正之變, 不可勝窮也

■ **勢와 節의 조화: 善戰者, 其勢險, 其節短**(강약, 속도, 타이밍이 결합된 勢 추구)

  * 激水之疾, 至於漂石者, 勢也. 鷙鳥之疾, 至 於毀折者, 節也.

  → 節은 짧고 강력하며 절제된 힘을 의미

■ **승리는 부하가 아닌 勢에서 구하는 것: 善戰者, 求之於勢, 不責於人**

  * 善戰人之勢, 如轉圓石於千仞之山者, 勢也.

孫子曰. 凡治衆如(治)寡, 分數是也. 鬪衆如鬪寡, 形名是也.
손 자 왈 범 치 중 여 치 과 분 수 시 야   투 중 여 투 과   형 명 시 야

손자가 이르기를, 무릇 많은 병력을 다루면서도 적은 병력을 다루듯 하는 것은 군대를 여러 단위로 나누어 편성하기 때문이다. 많은 병력으로 싸우면서도 적은 병력으로 싸우듯 하는 것은 지휘 및 통제수단을 사용하기 때문이다.

☞ 形名: 지휘 및 통신을 위한 각종 수단

　形은 시각을 이용할 수 있는 깃발을 의미하며, 어떤 형태의 陣을 갖추고 어느 방향으로 움직이는가를 알리는 데 사용한다. 名은 청각을 이용할 수 있는 북, 징 등을 의미하며, 進退를 알리고 督戰하는 데 사용하였다. 形名으로써 평시에는 陣法을 훈련하고, 전시에는 일사불란하게 군대를 지휘할 수 있었다.

三軍之衆, 可使必受敵而無敗者, 奇正是也.
삼 군 지 중 가 사 필 수 적 이 무 패 자 기 정 시 야

전군으로 적을 맞이하여 싸우되 결코 패하지 않게 하는 것은 奇와 正을 사용하기 때문이다.

☞ 奇: 비상한 방법 / 正 : 정상적인 방법

兵之所加, 如以碬投卵者, 虛實是也.
병 지 소 가 여 이 하 투 란 자 허 실 시 야

병력을 투입하는 것이 마치 숫돌을 계란에 던지는 것(바위로 계란을 깨는 것)과 같음은 虛實을 사용하기 때문이다.

☞ 所加: 병력을 투입하는 것 / 碬: 숫돌 하

凡戰者, 以正合, 以奇勝. 故善出奇者, 無窮如天地, 不竭如江河.
범 전 자 이 정 합 이 기 승 고 선 출 기 자 무 궁 여 천 지 불 갈 여 강 하
終而復始, 日月是也. 死而復生, 四時是也.
종 이 부 시 일 월 시 야 사 이 부 생 사 시 시 야

무릇 전쟁(전투)을 수행하는 것은 正으로 적과 맞서고 奇로써 승리하는 것이다. 고로 奇策을 능숙하게 구사하는 자는 그 계책이 하늘과 땅처럼 다함이 없고 강과 하천처럼 마르는 법이 없다(무궁무진하다). 끝날 듯하다 다시 시작하는 것이 해와 달이 뜨고 지는 것과 같고, 죽은 듯하다가 다시 살아나는 것이 사계절이 바뀌는 것과 같다.

※ 奇策은 실로 無窮無盡하고 變化無雙함을 강조하고 있음.

☞ 合: 對와 같은 의미 / 竭: 마를 갈

聲不過五, 五聲之變, 不可勝聽也. 色不過五, 五色之變, 不可勝觀也.
성 불 과 오   오 성 지 변   불 가 승 청 야   색 불 과 오   오 색 지 변   불 가 승 관 야
味不過五, 五味之變, 不可勝嘗也.
미 불 과 오   오 미 지 변   불 가 승 상 야

소리는 다섯 가지에 지나지 않으나 오성의 (배합이 나타내는) 변화는 이루 다 들을 수가 없다. 색깔은 다섯 가지에 지나지 않으나 오색의 (배합이 나타내는) 변화는 이루 다 볼 수가 없다. 맛은 다섯 가지에 지나지 않으나 오미의 (배합이 나타내는) 변화는 이루 다 맛볼 수가 없다.

☞ 五聲: 궁, 상, 각, 치, 우 / 五色: 청, 황, 적, 흑, 백 / 五味: 단맛, 신맛, 쓴맛, 짠맛, 매운맛

戰勢, 不過奇正. 奇正之變, 不可勝窮也. 奇正相生, 如循環之無端, 孰能窮
전 세   불 과 기 정   기 정 지 변   불 가 승 궁 야   기 정 상 생   여 순 환 지 무 단   숙 능 궁
之哉.
지 재

전쟁의 형세는 奇와 正에 지나지 않으나 奇와 正의 (배합에서 나오는) 변화는 한이 없다. 奇와 正의 변화는 고리를 도는 것과 같으니 누가 능히 다 헤아릴 수 있겠는가!

☞ 循: 좇을 순(좇다, 빙빙 돌다) / 環: 고리 환 / 端: 끝 단 / 哉: 어조사 재

激水之疾, 至於漂石者, 勢也. 鷙鳥之疾, 至於毀折者, 節也.
격 수 지 질   지 어 표 넉 자   세 야   지 조 지 질   지 어 훼 절 자   절 야

격한 물살이 빠르게 흘러 바위를 떠내려가게 하는 것은 勢(氣勢) 때문이다. 사나운 매가 빠르게 (먹이를) 낚아채서 뼈를 부러뜨리는 것은 節(節度) 때문이다.

☞ 激: 물결 부딪쳐 흐를 격 / 疾: 빠를 질 / 漂: 뜰 표, 떠돌 표 / 鷙: 사나울 지 /
   毀折: 헐 훼, 꺾을 절

是故善戰者, 其勢險, 其節短. 勢如彍弩, 節如發機.
시 고 선 전 자   기 세 험   기 절 단   세 여 확 노   절 여 발 기

이런고로 전쟁을 잘하는 자는 그 기세가 맹렬하고 그 절도가 짧다(순간적이다). 기세는 쇠뇌의 시위를 당긴 것과 같고, 절도는 (화살을) 발사하는 순간과 같다.

※ 발사 직전 최대의 에너지를 담고 있는 것과, 발사되는 순간처럼 짧고 강력한 타격
   을 의미

☞ 彍: 당길 확(활을 잡아당기다) / 弩: 쇠뇌 노(여러 개의 화살을 쏘는 활의 일종)

紛紛紜紜, 亂鬪而不可亂也. 渾渾沌沌, 形圓而不可敗也.
분 분 운 운   난 투 이 불 가 난 야   혼 혼 돈 돈   형 원 이 불 가 패 야

어지럽게 뒤엉켜 亂戰이 벌어져도 혼란스러울 수 없고, 서로 뒤섞이어 진형이 원형이 되어도 패배할 수 없다.

☞ 紛: 어지러울 분 / 紜: 헝클어질 운 / 渾: 섞일 혼 / 沌: 혼탁할 돈 /

　形圓: 진형이 원형을 이룬 모습(方陣隊形의 사각형이 붕괴되어 원형으로 변한 것)

亂生於治, 怯生於勇, 弱生於强. 治亂, 數也. 勇怯, 勢也. 强弱, 形也.
난 생 어 치　겁 생 어 용　약 생 어 강　치 란　수 야　용 겁　세 야　강 약　형 야

혼란스러움은 다스림(질서)에서 나온 것이고, 비겁함은 용감함에서 나온 것이며, 약함은 강함에서 나온 것이다. (※ 혼란, 비겁, 약함은 의도적으로 연출한 것임을 의미)
질서와 혼란은 數(조직, 편성)에서 기인하고, 용감함과 비겁함은 勢(기세)에서 기인하며, 강함과 약함은 形(태세)에서 기인한다.

☞ 怯: 겁낼 겁

故善動敵者, 形之, 敵必從之. 予之, 敵必取之. 以利動之, 以卒待之.
고 선 동 적 자　형 지　적 필 종 지　여 지　적 필 취 지　이 리 동 지　이 졸 대 지

그러므로 적을 잘 움직이는 장수는 形을 이용하여(약점을 보여 줌으로써) 적이 반드시 좇게 하고, 적에게 미끼를 던져 적이 반드시 이를 취하게 한다. 이처럼 적에게 이로움을 보여 주어 움직이게 하고 (매복) 부대로 (적이 오는 것을) 기다린다.

☞ 予: 줄 여. 적을 유인하기 위해 미끼를 주는 것을 의미 / 卒: 여기서는 매복 부대를 의미

故善戰者, 求之於勢, 不責於人. 故能擇人而任勢.
고 선 전 자　구 지 어 세　불 책 어 인　고 능 택 인 이 임 세

그러므로 전쟁을 잘하는 자는 (승리를) 勢에서 구하지 부하 장병들에게 책임을 묻지(탓하지) 않는다. 따라서 인재를 잘 선택하여 勢를 형성해 나가도록 맡긴다.

☞ 責: 꾸짖을 책

任勢者, 其戰人也, 如轉木石. 木石之性, 安則靜, 危則動, 方則止, 圓則行.
임 세 자　기 전 인 야　여 전 목 석　목 석 지 성　안 즉 정　위 즉 동　방 즉 지　원 즉 행

세를 발휘한다는 것은 병력이 싸우게 하는 것을 마치 통나무와 바위를 굴리 듯하는 것이다. 통나무와 바위의 성질은 안정된(평탄한) 곳에서는 움직이지 않고, 위태로운(경사진) 곳에서는 움직이며, 모가 나면 정지하고, 둥글면 굴러간다.

☞ 轉: 구를 전 / 安: 안정된 곳. 즉 평탄한 곳을 의미 / 方: 모 방

故善戰人之勢, 如轉圓石於千仞之山者, 勢也.
고 선 전 인 지 세　여 전 원 석 어 천 인 지 산 자 　세 야

그러므로 전쟁을 잘하는 장수의 병력 운용은 천 길 높이의 산에서 둥근 바위를 굴리는

것과 같다. 그것이 바로 勢이다.

☞ 仞: 길 인

第六篇 虛實

虛實: 강함과 약함을 적절하게 운용(전투력의 集中과 節約을 조화)

※ 적의 虛를 조성 ⇒ 强點(實)으로 弱點(虛)을 친다.

⇒ 實한 곳(强點)을 피하고 虛한 곳(弱點)을 친다.(避實擊虛)

■ 적을 조종할 수 있는 主動的인 위치에 선다: 主導權 획득

* 善戰者, 致人而不致於人 → 행동의 자유 → 강점으로 약점 타격 가능

■ 주도권 행사, 적을 마음대로 조종 → 적의 虛 조성, 나의 강점으로 타격(避實 擊虛)

• 내가 원하는 적 행동 유도: 能使敵人自至者, 利之也. 能使敵人不得至者, 害之也.

• 적이 대응하지 못할 곳, 예상하지 못한 곳을 공격: 出其所不趨, 趨其所不意.

• 어디를 방어 또는 공격할지 모르게 한다: 敵不知其所守, 敵不知其所攻.

• 내가 싸우고 싶으면 적이 싸우기 싫어도 싸울 수밖에 없고,

내가 싸우기 싫으면 적이 싸우고 싶어도 싸울 수 없게 한다.

* 我欲戰, 敵雖高壘深溝, 不得不與我戰者, 攻其所必救也.

我不欲戰, 雖劃地而守之, 敵不得與我戰者, 乖其所之也.

• 적의 形은 드러내게 하고 나의 形은 드러내지 않음.

- 我: 주동 → 원하는 시간과 장소에 집중 가능

- 敵: 피동 → 대비할 곳이 많아짐 → 분산(無所不備, 則無所不寡)

※ 아 집중, 적 분산(形人而我無形, 則我專而敵分)

• 전투력 집중, 분산된 적의 虛한 곳을 타격: 我專爲一, 敵分爲十, 是以十攻其 一也.

■ 制勝之形: 승리할 수밖에 없는 군대의 形을 만들어 나감

• 최고 경지에 도달한 군대의 形은 형태가 없음에 이른다: 兵形之極, 至於無形.

- 군대의 形은 흐르는 물과 같다: 兵形象水
  - 물은 높은 곳을 피하고 낮은 곳으로 흐른다: 水之形, 避高而趨下.
  - 군대의 형은 실한 곳을 피하고 허한 곳을 친다: 兵之形, 避實而擊虛
- 물은 땅의 형상에 따라 흐름을 만들어 가지만 군대는 적(의 虛한 곳)에 따라 승리를 만들어 간다: 水因地制流, 兵因敵而制勝.

孫子曰. 凡先處戰地而待敵者, 佚. 後處戰地而趨戰者, 勞.
손 자 왈 범 선 처 전 지 이 대 적 자 일 후 처 전 지 이 추 전 자 로

손자가 이르기를, 무릇 먼저 **戰場**에 임하여 적을 기다리는 자는 편안하고, 뒤늦게 **戰場**에 도착하여 전투에 달려드는 자는 피곤하다.

☞ 處: 곳 처(정하다, 임하다) / 佚: 편안한 일 / 趨: 달릴 추(나아가다)

故善戰者, 致人而不致於人.
고 선 전 자 치 인 이 불 치 어 인

그러므로 전쟁을 잘하는 자는 적을 (능동적으로) 조종하지 적에게 (피동적으로) 조종당하지 않는다.

☞ 致: 보낼 치(끌어들이다, 조종하다의 의미) / 人: 敵을 의미

能使敵人自至者, 利之也. 能使敵人不得至者, 害之也.
능 사 적 인 자 지 자 이 지 야 능 사 적 인 불 득 지 자 해 지 야
故敵佚能勞之, 飽能饑之, 安能動之.
고 적 일 능 로 지 포 능 기 지 안 능 동 지

능히 적으로 하여금 스스로 다가오게 하는 것은 이익을 보여 주기 때문이고, 능히 적으로 하여금 다가오지 못하게 하는 것은 피해가 있을 것임을 보여 주기 때문이다. 따라서 적이 편안하면 피로하게 하고, 배부르면 굶주리게 하며, 안정되어 있으면 동요하게 해야 한다.

☞ 敵人: 적을 의미 / 至: 이를 지 / 飽: 배부를 포 / 饑: 굶주릴 기

出其所不趨, 趨其所不意. 行千里而不勞者, 行於無人之地也.
출 기 소 불 추 추 기 소 불 의 행 천 리 이 불 로 자 행 어 무 인 지 지 야

적이 달려오지(대응하지) 못할 곳으로 나아가고, 적이 뜻(예상)하지 못한 곳으로 달려간다. 천리 길을 가도 피로치 않다는 것은 적이 없는 곳으로 가기 때문이다.

☞ 趨: 달릴 추

攻而必取者, 攻其所不守也. 守而必固者, 守其所不攻也.
공 이 필 취 자 공 기 소 불 수 야 수 이 필 고 자 수 기 소 불 공 야

공격해서 반드시 탈취하는 것은 수비하기 어려운 곳을 공격하기 때문이요, 수비하되 반드시 견고하게 지켜내는 것은 적이 공격하기 어려운 곳을 지키기 때문이다.

☞ 固: 굳을 고(견고함)

故善攻者, 敵不知其所守. 善守者, 敵不知其所攻.
고 선 공 자 적 부 지 기 소 수 선 수 자 적 부 지 기 소 공

고로 공격을 잘하는 자는 적이 어디를 지켜야 할지를 모르게 하고, 방어를 잘하는 자는 적이 어디를 공격해야 할지를 모르게 한다.

微乎微乎, 至於無形. 神乎神乎, 至於無聲. 故能爲敵之司命.
미 호 미 호 지 어 무 형 신 호 신 호 지 어 무 성 고 능 위 적 지 사 명

너무도 미묘하여 형태가 없음에 이르고, 너무도 신비하여 소리가 없음에 이른다. 그리하여 능히 적의 生死를 좌우할 수 있게 되는 것이다.

☞ 微: 작을 미(여기서는 미묘함을 의미) / 神: 귀신 신(여기서는 신비함을 의미) /
   爲: 할 위(~이 되다의 의미) / 司: 맡을 사(司命: 生死를 좌우함)

進而不可禦者, 衝其虛也. 退而不可追者, 速而不可及也.
진 이 불 가 어 자 충 기 허 야 퇴 이 불 가 추 자 속 이 불 가 급 야

나아가되 막지 못하는 것은 그 빈곳(허점)을 찌르기(공격하기) 때문이요, 물러나되 추격하지 못하는 것은 신속하여 그에 미치지 못하기 때문이다.

☞ 禦: 막을 어 / 衝: 찌를 충 / 及: 미칠 급

故我欲戰, 敵雖高壘深溝, 不得不與我戰者, 攻其所必救也.
고 아 욕 전 적 수 고 루 심 구 부 득 불 여 아 전 자 공 기 소 필 구 야

고로 내가 싸우고자 마음먹으면 적이 비록 높은 성루와 깊은 해자를 준비했다 하더라도 부득이 (성 밖으로 나와서) 나와 함께 싸울 수밖에 없게 되는 것은 적이 반드시 구원할 수밖에 없는 곳을 공격하기 때문이다.

☞ 壘: 진 루(성루) / 溝: 도랑 구(垓字: 해자, 성의 외곽을 둘러싼 못)

我不欲戰, 雖劃地而守之, 敵不得與我戰者, 乖其所之也.
아 불 욕 전 수 획 지 이 수 지 적 부 득 여 아 전 자 괴 기 소 지 야

내가 싸움을 원치 않으면 비록 땅 위에 선만 그어놓고 지키더라도(* 소수의 병력으로 어

떤 지역을 지킴을 의미) 적이 나와 싸울 수 없게 되는 것은 적이 바라는 바를 어긋나게
했기 때문이다.(＊기만, 유인 등으로 적이 엉뚱한 곳을 공격하도록 만들었기 때문)

☞ 劃: 그을 획(긋다, 나누다, 쪼개다) / 乖 : 어그러질 괴

故形人而我無形, 則我專而敵分. 我專爲一, 敵分爲十, 是以十攻其一也.
고 형 인 이 아 무 형 즉 아 전 이 적 분 아 전 위 일 적 분 위 십 시 이 십 공 기 일 야

그러므로 적의 형태(배치)를 드러내게 하되 나의 형태는 드러내지 않으니 나는 집중할
수 있지만 적은 분산된다. 나는 오로지 하나로 집중하고 적은 열로 분산되면 이는 열
로 하나를 공격하는 것과 같다.

☞ 人: 적을 의미 / 專: 오로지 전(섞이지 않음)

則我衆而敵寡, 能以衆擊寡, 則吾之所與戰者, 約矣.
즉 아 중 이 적 과 능 이 중 격 과 즉 오 지 소 여 전 자 약 의

즉 나는 많고 적은 적게 되어 많은 것으로 적은 것을 공격할 수 있으니 내가 더불어 싸
우고자 하는 바(장소, 상대)는 정해져 있다.

※ 내가 선택한 장소에서, 나는 하나로 집중하여 분산된 적을 공격할 수 있음을 의미.

☞ 約: 묶을 약(정해지다, 약속하다)

吾與戰之地, 不可知. 不可知, 則敵所備者多. 敵所備者多, 則吾所與戰者寡矣.
오 여 전 지 지 불 가 지 불 가 지 즉 적 소 비 자 다 적 소 비 자 다 즉 오 소 여 전 자 과 의

(적은) 나와 더불어 싸울 곳을 모르게 된다. 이를 모르게 되면 적이 대비해야 할 곳은
많아진다. 적이 대비해야 할 곳이 많아지면 나와 더불어 싸울 적은 적어진다.

故備前, 則後寡. 備後, 則前寡. 備左, 則右寡. 備右, 則左寡.
고 비 전 즉 후 과 비 후 즉 전 과 비 좌 즉 우 과 비 우 즉 좌 과

그러므로 앞을 대비하면 뒤가 부족해지고, 뒤를 대비하면 앞이 부족해지며, 좌측을 대
비하면 우측이 부족해지고, 우측을 대비하면 좌측이 부족해진다.

無所不備, 則無所不寡. 寡者, 備人者也. 衆者, 使人備己者也.
무 소 불 비 즉 무 소 불 과 과 자 비 인 자 야 중 자 사 인 비 기 자 야

대비하지 않은 곳이 없다는 것은 곧 부족하지 않은 곳이 없다는 것과 같다(＊ 모든 곳을
다 대비했다는 것은 곧 제대로 대비한 곳이 없다는 것과 동일한 의미). 부족해지는 것은
적을 대비하기 때문이요, 충분한 것은 적이 나를 대비토록 하기 때문이다.

故知戰之地, 知戰之日, 則可千里而會戰.
고 지 전 지 지   지 전 지 일   즉 가 천 리 이 회 전

不知戰地, 不知戰日, 則左不能救右, 右不能救左, 前不能救後, 後不能救前.
부 지 전 지   부 지 전 일   즉 좌 불 능 구 우   우 불 능 구 좌   전 불 능 구 후   후 불 능 구 전

而況遠者數十里, 近者數里乎.
이 황 원 자 수 십 리   근 자 수 리 호

그러므로 싸울 장소를 알고 싸울 시기를 알면 천 리를 가더라도 싸울 수 있다. 싸울 장
소도 모르고 싸울 시기도 모르면 좌측이 우측을 구할 수 없고, 우측이 좌측을 구할 수
없으며, 전방이 후방을 구할 수 없고, 후방이 전방을 구할 수 없다(* 협조된 작전이 불가
능함을 의미). 하물며 먼 곳은 수십 리, 가까운 곳은 몇 리나 떨어져 있다면 말해 무엇
하겠는가?

☞ 況 ~ 乎: 하물며 ~는 어떠하겠는가?

以吾度之, 越人之兵雖多, 亦奚益於勝敗哉. 故曰, 勝可爲也. 敵雖衆, 可使無鬪.
이 오 탁 지   월 인 지 병 수 다   역 해 익 어 승 패 재   고 왈   승 가 위 야   적 수 중   가 사 무 투

이로써 내가 판단하건데, 월나라 병사가 비록 많다 한들 어찌 승패에 도움이 되겠는
가? 그러므로 승리는 만들어지는 것이라 한다. 적이 비록 많지만 그들을 싸울 수 없게
만들 수 있기 때문이다.

☞ 度: 헤아릴 탁, 법도 도 / 亦: 또 역 / 奚: 어찌 해 / 奚 ~ 哉: 어찌 ~하겠는가?

故策之而知得失之計, 作之而知動靜之理, 形之而知死生之地,
고 책 지 이 지 득 실 지 계   작 지 이 지 동 정 지 리   형 지 이 지 사 생 지 지

角之而知有餘不足之處.
각 지 이 지 유 여 부 족 지 처

그러므로 계책을 써서 득과 실을 계산하여 알아보고, 고의로 행동을 일으켜 보아서 적
이 움직이거나 움직이지 않는 행동 양태를 알아보며, 아군의 태세를 노출시켜 봄으로
써 적이 처한 처지(死地에 있는지, 生地에 있는지)를 알아보고, 적을 찔러 보아 여유가
있거나 부족한 곳(虛와 實)을 알아본다.

☞ 作: 일으킬 작(作之: 짐짓 행동을 일으키다) / 角: 다툴 각, 뿔 각(정찰 또는 소규모 공격을 시도
   하는 것을 의미)

故形兵之極, 至於無形. 無形, 則深間不能窺, 智者不能謀.
고 형 병 지 극   지 어 무 형   무 형   즉 심 간 불 능 규   지 자 불 능 모

고로 최고 경지의 군대의 形(기동 및 배치)은 형태가 없음에 이른다(* 변화무쌍하여 일정
한 형태가 없음에 이름). 형태가 없으면 깊숙이 잠입한 간첩도 잘 엿볼 수가 없고, 지혜

로운 자도 계략을 세울 수 없다.

☞ 間: 간첩을 의미 / 窺: 엿볼 규

因形而措勝於衆, 衆不能知.
인 형 이 조 승 어 중 　 중 불 능 지
人皆知我所以勝之形, 而莫知吾所以制勝之形. 故其戰勝不復, 而應形於無窮.
인 개 지 아 소 이 승 지 형 　 이 막 지 오 소 이 제 승 지 형 　 고 기 전 승 불 복 　 이 응 형 어 무 궁

적의 형세에 따라 적절히 조치함으로써 백성들이 보는 앞에서 승리를 거두었지만, 정작 백성들은 (승리의 요인이 무엇인지는) 알지 못한다. 백성들은 모두 아군이 승리할 수 있는 형세이었기 때문이라고 알고 있지만, 승리할 수 있는 형세를 만든 과정(승리의 요인)은 알지 못한다. 그러므로 그 승리를 만든 방법은 반복하지 않고 적의 형세에 따라 무궁무진한 방법으로 대응해야 한다.

☞ 因: 인할 인 /衆: 무리 중. 백성을 의미 / 措: 둘 조(措勝: 승리를 이루어내다) / 莫: 말 막 /

　　制: 만들 제, 지을 제

夫兵形象水, 水之形, 避高而趨下. 兵之形, 避實而擊虛.
부 병 형 상 수 　 수 지 형 　 피 고 이 추 하 　 병 지 형 　 피 실 이 격 허
水因地制流, 兵因敵而制勝.
수 인 지 제 류 　 병 인 적 이 제 승

무릇 군대의 形은 물과 같은 형상이다. 물의 형상은 높은 곳을 피하고 낮은 곳으로 흘러간다. 군대의 形 역시 강점을 피하고 약점을 쳐야 한다. 물은 땅의 형상에 따라 흐름을 만들어 가지만 군대는 적에 따라 승리를 만들어 간다.

故兵無常勢, 水無常形. 能因敵變化而取勝者, 謂之神.
고 병 무 상 세 　 수 무 상 형 　 능 인 적 변 화 이 취 승 자 　 위 지 신
故五行無常勝, 四時無常位, 日有短長, 月有死生.
고 오 행 무 상 승 　 사 시 무 상 위 　 일 유 단 장 　 월 유 사 생

그러므로 용병도 고정된 형세가 없고, 물도 고정된 형상이 없다. 능히 적에 따라 변화된 방법으로 승리를 취하는 자를 용병의 神이라 부른다. 따라서 오행도 그중 어느 것이 항상 우위에 있지 않고, 사계절도 하나에 머무르지 않고 반복되며, 해도 길고 짧음이 있고, 달도 기울다가 찬다.(＊ 이처럼 용병도 언제나 변화하여야 한다는 의미임)

☞ 常: 항상 상 / 五行: 金, 水, 火, 木, 土 / 位 : 자리 위

第七篇　軍爭

軍爭: 군대가 적보다 유리함(기회, 위치, 시간 등)을 차지하기 위해 경쟁하는 것

※ 第六篇「虛實」까지 추상적인 이론을 다루었다면「軍爭」부터는 실제적인 방법론을 다룸.

■ 迂直之計를 통해 유리한 위치를 선점

• 이익을 미끼로 적을 기만하면 적보다 늦게 출발해도 먼저 도착

　* 迂其途, 而誘之以利, 後人發, 先人至. 此知迂直之計者也.

• 아무런 계책 없이 우직지계를 쓰면 오히려 위험해질 수 있다: 軍爭爲危

　－ 무조건 빨리 가려고만 하는 경우

　　* 百里而爭利, 則擒三將軍, 勁者先, 疲者後. 其法十一而至.

　　五十里而爭利, 則蹶上將軍, 其法半至

　　三十里而爭利, 則三分之二至

　－ 군수가 뒤따르지 못하는 경우: 軍無輜重則亡, 無糧食則亡, 無委積則亡

　－ 사전 준비가 부실한 경우

　　* 전쟁 간 제3국의 위협을 배제할 수 있는 사전 동맹, 전장의 지형 숙지,

　　　길잡이 운용에 따른 지리적 이점 획득 등

• 우직지계를 적용한 전투력 운용

　－ 兵以詐立, 以利動, 以分合爲變者也.

　－ 其疾如風, 其徐如林, 侵掠如火, 不動如山, 難知如陰, 動如雷震.

　－ 掠鄕分衆, 廓地分利, 懸權而動.

　※ 迂直之計를 위한 지휘통제(形名)의 중요성: 夫金鼓旌旗者, 所以一人之耳目也.

■ 용병에 있어 다스려야 할 네 가지 요소(4治): 氣, 心, 力, 變

• 氣: 避其銳氣, 擊其惰歸.　　　　• 心: 以治待亂, 以靜待譁.

• 力: 以近待遠, 以佚待勞, 以飽待飢　• 變: 無邀正正之旗, 勿擊堂堂之陣.

孫子曰. 凡用兵之法, 將受命於君, 合軍聚衆, 交和而舍, 莫難於軍爭.
손 자 왈 범 용 병 지 법 장 수 명 어 군 합 군 취 중 교 화 이 사 막 난 어 군 쟁

손자가 이르기를, 무릇 용병하는 방법에 있어 장수가 군주로부터 출동 명령을 받으면 군대를 편성하고 병력을 동원하여 (전장에 나가) 적과 대치한 상태로 주둔하게 되는데, 이 과정에 이르기까지 군쟁보다 어려운 것은 없다.

☞ 聚: 모을 취 / 交: 마주 대하는 것을 의미 / 和: 軍隊의 陣營을 의미 / 舍: 집 사(주둔하는 것을 의미) / 於: 어조사 어(비교격으로 '~보다'의 의미)

軍爭之難者, 以迂爲直, 以患爲利.
군 쟁 지 난 자 이 우 위 직 이 환 위 리

軍爭에서 어려운 것은 돌아가는 것을 곧바로 가는 것과 같이 만들고, 곤란한 상황을 유리한 상황으로 만드는 것이다.

☞ 迂: 멀 우, 돌아갈 우

故迂其途, 而誘之以利, 後人發, 先人至. 此知迂直之計者也.
고 우 기 도 이 유 지 이 리 후 인 발 선 인 지 차 지 우 직 지 계 자 야

그러므로 길을 돌아가면서도 이익을 미끼로 적을 속인다면 적보다 늦게 출발했어도 적보다 먼저 도착하게 된다. 이것이 迂直之計(돌아감으로써 오히려 빨리 가는 계책)를 아는 것이다.

* 迂直之計는 간접접근과 직접접근을 의미함.

☞ 人: 적을 의미 / 後(於)人發, 先(於)人至: 본문은 於가 생략된 것임.

故軍爭爲利, 軍爭爲危. 擧軍而爭利, 則不及. 委軍而爭利, 則輜重捐.
고 군 쟁 위 리 군 쟁 위 위 거 군 이 쟁 리 즉 불 급 위 군 이 쟁 리 즉 치 중 연

그렇기에 군쟁은 이익이 될 수도 있지만, 위태로움이 될 수도 있다. 全軍을 일거에 움직여 유리한 위치를 점하고자 적과 경쟁한다면 (기동력이 둔화되어) 제때에 도달하지 못할 것이다. 군을 분리하여 예하 지휘관에 위임한 상태에서 제각각 유리한 위치를 점하게 하면 (서로 앞을 다투기 때문에) 치중부대는 뒤에 버려지게 된다.

☞ 委: 맡길 위. 委軍은 군을 분산하여 예하 지휘관들에게 지휘를 위임하는 것 /
　輜: 짐수레 치(輜重: 병력을 후속하는 장비, 물자 등의 군수품) / 捐: 버릴 연

是故卷甲而趨, 日夜不處, 倍道兼行, 百里而爭利, 則擒三將軍, 勁者先, 疲者
시 고 권 갑 이 추　일 야 불 처　배 도 겸 행　백 리 이 쟁 리　즉 금 삼 장 군　경 자 선　피 자
後. 其法十一而至.
후　기 법 십 일 이 지

그래서 갑옷을 걷어붙이고 달려 나가기를 밤낮을 쉬지 않고 2배의 속도로 100리를 가
서 유리한 위치를 점하고자 하면 三軍을 지휘하는 장수들이 사로잡히고, 굳센 병사들
은 먼저 가고 지친 병사들은 뒤로 처지게 되므로 그 방법으로는 병력의 1/10만 목적
지에 도달한다.

☞ 卷: 접을 권(卷甲 : 갑옷을 접어놓음) / 處: 쉴 처 / 兼: 겸할 겸(兼行: 밤낮을 겸하여 쉬지 않고
　가는 것) / 倍道: 두 배의 속도 / 擒: 사로잡을 금 / 三將軍: 上軍, 中軍, 下軍을 지휘하는 장수) /
　勁: 굳셀 경 / 疲: 지칠 피

五十里而爭利, 則蹶上將軍, 其法半至. 三十里而爭利, 則三分之二至.
오 십 리 이 쟁 리　즉 궐 상 장 군　기 법 반 지　삼 십 리 이 쟁 리　즉 삼 분 지 이 지

50리를 기동하여 유리한 위치를 점하고자 경쟁한다면 선두 부대의 장수는 쓰러지고
그 방법으로는 병력의 반만 (목적지에) 도달한다. 30리를 기동하여 유리한 위치를 점
하고자 경쟁한다면 병력의 2/3만 도달한다.

☞ 蹶: 넘어질 궐 / 上將軍: 선두 부대의 장수

是故, 軍無輜重則亡, 無糧食則亡, 無委積則亡.
시 고　군 무 치 중 즉 망　무 량 식 즉 망　무 위 적 즉 망

그리하여 군대는 치중이 없으면 망(패배)하고, 식량이 없으면 망하며, 예비로 비축된
물자가 없어도 망하게 된다.

☞ 委積: 맡길 위, 쌓을 적(예비로 비축해 놓은 물자)

故不知諸侯之謀者, 不能豫交. 不知山林險阻沮澤之形者, 不能行軍.
고 부 지 제 후 지 모 자　불 능 예 교　부 지 산 림 험 조 저 택 지 형 자　불 능 행 군
不用鄕導者, 不能得地利.
불 용 향 도 자　불 능 득 지 리

그러므로 주변 제후국의 전략(기도)을 모르는 자는 미리 동맹을 맺을 수 없고 산림, 험
지, 늪지 등의 지형을 제대로 알지 못하는 자는 행군(기동)을 할 수 없으며, 길잡이를
이용하지 않는 자는 지리적인 이점을 얻을 수 없다.

☞ 險阻: 험할 험, 험할 조(험한 지대) / 沮澤: 막을 저, 못 택(소택지대) /
　鄕導: 시골 향, 이끌 도(길 안내자)

故兵以詐立, 以利動, 以分合爲變者也.
고 병 이 사 립 이 리 동 이 분 합 위 변 자 야

고로 용병은 속임(欺瞞)으로써 성립하고, 이익을 미끼로 (적을) 움직이며, 분산하거나
집중함으로써 변화를 만들어 내는 것이다.

☞ 詐: 속일 사

故其疾如風, 其徐如林, 侵掠如火, 不動如山, 難知如陰, 動如雷震.
고 기 질 여 풍 기 서 여 림 침 략 여 화 부 동 여 산 난 지 여 음 동 여 뇌 진

그러므로 그 빠르기가 바람과 같고, 느린 것은 숲속과 같으며, 쳐서 빼앗을 때에는 불
과 같고, 움직이지 않는 것은 산과 같으며, 어두움처럼 발견하기 어렵다가도 우레와
벼락처럼 움직인다.

☞ 疾: 빠를 질 / 徐: 천천히 서 / 侵掠: 침노할 침, 노략질할 략 / 雷震 : 우레 뇌, 벼락 진

掠鄕分衆, 廓地分利, 懸權而動. 先知迂直之計者勝, 此軍爭之法也.
략 향 분 중 확 지 분 리 현 권 이 동 선 지 우 직 지 계 자 승 차 군 쟁 지 법 야

적지에서 획득한 전리품은 병사들에게 나누어 주고, 영토를 확장하면 이익을 분배하
며, 위세를 과시하면서 (다음 작전지역으로) 이동한다. 迂直之計를 먼저 터득하는 자가
승리한다. 이것이 군쟁의 기본이다.

☞ 掠鄕: 노략질할 략, 시골 향, 적지에서 획득한 전리품을 의미 / 廓: 넓힐 확, 성 곽 /
　懸: 매달 현(懸權: 위세를 드러내는 것을 의미)

軍政曰, 言不相聞, 故爲金鼓 視不相見, 故爲旌旗.
군 정 왈 언 불 상 문 고 위 금 고 시 불 상 견 고 위 정 기
夫金鼓旌旗者, 所以一人之耳目也.
부 금 고 정 기 자 소 이 일 인 지 이 목 야

〈軍政〉에서 이르기를, 말을 해도 서로 들을 수 없으므로 징과 북을 만들었고, 보려 해
도 서로 볼 수가 없으므로 각종 깃발을 만들었다. 무릇 징과 북, 깃발은 사람의 귀와
눈을 하나로 만들기 위한 수단이다.(* 兵勢篇에 나온 形名, 즉 지휘 및 통제수단을 의미)

☞ 軍政: 지금은 전해지지 않은 당시의 병서 / 爲: 할 위, 만들 위 / 金鼓: 징과 북 /
　旌旗: 기 정, 기 기(깃발) / 所以: ~하는 이유이다. / 一: 하나로 하다.

人旣專一, 則勇者不得獨進, 怯者不得獨退. 此用衆之法也.
인 기 전 일 즉 용 자 부 득 독 진 겁 자 부 득 독 퇴 차 용 중 지 법 야

병사들의 행동이 하나로 통일되면 용감한 자라도 혼자 나아갈 수 없고, 비겁한 자라도 혼자 물러날 수 없다. 이것이 많은 병력(衆)을 사용(지휘 및 통제)하는 방법이다.

☞ 專: 오로지 전 / 怯: 겁낼 겁

故夜戰多火鼓, 晝戰多旌旗, 所以變人之耳目也.
고 야 전 다 화 고 주 전 다 정 기 소 이 변 인 지 이 목 야

그러므로 야간에 전투할 때에는 횃불과 북을 주로 사용하고, 주간에 전투할 때에는 깃발을 주로 사용한다. 이는 병사들의 귀와 눈(사용 능력)을 변화시키는 이유이다.

☞ 變: 변할 변(변하다, 달라지다, 움직이다)

故三軍可奪氣, 將軍可奪心. 是故, 朝氣銳, 晝氣惰, 暮氣歸.
고 삼 군 가 탈 기 장 군 가 탈 심 시 고 조 기 예 주 기 타 모 기 귀

그리하여 적군의 기를 빼앗고(기세를 꺾고), 적장의 마음을 빼앗아야 한다(판단을 혼란에 빠뜨려야 한다). 아침에는 기가 예리하지만 낮에는 해이해지며 저녁에는 사라진다.

※ 어느 군대든 전투 초기에는 기세가 등등하지만 전투가 이어지면서 느슨해지고 전투가 끝날 무렵이 되면 사기가 바닥에 떨어져 철수할 생각만 하게 되는 것을 비유

☞ 奪: 빼앗을 탈 / 惰: 게으를 타 / 歸: 돌아갈 귀(사라진다는 의미로 쓰임)

故善用兵者, 避其銳氣, 擊其惰歸. 此治氣者也.
고 선 용 병 자 피 기 예 기 격 기 타 귀 차 치 기 자 야

따라서 용병에 능한 장수는 적군의 기가 예리한 때에는 (싸우기를) 피하고, 기가 해이해지거나 사라졌을 때 타격한다. 이것이 기를 다스리는 방법이다.

以治待亂, 以靜待譁. 此治心者也.
이 치 대 란 이 정 대 화 차 치 심 자 야

다스려진 것으로(아군은 엄격하게 질서를 유지한 상태로) 혼란한 적을 기다리고, 고요함으로(아군은 정숙한 상태로) 소란스러운 적을 기다린다. 이것이 마음을 다스리는 방법이다.

☞ 靜: 고요 정 / 譁: 시끄러울 화

以近待遠, 以佚待勞, 以飽待饑, 此治力者也.
이 근 대 원 이 일 대 로 이 포 대 기 차 치 력 자 야

가까운 곳에서(아군은 가까운 곳에 먼저 도착하여) 멀리서 오는 적을 기다리고, 편안한 상태에서 피로한 적을 기다리며, 배부른 상태에서 굶주린 적을 기다린다. 이것이 힘을 다스리는 방법이다.

☞ 飽: 배부를 포 / 饑: 주릴 기

無邀正正之旗, 勿擊堂堂之陣, 此治變者也.
무 요 정 정 지 기 물 격 당 당 지 진 차 치 변 자 아

깃발이(질서가) 정연한 적은 상대하지 않고, 진용이 당당한 적은 치지 않는다. 이것이 변화를 다스리는 방법이다.

☞ 邀: 맞을 요(맞이하다, 초대하다) / 變: 형세의 변화

故用兵之法, 高陵勿向, 背邱勿逆, 佯北勿從, 銳卒勿攻, 餌兵勿食, 歸師勿遏,
고 용 병 지 법 고 릉 물 향 배 구 물 역 양 배 물 종 예 졸 물 공 이 병 물 식 귀 사 물 알
圍師必闕, 窮寇勿迫, 此用兵之法也.
위 사 필 궐 궁 구 물 박 차 용 병 지 법 야

그러므로 용병의 방법은 높은 고지를 올려 보면서 공격하지 말고, 고지를 등지고 공격하는 적을 거슬러 막지 말며, 거짓으로 달아나는 적을 쫓지 말고, 기가 예리한 부대는 공격하지 말며, 유인하는 미끼를 먹지 말고, 자국으로 돌아가는 적은 막지 말며, 포위된 적에게는 반드시 도망갈 길을 터주고, 막다른 길에 몰린 적은 지나치게 몰아치지 말아야 하는 것이다.

※ 4治(氣, 心, 力, 變)를 적용한 용병 원칙을 제시한 것

☞ 陵: 큰 언덕 릉 / 邱: 언덕 구 / 佯: 거짓 양(~인 체하다) / 北: 달아날 배 /
　　卒: 소규모 부대를 의미 / 餌: 먹이 이, 미끼 이 / 歸師: 고향으로 돌아가는 부대 / 遏: 막을 알 /
　　圍師: 포위된 부대 / 闕: 대궐 궐(대궐의 문) / 窮: 막힐 궁 / 寇: 도적 구(무리) / 迫 : 다그칠 박

第八篇　九變

九變: 상황에 대처하는 용병의 변화 능력(融通性, 臨機應變) ⇒ 術的 차원

■ **九變의 術을 알아야 진정한 用兵을 할 수 있다.**

- 將通於九變之利者, 知用兵矣. 將不通於九變之利者, 雖知地形, 不能得地之利矣.
- 不知九變之術, 雖知五利, 不能得人之用矣.
- ※ 地形을 안다→九變의 利(5利)를 안다→九變의 術을 안다→진정한 용병 가능

■ **이로움과 해로움, 이익과 손해(利와 害)는 동시에 고려해야 함: 必雜於利害**

(5利)

- 途: 利가 된다면 따라야 하고, 害가 된다면 따르지 말아야 한다.
- 軍: 利가 된다면 쳐야 하고, 害가 된다면 치지 말아야 한다.
- 城: 利가 된다면 공격해야 하고, 害가 된다면 공격하지 말아야 한다.
- 地: 利가 된다면 다뤄야 하고, 害가 된다면 다투지 말아야 한다.
- 君命: 利가 된다면 받아들여야 하고, 害가 된다면 받아들이지 말아야 한다.
- ※ 雜於利而務可信也, 雜於害而患可解也.

■ **僥倖(요행)을 바라지 말고, 나의 대비 태세를 믿어라**

- 적도 역시 利와 害를 따져서 행동하기 때문이다.
- 적이 공격할 수 없도록 내가 태세를 갖추고 있음을 믿어야 한다.
  * 無恃其不來, 恃吾有以待之. 無恃其不攻, 恃吾有所不可攻也.

■ **장수가 경계해야 할 5危: 必死可殺, 必生可虜, 忿速可侮, 廉潔可辱, 愛民可煩**

  * 凡此五危, 將之過也, 用兵之災也. 覆軍殺將, 必以五危, 不可不察也

☞ **九變이 무엇인지 명확한 언급이 없다. 구변에 관한 다양한 관점을 살펴보면,**

孫子曰. 凡用兵之法, 將受命於君, 合軍聚衆, 圮地無舍, 衢地合交, 絕地勿留,
손 자 왈 범 용 병 지 법 장 수 명 어 군 합 군 취 중 비 지 무 사 구 지 합 교 절 지 물 류
圍地則謀, 死地則戰.
위 지 즉 모 사 지 즉 전

손자가 이르기를, 무릇 군대를 운용함에 있어 장수가 군주로부터 출동 명령을 받으면 군대를 편성하고 병력을 동원하여 (전장에 나아가되), 무너져 움푹 꺼진 지역에서는 숙영하지 않고, 길이 사방으로 뚫린 지역에서는 주변국과 외교 관계를 맺어야 하며, 길이 끊어진 지역에서는 오래 머물지 않아야 하고, 사방이 둘러싸여 쉽게 포위되는 지역은 꾀를 써서 벗어나야 하며, 사지에 빠지면 결사적으로 싸워야 한다.

※ 孫子曰. 凡用兵之法, 將受命於君, 合軍聚衆까지는 제7편「軍爭」의 첫 부분과 중복되고, 圮地, 衢地, 絕地, 圍地, 死地는 제11편「九地」와 중복됨. 이는 착간(錯簡)이 발생한 것으로 보임. 이 부분은「九地」편에 들어가는 것이 타당할 것임.

☞ 聚: 모일 취 / 圮: 무너질 비 / 舍: 집 사(머물다) / 衢: 네거리 구 / 絕地: 길이 끊어진 지역 /
　死地: 전멸당하기 쉬운 막다른 지역

途有所不由, 軍有所不擊, 城有所不攻, 地有所不爭, 君命有所不受.
도 유 소 불 유 군 유 소 불 격 성 유 소 불 공 지 유 소 불 쟁 군 명 유 소 불 수

길에는 따르지 말아야 할 길이 있고, 군대에는 치지 말아야 할 군대가 있으며, 성에는 공격하지 말아야 할 성이 있고, 땅에는 쟁탈하지 말아야 할 땅이 있으며, 군주의 명령

에도 받아들일 수 없는 명령이 있다.

☞ 途: 길 도 / 由: 말미암을 유(따르다)

故將通於九變之利者, 知用兵矣.
고 장 통 어 구 변 지 리 자　지 용 병 의
將不通於九變之利者, 雖知地形, 不能得地之利矣.
장 불 통 어 구 변 지 리 자　수 지 지 형　불 능 득 지 지 리 의

이렇듯이 장수가 九變(변화무쌍한 용병)의 利(이점)에 대해 통달하였다면 용병을 아는 것이다. 장수가 九變의 利에 통달하지 못했다면 비록 지형을 잘 안다 하여도 지형의 이점을 잘 활용할 수 없는 것이다.

※ 이 문장을 보면 九變이 지형의 이용과 연관됨을 알 수 있다. 따라서 九變을 九地를 고려한 다양한 용병의 변화로 볼 수 있다.

治兵, 不知九變之術, 雖知五利, 不能得人之用矣.
치 병　부 지 구 변 지 술　수 지 오 리　불 능 득 인 지 용 의

군대를 지휘함에 있어 九變의 術을 알지 못하면 비록 5利를 알고 있다 하더라도 전투력을 제대로 활용하지 못한다.

※ 5利: 途有所不由, 軍有所不擊, 城有所不攻, 地有所不爭, 君命有所不受.

是故, 智者之慮, 必雜於利害, 雜於利而務可信也, 雜於害而患可解也.
시 고　지 자 지 려　필 잡 어 리 해　잡 어 리 이 무 가 신 야　잡 어 해 이 환 가 해 야

그런 까닭에 지혜로운 자는 반드시 이로움과 해로움을 동시에 생각한다. 이로움을 잘 살피면 확신을 가지고 임무를 완수할 수 있고, 해로움을 잘 살피면 근심거리를 해결할 수 있다.

☞ 慮: 생각할 려 / 雜: 섞일 잡 / 務: 일 무, 힘쓸 무

是故, 屈諸侯者以害, 役諸侯者以業, 趨諸侯者以利.
시 고　굴 제 후 자 이 해　역 제 후 자 이 업　추 제 후 자 이 리

그러므로 적의 군주를 굴복시킴은 해로움(큰 손해가 있을 것임)을 보여 주기 때문이고, 적의 군주를 부리는 것은 (쓸데없는) 일에 힘을 쓰게 하였기 때문이며, 적의 군주를 달려오게 하는 것은 이로움을 보여 주기 때문이다.

☞ 役: 부릴 역 / 業: 업 업(일) / 趨: 달릴 추

故用兵之法, 無恃其不來, 恃吾有以待之. 無恃其不攻, 恃吾有所不可攻也.
고 용 병 지 법   무 시 기 불 래   시 오 유 이 대 지   무 시 기 불 공   시 오 유 소 불 가 공 야

고로 용병을 함에 있어, 적이 오지 않을 것임을 믿지 말고 내가 대비 태세를 갖추고 있음을 믿어야 하고, 적이 공격하지 않을 것임을 믿지 말고 적이 감히 공격할 수 없도록 내가 준비되어 있음을 믿어야 한다.

☞ 恃: 믿을 시 / 待: 기다릴 대(기다리다, 대비하다, 막다)

故將有五危. 必死可殺, 必生可虜, 忿速可侮, 廉潔可辱, 愛民可煩.
고 장 유 오 위   필 사 가 살   필 생 가 로   분 속 가 모   염 결 가 욕   애 민 가 번

고로 장수에게는 다섯 가지의 위험이 있다. (지모를 써야 함에도 용맹만을 내세워) 죽기를 다해 싸우면 죽음을 당할 수 있고, 기어이 목숨만을 지키려고 한다면 적에게 사로잡힐 수 있으며, 분을 이기지 못해 급하게 행동하면 수모를 당할 수 있고, 성품이 지나치게 깨끗하면 (계략에 빠져) 치욕을 당할 수 있으며, 병사를 너무나 아끼면 번뇌가 많아진다.

☞ 虜: 포로 로, 사로잡을 로 / 忿: 성낼 분 / 侮: 업신여길 모 / 廉: 청렴할 렴 / 潔: 깨끗할 결 /
　　辱: 욕되게 할 욕 / 煩: 괴로워할 번

凡此五危, 將之過也, 用兵之災也. 覆軍殺將, 必以五危, 不可不察也.
범 차 오 위   장 지 과 야   용 병 지 재 야   복 군 살 장   필 이 오 위   불 가 불 찰 야

무릇 이 다섯 가지 위태로움은 장수의 허물이자 용병에 있어서 재앙이다. 군대가 패배하고 장수가 죽게 되는 것은 반드시 이 다섯 가지 위태로움에서 비롯되니 신중히 살피지 않을 수 없다.

☞ 過: 지날 과, 허물 과 / 災: 재앙 재 / 覆 : 뒤집힐 복

第九篇 行軍

行軍: 軍을 움직이는 것

※ 현대의 군사용어인 행군(march)이 아니라 기동, 전투, 정찰, 행군, 숙영 등의
  제반 군사작전 활동과 지휘 통솔 방법 등을 망라한 포괄적인 개념

■ 지형의 특성에 따른 군대의 운용

- 산악, 하천, 소택지, 평지: 軍好高而惡下, 貴陽而賤陰
- 기타 특수한 지형
  - 絶澗, 天井, 天牢, 天羅, 天陷, 天隙: 必亟去之, 勿近也. 吾遠之, 敵近之. 吾
    迎之, 敵背之
  - 險阻, 潢井, 蒹葭, 翳薈者: 必謹覆索之, 此伏姦之所也

■ 적의 행동, 징후 등을 통해 적의 의도와 상태를 파악하는 방법 제시: 33가지

* 兵非益多也. 惟無武進, 足以倂力料敵, 取人而已

■ 효율적인 군대 운용을 위한 지휘 통솔: 복종 유도 → 사용할 수 있는 병력

- 친밀해진 이후에 罰을 집행해야 함
  * 卒未親附而罰之, 則不服. 不服, 則難用也. 卒已親附而罰不行, 則不可用
- 합리적인 명령과 엄격한 통제: 令之以文, 齊之以武. 是謂必取.

孫子曰. 凡處軍相敵, 絶山依谷, 視生處高, 戰隆無登. 此處山之軍也.
손 자 왈 범 처 군 상 적 절 산 의 곡 시 생 처 고 전 룡 무 등 차 처 산 지 군 야

손자가 이르기를, 무릇 군대를 적과 대치하기 위한 위치에 배치함에 있어 산악을 지날
때에는 (눈에 잘 뜨이지 않는) 계곡을 이용하고, 시야가 탁 트인 고지대를 점령해야 하

며, 높은 곳을 오르면서 싸우지 마라. 이것이 산악지형에서의 군대 운용이다.

☞ 處: 처할 처(자리잡다) / 絶: 끊어질 절, 지날 절(건너다. 횡단하다) / 視生: 전망이 좋은 /

　　隆: 클 룡, 높을 룡

絶水必遠水. 客絶水而來, 勿迎之於水內, 令半濟而擊之, 利.
절 수 필 원 수　객 절 수 이 래　물 영 지 어 수 내　령 반 제 이 격 지 리

欲戰者, 無附於水而迎客, 視生處高, 無迎水流. 此處水上之軍也
욕 전 자　무 부 어 수 이 영 객　시 생 처 고　무 영 수 류　차 처 수 상 지 군 야

하천을 건너면 반드시 하천에서 멀리 떨어져야 한다. 적이 하천을 건너올 때는 (조급하게) 하천 안으로 나가서 맞아 싸우지 말고 적이 반쯤 건넜을 때 치는 것이 유리하다. 싸우고자 한다면 물가에 근접해서 적을 상대하지 말아야 하며 시야가 좋은 높은 곳에 위치하고, (하류에서 상류로) 물을 거슬러 올라가면서 적을 상대하지 마라. 이것이 하천지형에서의 군대 운용이다.

☞ 客: 손 객(敵을 의미) / 迎: 맞이할 영 / 令: 영 령(우두머리. 좋다) / 濟: 건널 제 /

　　附: 붙을 부(근접하다)

絶斥澤, 惟亟去無留. 若交軍於斥澤之中, 必依水草, 而背衆樹, 此處斥澤之
절 척 택　유 극 거 무 류　약 교 군 어 척 택 지 중　필 의 수 초　이 배 중 수　차 처 척 택 지

軍也.
군 야

소택지를 건널 때에는 머무르지 말고 오로지 신속하게 지나가야 한다. 만약 소택지 중간에서 적과 교전하게 된다면 반드시 수풀을 이용하여 의존(은폐)하고 나무숲을 등져야 한다. 이것이 소택지형에서의 군대 운용이다.

☞ 斥: 염분 많은 땅 척, 물리칠 척 / 澤: 진펄 택, 못 택 / 惟: 오직 유 / 亟: 빠를 극 /

　　衆樹: 나무의 무리(나무숲)

平陸處易, 右背高, 前死後生. 此處平陸之軍也.
평 륙 처 이　우 배 고　전 사 후 생　차 처 평 륙 지 군 야

평지에서는 움직임(기동)이 용이한 곳에 위치하라. 우측 뒤편에 고지를 두고 전방은 (적이 공격하기 어려운) 험준한 지형이 있고 뒤쪽은 (위험에서 벗어나기 용이한) 탁 트인 지형이 있도록 하라. 이것이 평지에서의 군대 운용이다.

☞ 右背高의 해석

　　① 통상 우측에 배치되는 전차대가 경사지를 이용한 공격이 용이하도록 하기 위함.

　　② 우측 배후는 전투에 유리한 고지가 오도록 하고, 좌측 배후는 퇴로에 용이한 지형이 오도록 함.

凡此四軍之利, 黃帝之所以勝四帝也.
범 차 사 군 지 리   황 제 지 소 이 승 사 제 야

무릇 이 네 가지의 군대 운용은 황제가 주변의 네 군주들과 싸워 이긴 방법이다.

☞ 黃帝: 전설상의 제왕. 헌원씨(軒轅氏)로 불림(복희씨, 신농씨와 더불어 삼황으로 일컬음) /

　 四帝: 남방의 赤帝, 동방의 靑帝, 북방의 黑帝, 서방의 白帝 (* 五帝: 중앙의 黃帝를 포함)

凡軍好高而惡下, 貴陽而賤陰. 養生而處實, 軍無百疾, 是謂必勝
범 군 호 고 이 오 하   귀 양 이 천 음   양 생 이 처 실   군 무 백 질   시 위 필 승

무릇 군대는 높은 곳을 선호하고 낮은 곳을 싫어하며, 양지바른 곳을 귀히 여기고 음
지를 천시한다. 생존하는 데 유의하면서 실한(물과 풀이 풍부한) 곳을 점령하면 군대에
는 백 가지 질병이 없게 되니 이를 일컬어 필승(의 군대)이라 한다.

☞ 惡: 미워할 오, 악할 악 / 賤: 천할 천 / 疾 : 병 질

丘陵隄防, 必處其陽, 而右背之. 此兵之利, 地之助也.
구 릉 제 방   필 처 기 양   이 우 배 지   차 병 지 리   지 지 조 야

언덕과 제방 같은 지형에서는 반드시 양지바른 곳에 위치해서 오른쪽 배후를 언덕이
나 제방에 의지해야 한다. 이것이 전투에 유리하고 지형의 도움을 받는 것이다.

☞ 丘陵: 언덕 구, 큰 언덕 릉 / 隄防: 둑 제, 막을 방

上雨水沫至, 欲涉者, 待其定也.
상 우 수 말 지   욕 섭 자   대 기 정 야

상류에서 비가 와서 물이 거세게 내려오는 경우에 물을 건너려는 자는 물의 흐름이 안
정되기를 기다려야 한다.

☞ 沫: 거품 말(물방울) / 涉: 건널 섭

凡地有絶澗, 天井, 天牢, 天羅, 天陷, 天隙, 必亟去之, 勿近也.
범 지 유 절 간   천 정   천 뢰   천 라   천 함   천 극   필 극 거 지   물 근 야
吾遠之, 敵近之. 吾迎之, 敵背之.
오 원 지   적 근 지   오 영 지   적 배 지

무릇 땅에는 絶澗, 天井, 天牢, 天羅, 天陷, 天隙이 있으니 이런 곳은 필히 빨리 벗어나
고 가까이해서는 안 된다. 나는 이런 곳을 멀리하고 적은 가까이하도록 하며, 나는 이
런 것을 바라보고 적은 등지도록 한다.

- 絶澗: 높은 절벽 사이의 골짜기
- 天井: 사방이 높은 언덕으로 이루어지고 복판이 푹 꺼져 물이 고이는 습지로 된 지형
- 天牢: 험준한 산악으로 둘러싸여 들어오기는 쉬우나 나가기는 어려운 감옥 같은 지형
- 天羅: 수풀이나 가시덤불이 우거져 그물처럼 감싸고 있는 지형
- 天陷: 지대가 낮아 진흙탕을 이루어 빠지기 쉬운 함정과 같은 지형
- 天隙: 좁다란 계곡 사이에 도로가 형성되어 이동에 장애가 많은 지형
- ☞ 澗: 산골 물 간(계곡의 시내) / 牢: 우리 뢰(우리, 감옥) / 羅: 그물 라 / 陷: 빠질 함 / 隙: 틈 극 /
  亟: 빠를 극

軍旁有險阻, 潢井, 蒹葭, 林木, 翳薈者, 必謹覆索之. 此伏姦之所也.
군 방 유 험 조 황 정 겸 가 림 목 예 회 자 필 근 복 색 지 차 복 간 지 소 야

군대가 위치한 주변에는 險阻, 潢井, 蒹葭, 林木, 翳薈者가 있으니 반드시 조심하고 뒤
집어엎듯이 (세밀하게) 수색해야 한다. 적의 복병이나 첩자가 숨어 있는 곳이기 때문
이다.

- 險阻: 막힌 골짜기   • 潢井: 물이 질펀한 소택지   • 蒹葭: 갈대가 우거진 늪지
- 林木: 초목이 우거진 삼림지대   • 翳薈: 수풀이 우거진 지형
- ☞ 旁: 곁 방, 두루 방 / 險阻: 험할 험, 험할 조 / 潢: 웅덩이 황 / 蒹葭: 갈대 겸, 갈대 가 /
  翳薈: 우거질 예, 무성할 회 / 謹: 삼갈 근 / 覆: 뒤집힐 복

敵近而靜者, 恃其險也. 遠而挑戰者, 欲人之進也. 其所居易者, 利也.
적 근 이 정 자 시 기 험 야 원 이 도 전 자 욕 인 지 진 야 기 소 거 이 자 리 야

적이 가까이 있는데도 조용히 있는 것은 그 험준한 지형을 믿고 있기 때문이다. 적이
멀리 있으면서도 싸움을 걸어오는 것은 아군을 끌어내고자 하는 것이다. 적이 평지에
진을 친 것은 이점이 있기 때문이다.

- ☞ 靜: 고요할 정 / 恃: 믿을 시 / 挑: 돋울 도 / 人: 적, 상대를 의미

衆樹動者, 來也. 衆草多障者, 疑也. 鳥起者, 伏也. 獸駭者, 覆也.
중 수 동 자 래 야 중 초 다 장 자 의 야 조 기 자 복 야 수 해 자 복 야

많은 나무가 움직이는 것은 적이 다가오고 있기 때문이다. 풀숲에 많은 장애물을 만들
어 놓은 것은 의심을 불러일으키려 하는 것이다. 새들이 날아오르는 것은 복병이 있다
는 것이다. 짐승이 놀라 달아나는 것은 적이 뒤엎을 듯이 진격해 온다는 것이다.

- ☞ 衆: 무리 중(많은 무리, 다수를 의미) / 駭: 놀랄 해 /

覆 : 엎을 복(뒤엎을 기세로 진격해 옴을 의미)

塵高而銳者, 車來也. 卑而廣者, 徒來也. 散而條達者, 樵採也.
진 고 이 예 자   차 래 야   비 이 광 자   도 래 야   산 이 조 달 자   초 채 야

少而往來者, 營軍也.
소 이 왕 래 자   영 군 야

흙먼지가 높고 날카롭게 일어나는 것은 적 전차대가 다가오는 것이다. (흙먼지가) 나직이 넓게 퍼져 일어나는 것은 적 보병이 다가오는 것이다. (흙먼지가) 여러 가닥 분산되어 일어나는 것은 적이 땔감을 채취하여 끌고 가는 것이다. (흙먼지가) 작고 왔다 갔다하는 것은 적이 작은 무리를 지어 숙영(營寨)을 준비하는 것이다.

☞ 塵: 티끌 진 / 條: 가지(가닥) 조 / 樵採: 나무할 초, 캘 채(땔나무를 준비) /

 營 : 진영 영, 경영할 영

辭卑而益備者, 進也. 辭强而進驅者, 退也. 輕車先出居其側者, 陳也.
사 비 이 익 비 자   진 야   사 강 이 진 구 자   퇴 야   경 차 선 출 거 기 측 자   진 야

無約而請和者, 謀也.
무 약 이 청 화 자   모 야

(적의 사신이) 말을 낮추면서도(겸손해하면서도) 대비 태세를 더욱 강화하는 것은 공격하려는 것이다. 말을 강경하게 하면서 달려 나오려 하는 것은 퇴각하려는 것이다. 가벼운 전차가 먼저 나와 (본대의) 측방에 머무는 것은 陣形을 구축하려는 것이다. 약속도 없이 강화를 요청하는 것은 계략(음모)을 꾸미는 것이다.

☞ 辭: 말씀 사 / 驅: 몰 구(말을 채찍질하여 달리게 하다) / 側 : 곁 측 / 陣 : 펼 진

奔走而陣兵車者, 期也. 半進半退者, 誘也. 杖而立者, 飢也. 汲而先飲者, 渴也.
분 주 이 진 병 차 자   기 야   반 진 반 퇴 자   유 야   장 이 립 자   기 야   급 이 선 음 자   갈 야

見利而不進者, 勞也.
견 리 이 부 진 자   로 야

분주하게 달려 다니며 병력과 전차대를 정렬하는 것은 공격할 시기를 기다리는 것이다. 전진과 후퇴를 반복하는 것은 아군을 유인하려는 것이다. 병사들이 병기를 지팡이처럼 짚고 서 있는 것은 굶주려 있기 때문이다. 물을 길어 먼저 마시려 다투는 것은 목마름이 심하기 때문이다. 유리함을 알면서도 진격하지 않는 것은 피로하기 때문이다.

☞ 奔: 분주할 분, 달아날 분 / 誘: 꾈 유 / 杖: 지팡이 장 / 汲: 물길을 급

鳥集者, 虛也. 夜呼者, 恐也. 軍擾者, 將不重也. 旌旗動者, 亂也. 吏怒者, 倦也.
조 집 자   허 야   야 호 자   공 야   군 요 자   장 불 중 야   정 기 동 자   난 야   리 노 자   권 야

(적진에) 새가 모여드는 것은 그곳이 텅 비어 있기 때문이다. 야간에 서로 불러대는 것은 두렵기 때문이다. 군대가 소란스럽고 무질서한 것은 장수가 위엄이 없기 때문이다. 깃발이 움직이는(정연하지 못한) 것은 적이 혼란스럽기 때문이다. 간부(지휘관)들이 화를 내는 것은 병사들이 게으르기 때문이다.

☞ 呼: 부를 호(부르다, 외치다, 호통치다) / 擾: 소란할 요(소란하다, 어지럽다) /

  吏: 관원 리(춘추시대에는 장교를 의미) / 倦: 게으를 권(게으르다, 싫증나다)

殺馬肉食者, 軍無糧也. 懸缶不返其舍者, 窮寇也.
살 마 육 식 자   군 무 량 야   현 부 불 반 기 사 자   궁 구 야

말을 잡아 고기를 먹는 것은 군에 식량이 없기 때문이다. 물동이(취사기구)를 메달아 놓은 채 숙영지로 돌아가지 않는 것은 궁지에 몰려 있다는 것이다.

☞ 懸: 메달 현 / 缶: 질장구 부(물을 담는 동이) / 返: 돌아갈 반 /

  窮: 다할 궁, 막힐 궁(궁지에 몰린) / 寇: 도적 구

諄諄翕翕, 徐與人言者, 失衆也. 數賞者, 窘也. 數罰者, 困也.
순 순 흡 흡   서 여 인 언 자   실 중 야   삭 상 자   군 야   삭 벌 자   곤 야

(장수가) 거듭해서 타이르듯이 천천히 병사들에게 말하는 것은 그들의 신망을 잃었기 때문이다. 자주 상을 주는 것은 궁색해졌기 때문이고, 자주 벌을 주는 것은 곤경에 처했기 때문이다.

☞ 諄: 거듭 이를 순 / 翕: 합할 흡 / 數: 자주 삭 / 窘: 막힐 군(막히다. 궁해지다)

先暴而後畏其衆者, 不精之至也. 來委謝者, 欲休息也.
선 폭 이 후 외 기 중 자   부 정 지 지 야   래 위 사 자   욕 휴 식 야

처음에는 (병사들을) 사납게 다루다가 이후에 (후환을) 두려워하는 것은 지극히 정명(正明)하지 못한 것이다. (사신이) 찾아와 고개 숙여 사례하는 것은 휴전을 원하기 때문이다.

☞ 畏: 두려워할 외 / 精: 전일할 정, 깨끗할 정 / 委: 벼이삭 고개 숙일 위, 맡길 위

兵怒而相迎, 久而不合, 又不相去, 必謹察之.
병 노 이 상 영   구 이 불 합   우 불 상 거   필 근 찰 지

적병들이 분노하며 쳐들어와 서로 대치하였는데도 오랫동안 싸우지 않고, 또 서로 물러나지도 않는 것은 반드시 경계하고 세심히 살펴야 한다.

☞ 合: 合戰(피아가 합하여 싸움)의 의미

兵非益多也. 惟無武進, 足以併力料敵, 取人而已. 夫惟無慮而易敵者,必擒
병 비 익 다 야 유 무 무 진 족 이 병 력 료 적 취 인 이 이 부 유 무 려 이 이 적 자 필 금
於人.
어 인

군대는 병력수가 많다고 무조건 이익이 되는 것은 아니다. 오로지 굳세게(무모하게) 진
격만 할 것이 아니라 적을 헤아리고 이에 충분한 병력을 준비하여 적을 취할 따름이다.
무릇 오로지 아무런 생각 없이 적을 가볍게 보는 자는 반드시 적에게 사로잡힌다.

☞ 惟: 오로지 유 / 武: 굳셀 무 / 併: 아우를 병 / 料: 헤아릴 료 / 已: 따름 이(따름이다) / 擒: 사로
　　잡을 금

卒未親附而罰之, 則不服. 不服, 則難用也. 卒已親附而罰不行, 則不可用.
졸 미 친 부 이 벌 지 즉 불 복 불 복 즉 난 용 야 졸 이 친 부 이 벌 불 행 즉 불 가 용

병사들과 아직 친밀해지지 않은 상태에서 벌을 주면 복종하지 않게 되고, 복종하지 않
으면 쓰기 어렵게 된다. 병사들이 이미 친밀해졌는데도 벌을 주지 않으면 쓸 수 없게
된다.

☞ 附: 붙일 부(親附: 친밀하게 됨) / 服: 복종할 복

故令之以文, 齊之以武. 是謂必取. 令素行, 以敎其民, 則民服.
고 령 지 이 문 제 지 이 무 시 위 필 취 령 소 행 이 교 기 민 즉 민 복
令不素行, 以敎其民, 則民不服. 令素行者, 與衆相得也.
령 불 소 행 이 교 기 민 즉 민 불 복 령 소 행 자 여 중 상 득 야

그러므로 합리적으로 명령하고, 엄격함으로 이를 통제해야 하는데 이를 일컬어 반드
시 승리를 획득(必取勝)하는 방법이라 한다. 명령을 제대로 시행하면서 이로써 병사들
을 가르치면 병사들은 복종하게 된다. 명령이 제대로 시행되지 않으면서 병사들을 가
르치면 병사들은 복종하지 않게 된다. 명령을 제대로 시행하는 것은 병사들과 더불어
서로 이득이 된다.

☞ 令: 영 령(명령하다의 의미) / 文: 글월 문(합리적인 방법을 의미: 德, 仁) /
　　齊: 가지런할 제(통제하다의 의미) / 武: 굳셀 무(강압적인 방법을 의미 : 紀, 威) /
　　素: 본디 소, 바탕 소 / 民: 백성 민(춘추시대에는 병사도 民으로 쓰임)

第十篇　地形

地形: 땅의 형상

※ 땅의 형상에 따른 용병법을 제시한 것에 그치지 않고, 보다 완전한 승리를 위해서는 적과 나의 상태, 천시를 명확히 알아야 함을 강조하고 있음.

⇒ 전투의 3요소를 모두 파악하고 이들을 조화시켜야 함.

■ 여섯 가지 地形의 특징과 이에 따른 용병법(전술적인 수준)

• 通形: 先居高陽, 利糧道以戰, 則利.

• 掛形: 敵無備, 出而勝之, 敵若有備, 出而不勝, 難以返, 不利.

• 支形: 敵雖利我, 我無出也. 引而去之. 令敵半出而擊之, 利.

• 隘形: 我先居之, 必盈之以待敵. 若敵先居之, 盈而勿從, 不盈而從之.

• 險形: 我先居之, 必居高陽以待敵. 若敵先居之, 引而居之, 勿從也.

• 遠形: 勢均, 難以挑戰, 戰而不利.

※ 凡此六者, 地之道也, 將之至任, 不可不察也.

■ 작전에 실패하는 여섯 가지 군대의 유형: 나의 상태는? 적의 상태는?

• 走兵: 不勢均, 以一擊十.

• 弛兵: 卒強吏弱.

• 陷兵: 吏強卒弱.

• 崩兵: 大吏怒而不服, 遇敵懟而自戰, 將不知其能.

• 亂兵: 將弱不嚴, 敎道不明, 吏卒無常, 陳兵縱橫.

• 北兵: 將不能料敵, 以少合衆, 以弱擊強, 兵無選鋒.

※ 凡此六者, 敗之道也, 將之至任, 不可不察也.

■ 바람직한 장수의 자세와 마음가짐

• 적과 지형을 보는 안목: 料敵制勝, 計險阨遠近.

• 오직 국가 이익과 국민의 안위만을 생각

- 戰道必勝, 主曰無戰, 必戰可也. 戰道不勝, 主曰必戰, 無戰可也.

- 進不求名, 退不避罪, 唯民是保, 而利合於主.

• 嚴과 情이 조화된 治兵

■ 全勝의 조건: 적과 나의 상태, 지형, 천시를 모두 알고 용병하는 것

• 知吾卒之可以擊, 而不知敵之不可擊, 勝之半也.

• 知敵之可擊, 而不知吾卒之不可擊, 勝之半也.

• 知敵之可擊, 知吾卒之可以擊, 而不知地形之不可以戰, 勝之半也.

※ 知彼知己, 勝乃不殆, 知天知地, 勝乃可全

孫子曰. 地形, 有通者, 有掛者, 有支者, 有隘者, 有險者, 有遠者.
손 자 왈 지 형 유 통 자 유 괘 자 유 지 자 유 애 자 유 험 자 유 원 자

손자가 이르기를, 지형에는 通形, 掛形, 支形, 隘形, 險形, 遠形이 있다.

我可以往, 彼可以來, 曰通. 通形者, 先居高陽, 利糧道以戰, 則利.
아 가 이 왕 피 가 이 래 왈 통 통 형 자 선 거 고 양 이 량 도 이 전 즉 리

아군이 갈 수도 있고 적군이 올 수도 있는 진퇴가 용이한 지형을 通形이라 한다. 通形에서는 먼저 높고 양지바른 곳을 점령하여 보급로를 확보한 상태로 싸우면 유리하다.

☞ 通形: 길이 사방으로 통하는 지형 / 糧道 : 병참선, 보급로

可以往, 難以返, 曰掛. 掛形者, 敵無備, 出而勝之.
가 이 왕 난 이 반 왈 괘 괘 형 자 적 무 비 출 이 승 지
敵若有備, 出而不勝, 難以返, 不利.
적 약 유 비 출 이 불 승 난 이 반 불 리

내가 갈 수는 있으나 돌아오기는 어려운 지형을 掛形이라 한다. 掛形에서는 적이 준비되지 않았을 때 공격하면 이길 수 있으나 적이 만약 준비되어 있다면 나아가도 승리할 수 없고 퇴각하기도 어려우므로 불리하다.

☞ 返: 돌아올 반 / 掛: 걸 괘 / 掛形: 매달린 것 같은 급경사지, 급경사를 이루며 내려가다 평탄한 지역이 계속되는 지형

我出而不利, 彼出而不利, 曰支. 支形者, 敵雖利我, 我無出也. 引而去之. 令
아 출 이 불 리 피 출 이 불 리 왈 지 지 형 자 적 수 리 아 아 무 출 야 인 이 거 지 령
敵半出而擊之, 利.
적 반 출 이 격 지 리

아군이 나아가도 불리하고 적군이 나아가도 불리한 지형을 支形이라 한다. 支形에서는 비록 적이 이익을 보여 주어 유인해도 아군은 나아가지 말아야 한다. 병력을 이끌고 물러남으로써 적이 반쯤 진출하게 하고 이를 타격하면 유리하다.

☞ 支: 가지 지(초목의 가지) / 支形: 장애물이 널리 산재한 지형 / 雖 : 비록 수

   引: 끌 인 / 令: ～하게 하다.

隘形者, 我先居之, 必盈之以待敵. 若敵先居之, 盈而勿從. 不盈而從之.
애 형 자 아 선 거 지 필 영 지 이 대 적 약 적 선 거 지 영 이 물 종 불 영 이 종 지

隘形에서는 아군이 먼저 점령하여 이를 반드시 채우고(* 병력을 배치하고) 적을 기다린다. 만약 적군이 먼저 이를 점령한 경우 병력이 배치되었다면 나아가지 말고 병력이 배치되지 않았다면 나아간다.

☞ 隘: 좁을 애(좁다, 험하다) / 隘形: 두 산의 사이에 낀 좁고 험한 지형

   盈: 찰 영(덮다, 채우다) / 從: 좇을 종(좇다, 나아가다)

險形者, 我先居之, 必居高陽以待敵. 若敵先居之, 引而去之, 勿從也.
험 형 자 아 선 거 지 필 거 고 양 이 대 적 약 적 선 거 지 인 이 거 지 물 종 야

險形에서는 아군이 먼저 점령하되 반드시 높고 양지바른 곳에 위치하여 적을 기다린다. 만약 적군이 먼저 점령하였다면 병력을 이끌어 퇴각해야지 섣불리 적을 공격해서는 안 된다.

☞ 險形: 지세가 험하고 도로가 불비한 지형

遠形者, 勢均, 難以挑戰, 戰而不利.
원 형 자 세 균 난 이 도 전 전 이 불 리

遠形에서는 피아의 세력이 균등한 경우 먼저 싸움을 걸기가 어렵다. 싸우려고 달려드는 측이 불리하다.

☞ 遠形: 피아가 멀리 떨어지고 그 사이에 광활한 공간이 위치한 지형 / 挑: 돋울 도

凡此六者, 地之道也. 將之至任, 不可不察也.
범 차 육 자 지 지 도 야 장 지 지 임 불 가 불 찰 야

무릇 이 여섯 가지는 지형을 이용하는 방법이자 장수의 크나 큰 책임이므로 신중하게 이를 살피지 않으면 안 된다.

☞ 至: 이를 지(이르다, 미치다) / 任: 맡길 임

故兵有走者, 有弛者, 有陷者, 有崩者, 有亂者, 有北者.
고 병 유 주 자 유 이 자 유 함 자 유 붕 자 유 란 자 유 배 자

凡此六者, 非天地之災, 將之過也.
범 차 육 자 비 천 지 지 재 장 지 과 야

그러므로 군대(兵)에는 走兵, 弛兵, 陷兵, 崩兵, 亂兵, 北兵이 있다. 이 여섯 가지는 자연
적인 재앙이 아니며 장수의 과오에서 비롯된다.

☞ 災: 재앙 재

夫勢均, 以一擊十, 日走.
부 세 균 이 일 격 십 왈 주

무릇 양측의 勢가 비슷한데도 하나로써 열을 침으로써 제대로 싸워 보지도 못하고 도
주하게 되는 군대를 走兵이라 한다.

☞ 走: 달릴 주(달리다, 달아나다, 도망치다)

　* 走兵: 무모하게 하나로 열을 치려하면 달아나게 될 수밖에 없음(장수가 무모한 군대)

卒强吏弱, 日弛.
졸 강 리 약 왈 이

병사들이 강하지만 간부(지휘관)들이 약한 군대를 弛兵이라 한다.

☞ 吏: 간부나 지휘관을 의미 / 弛: 해이할 이

　* 弛兵: 병사들이 분위기를 좌우하고 간부는 제어하지 못함(군기가 해이한 군대)

吏强卒弱, 日陷.
리 강 졸 약 왈 함

간부(지휘관)들은 강하지만 병사들이 약한 군대를 陷兵이라 한다.

☞ 陷: 빠질 함

　* 陷兵: 간부들이 위압적이고 병사들은 위축되어 있음(자발성이 결여된 군대)

大吏怒而不服, 遇敵懟而自戰, 將不知其能, 日崩.
대 리 노 이 불 복 우 적 대 이 자 전 장 불 지 기 능 왈 붕

고급 간부(지휘관)가 화를 잘 내어 병사들이 복종하지 않고, 적을 만나면 적개심에 제
멋대로 싸우는데도 장수가 이를 잘 알지 못하는 군대를 崩兵이라 한다.

☞ 大吏: 고급간부 / 遇: 만날 우 / 懟: 원망할 대(원한을 품다) / 崩: 무너질 붕

　* 崩兵 : 장수는 부하의 능력을 모르고, 부하는 장군을 불신함(신뢰가 무너진 군대)

將弱不嚴, 敎道不明, 吏卒無常, 陳兵縱橫, 曰亂.
장 약 불 엄　교 도 불 명　리 졸 무 상　진 병 종 횡　왈 란

장수가 유약하고 위엄이 없어 교육과 훈련이 명확하지 않으며, 병사와 간부들이 위계
질서가 없어 진을 칠 때 병력의 대오가 종횡으로 무질서한 군대를 亂兵이라 한다.

☞ 敎道: 교육훈련 / 無常: 위계질서가 없는 것

　*亂兵 : 장수의 통솔력이 부족하고 간부, 병사가 마음대로 행동함(흐트러진 군대)

將不能料敵, 以少合衆, 以弱擊强, 兵無選鋒, 曰北.
장 불 능 료 적　이 소 합 중　이 약 격 강　병 무 선 봉　왈 배

장수가 적을 헤아릴 능력이 없어 적은 병력으로 많은 적과 맞붙어 싸우며, 약한 병력
으로 강한 적을 치고, 앞으로 나서는 정예부대가 없는 군대를 北兵이라 한다.

☞ 料: 헤아릴 료, 다스릴 료 / 選: 가릴 선, 뽑을 선 / 鋒: 날카로울 봉, 칼끝 봉(정예부대) /
　北: 달아날 배, 북녘 북

　*北兵 : 장수의 작전하는 능력이 결여됨(패배하는 군대)

凡此六者, 敗之道也. 將之至任, 不可不察也.
범 차 육 자　패 지 도 아　장 지 지 임　불 가 불 찰 야

무릇 이 여섯 가지는 패배를 부르는 요인이자 장수의 커다란 책임이므로 신중하게 이
를 살피지 않으면 안 된다.

☞ 至: 이를 지(이르다, 미치다) / 任: 맡길 임

夫地形者, 兵之助也. 料敵制勝, 計險阨遠近, 上將之道也.
부 지 형 자　병 지 조 야　료 적 제 승　계 험 액 원 근　상 장 지 도 야

무릇 지형이란 용병을 도와주는 것이다. 적을 헤아려 승리를 만들어 나가고 지형의 험
하고 좁음(막힘), 멀고 가까움을 계산하는 것은 최고위의 장수가 해야 할 일이다.

☞ 阨: 좁을 액, 막힐 액

知此而用戰者, 必勝. 不知此而用戰者, 必敗.
지 차 이 용 전 자　필 승　부 지 차 이 용 전 자　필 패

이를 알고 전쟁에 활용하면 반드시 이기고, 이를 모르는 상태에서 전쟁에 활용하면 반
드시 패한다.

☞ 用戰: 싸움을 하는 것

故戰道必勝, 主曰無戰, 必戰可也. 戰道不勝, 主曰必戰, 無戰可也.
고 전 도 필 승 주 왈 무 전 필 전 가 야 전 도 불 승 주 왈 필 전 무 전 가 야

고로 전쟁에서의 승리를 확신한다면 군주가 싸우지 말라고 해도 필히 싸워야 한다. 전쟁에서의 승리를 확신하지 못한다면 군주가 반드시 싸우라고 해도 싸우지 않을 수 있다.

☞ 戰道: 전쟁에 대한 전망

故進不求名, 退不避罪, 唯民是保, 而利合於主, 國之寶也.
고 진 불 구 명 퇴 불 피 죄 유 민 시 보 이 리 합 어 주 국 지 보 야

따라서 (장수는) 전장에 나아가되 명예를 구하지 않으며, 전장에서 물러나되 죄를 받는 것을 피하지 않고, 오로지 백성을 보호하고 이익이 군주(나라)에 합치되도록 할 따름이니 이러한 장수는 나라의 보배이다.

☞ 寶: 보배 보

視卒如嬰兒, 故可與之赴深谿. 視卒如愛子, 故可與之俱死.
시 졸 여 영 아 고 가 여 지 부 심 계 시 졸 여 애 자 고 가 여 지 구 사

병사들을 어린아이 보살피듯 대하면 병사들은 장수를 따라 깊은 골짜기에 뛰어들게 된다. 병사들을 사랑하는 자식처럼 대하면 병사들은 장수와 더불어 기꺼이 죽을 수 있게 된다.

☞ 嬰: 어릴 영, 간난아이 영 / 赴: 나아갈 부, 알릴 부 / 谿: 골짜기 계, 시내 계

厚而不能使, 愛而不能令. 亂而不能治, 譬與驕子, 不可用也.
후 이 불 능 사 애 이 불 능 령 난 이 불 능 치 비 여 교 자 불 가 용 야

병사들을 후하게만 대하면 다룰 수 없게 되고, 아끼기만 하면 제대로 명령할 수 없게 된다. 이리하여 질서(군기)가 문란해져 다스릴 수 없게 되니 비유컨대 버릇없는 자식과 같아 아무짝에도 쓸모가 없어진다.

☞ 厚: 두터울 후 / 譬: 비유할 비(譬與-: -에 비유하다) / 驕: 교만할 교(교만한, 버릇없는)

知吾卒之可以擊, 而不知敵之不可擊, 勝之半也.
지 오 졸 지 가 이 격 이 부 지 적 지 불 가 격 승 지 반 야

나의 병사들이 적을 칠 수 있다는 것만 알고 적이 내가 칠만한 상태가 아니라는 것을 모른다면 승리의 가능성은 반이다.

※ 나의 공격능력만 알고, 적의 방어능력을 모른다면 승률은 반이다.

知敵之可擊, 而不知吾卒之不可擊, 勝之半也.
지 적 지 가 격   이 부 지 오 졸 지 불 가 격   승 지 반 야

적이 칠만한 상태에 있음은 알지만 나의 병사들이 적을 칠만 한 상태에 있지 못하다는 것을 모른다면 역시 승리의 가능성은 반이다.

※ 적의 방어능력만 알고, 나의 공격능력을 모른다면 승률은 반이다.

知敵之可擊, 知吾卒之可以擊, 而不知地形之不可以戰, 勝之半也.
지 적 지 가 격   지 오 졸 지 가 이 격   이 부 지 지 형 지 불 가 이 전   승 지 반 야

적이 칠 만한 상태에 있음을 알고 나의 병사들이 칠 만한 상태가 되어 있음도 알지만 지형적인 여건이 싸워볼 만한 상태가 아님을 모른다면 승리의 가능성은 반이다.

故知兵者, 動而不迷, 擧而不窮.
고 지 병 자   동 이 불 미   거 이 불 궁

그러므로 용병법을 잘 아는 자는 출동함에 있어 주저하지 않으며, 싸우더라도 곤경에 빠지지 않는다.

☞ 迷: 미혹할 미 / 擧: 들 거(군대를 움직여 전투한다는 의미) / 窮: 다할 궁

故曰, 知彼知己, 勝乃不殆, 知天知地, 勝乃可全.
고 왈   지 피 지 기   승 내 불 태   지 천 지 지   승 내 가 전

그러므로 이르기를, 적을 알고 나를 알면 승리하되 위태롭지 않으며, 地利와 天時를 알면 완전하게(＊ 온전한 상태로) 승리할 수 있다.

☞ 乃: 이에 내(어조사로서 '～뿐만 아니라'의 의미)

第十一篇　九地

九地: 지형의 구분에 따른 용병법을 제시(九地之變 = 九變之術)

※「地形」篇이 전술적인 지형론이라면, 「九地」篇은 전략·작전적인 지형론임.

■ 아홉 가지 지리적 조건(九地)에 따른 용병의 변화

• 九地之變: 散地則無戰, 輕地則無止, 爭地則無攻, 交地則無絶, 衢地則合交, 重

地則掠, 圮地則行, 圍地則謀, 死地則戰.

　*散地, 輕地, 衢地, 重地는 국경을 기준으로 한 지리적인 구분이며,

　爭地, 交地, 圮地, 圍地, 死地는 국경과 무관한 지형적 특성에 의한 구분임

• 적을 물리적·심리적으로 분리하고, 아군은 이익(유리함)에 따라 행동

– 敵: 前後不相及, 衆寡不相恃, 貴賤不相救, 上下不相收, 卒離而不集, 兵合而

不齊.

– 我: 合於利而動, 不合於利而止.

※ 적이 소중히 여기는 곳을 탈취: 先奪其所愛, 則聽矣.

• 적이 미치지 못한 곳, 생각지 않은 곳, 경계하지 않는 곳을 이용한 신속한

공격

　*兵之情主速. 乘人之不及, 由不虞之道, 攻其所不戒也.

■ 적국에 원정하는 경우에 중점 둔 용병을 강조: 重地에서의 용병

• 깊숙이 침입 → 결연하게 싸우게 되므로 적이 이길 수 없다: 深入則專, 主人

不克.

• 현지 조달: 掠於饒野, 三軍足食. 謹養而勿勞, 倂氣積力.

• 나의 의도와 행동을 예측하지 못하게 함: 運兵計謀, 爲不可測.

• 重地에서 필요한 장수의 능력

– 군대를 常山의 率然처럼 자유자재로 다루는 능력: 善用兵者, 譬如率然.

　*擊其首, 則尾至. 擊其尾, 則首至. 擊其中, 則首尾俱至.

– 과묵과 엄정함으로 다스림: 將軍之事, 靜以幽, 正以治.

- 결사의 정신으로 싸움에 임하게 하는 능력: 如登高而去其梯. 焚舟破斧.

■ 九地를 이용한 용병법

- 병사들의 심리와 이를 활용하는 용병: 중지, 산지, 경지, 쟁지, 위지, 사지
- 지형의 특성을 이용한 용병: 교지, 구지, 비지

※ 九地를 이해하고 이용할 줄 알아야 패왕의 군대(霸王之兵)가 될 수 있다.

■ 용병의 핵심: 적이 예상한 바대로 움직이는 듯하다 신속하게 결전

- 爲兵之事, 在於順詳敵之意, 幷敵一向, 千里殺將.
- 始如處女, 敵人開戶, 後如脫兔, 敵不及拒.

☞ 제8편 九變에서는 구변이 실제 무엇인지 언급하지 않았음. 제11편 九地에서 장수가 신중히 살펴야 할 것으로 '九地之變'을 언급하고 있는데, 이것이 九變의 術로 볼 수 있음. 즉 九變의 실제적인 내용은 「九變」篇이 아닌 「九地」篇에서 설명하고 있는 것으로 판단됨.

孫子曰. 用兵之法, 有散地, 有輕地, 有爭地, 有交地, 有衢地, 有重地, 有圮地,
손 자 왈 용 병 지 법 유 산 지 유 경 지 유 쟁 지 유 교 지 유 구 지 유 중 지 유 비 지
有圍地, 有死地.
유 위 지 유 사 지

손자가 이르기를, 용병을 하는 방법에는 散地, 輕地, 爭地, 交地, 衢地, 重地, 圮地, 圍地, 死地에서의 방법이 있다.

☞ 衢: 네거리 구 / 圮: 무너질 비 / 圍: 에워쌀 위

諸侯自戰其地者, 爲散地.
제 후 자 전 기 지 자 위 산 지

제후가 자기의 영토에서 싸우는 곳을 散地라 한다.

※ 散地: 자기 영토이기 때문에 부담 요소가 많아서 마음이 흐트러지는 지역

☞ 爲: 할 위(~이 된다)

入人之地而不深者, 爲輕地
입 인 지 지 이 불 심 자 위 경 지

적의 영토에 들어가되 깊이 들어가지 않은 곳을 輕地라 한다.

※ 輕地: 국경 부근이기 때문에 마음이 쉽게 흔들리고 도망칠 가능성이 있는 지역

☞ 人: 적을 의미

我得亦利, 彼得亦利者, 爲爭地.
아 득 역 리 피 득 역 리 자 위 쟁 지

내가 점령해도 유리해지고 적이 점령해도 유리해지는 곳을 爭地라 한다.

※ 爭地: 적과 유리한 위치를 점하기 위해 경쟁하는 요충지

☞ 亦: 또 역

我可以往, 彼可以來者, 爲交地
아 가 이 왕 피 가 이 래 자 위 교 지

나도 능히 갈 수 있고, 적도 능히 올 수 있는 곳을 交地라 한다.

※ 交地: 도로망이 발달한 평탄 지역. 공격이나 방어에 도움을 줄 수 있는 지형지물이
        없다. 이러한 지역에서는 보급로를 확보하는 것이 매우 중요함.

諸侯之地三屬, 先至而得天下之衆者, 爲衢地.
제 후 지 지 삼 속 선 지 이 득 천 하 지 중 자 위 구 지

제후의 영토에서 세 나라가 접경하고 있어 먼저 도달하면 천하의 백성을(제3국과 우호
관계를 맺고 지원을) 얻을 수 있는 곳을 衢地라 한다.

※ 衢地: 여러 나라의 국경이 접해 있는 전략적 요충지. 제3국과 우호관계를 맺을 수도
        있고, 적국과 제3국의 관계를 차단할 수도 있음(외교관계 중요)

☞ 屬: 이을 속, 역을 속 / 衢: 네거리 구

入人之地深, 背城邑多者, 爲重地.
입 인 지 지 심 배 성 읍 다 자 위 중 지

적의 영토에 깊이 들어가서 적의 많은 성과 읍들을 등지게 되는 곳을 重地라 한다.

※ 重地: 경지와 대비되는 지역. 적국 깊숙이 들어와 병사들이 흔들리거나 도망치려는
        마음이 사라지고 결연한 마음으로 전투에 임하게 되는 지역

☞ 背: 등 배 / 邑: 고을 읍

山林, 險阻, 沮澤, 凡難行之道者, 爲圮地.
산림 험조 저택 범난행지도자 위비지

산림, 험준한 지형, 소택 등으로 길을 따라 행군하기가 어려운 곳을 圮地라 한다.

※ 圮地: 습지, 늪지, 호수, 장애물 등으로 행군이나 숙영이 어려운 지역

☞ 沮澤: 물젖을 저, 못 택 / 險阻: 험할 험, 험할 조 / 圮: 무너질 비

所由入者隘, 所從歸者迂, 彼寡可以擊吾之衆者, 爲圍地.
소유입자애 소종귀자우 피과가이격오지중자 위위지

지나서 들어가는 입구가 좁고 돌아 나오는 길은 우회해야 하므로 소수의 적군이 다수의 아군을 칠 수 있는 곳을 圍地라 한다.

※ 圍地: 사방으로 포위되기 쉬운 지형

☞ 由: 지날 유 / 隘: 좁을 애 / 彼: 저 피(적을 의미) / 寡: 적을 과 / 圍: 에워쌀 위

疾戰則存, 不疾戰則亡者, 爲死地.
질전즉존 부질전즉망자 위사지

시급히 싸우면 살 수 있고, 시급히 싸우지 않으면 전멸당할 수 있는 곳을 死地라 한다.

※ 死地: 도망갈 길이 전혀 없는 곳(말 그대로 죽을 곳). 사면의 적으로부터 포위당해 죽을 수 있는 극히 불리한 지형

☞ 疾: 빠를 질, 급할 질

是故, 散地則無戰. 輕地則無止. 爭地則無攻. 交地則無絶. 衢地則合交.
시고 산지즉무전 경지즉무지 쟁지즉무공 교지즉무절 구지즉합교
重地則掠. 圮地則行. 圍地則謀. 死地則戰.
중지즉략 비지즉행 위지즉모 사지즉전

그런고로 散地에서는 싸우지 마라. 輕地에서는 멈추지(주둔하지) 마라. 爭地에서는 공격하지 마라. 交地에서는 앞뒤의 부대가 끊기지 마라. 衢地에서는 동맹관계를 맺어라. 重地에서는 약탈을 해서 현지 조달하라. 圮地에서는 즉시 통과하라. 圍地에서는 계략을 써서 벗어나라. 死地에서는 즉각 전력을 다해 결사적으로 싸워라.

☞ 絶: 끊을 절 / 掠: 노략질할 략

所謂古之善用兵者, 能使敵人前後不相及, 衆寡不相恃, 貴賤不相救,
소위고지선용병자 능사적인전후불상급 중과불상시 귀천불상구
上下不相收, 卒離而不集, 兵合而不齊. 合於利而動, 不合於利而止.
상하불상수 졸리이불집 병합이불제 합어리이동 불합어리이지

이른바 예로부터 용병을 잘하는 장수는 능히 적으로 하여금 부대의 앞과 뒤가 서로 연결되지

못하게 하였고, 대부대와 소부대가 서로 지원하지 못하게 하였으며, 신분이 귀한 자와 천한 자가 서로 구하지 못하게 하였고, 상관과 부하가 서로 (마음을) 받아들이지 못하게 하였으며, 병사들이 흩어져서 집결하지 못하게 하였고, 병사들이 집결해도 질서정연하지 못하게 하였다. 반면 아군은 상황이 유리하면 행동하고, 그렇지 않으면 행동을 중지한다.

☞ 使: 하여금 사, 부릴 사 / 及: 미칠 급 / 恃: 믿을 시, 의지할 시 / 收: 거둘 수 / 齊: 가지런할 제 / 合於利: 이익에 합치되다. 유리하다.

敢問, 敵衆整而將來, 待之若何?
감 문 적 중 정 이 장 래 대 지 약 하

감히 묻건대, 장차 적의 대병력이 질서정연하게 공격해 오면 어떻게 하고 기다리겠는가?

☞ 敢: 감히 감 / 整: 가지런할 정 / 將: 장차 장 / 若何: 같을 약, 어찌 하(어찌할 것인가?)

曰, 先奪其所愛, 則聽矣. 兵之情主速. 乘人之不及, 由不虞之道, 攻其所不戒也.
왈 선 탈 기 소 애 즉 청 의 병 지 정 주 속 승 인 지 불 급 유 불 우 지 도 공 기 소 불 계 야

답을 말하자면, 먼저 적이 소중히 여기는 곳을 빼앗으면 내 요구를 받아들일 수밖에 없다. 용병의 기본은 속도를 중시하는 것이다. 적이 미처 대비하지 못한 틈을 타서 적이 생각하지 못한 길을 경유하여 적이 경계하지 않는 곳을 공격해야 하는 것이다.

☞ 愛: 아끼다, 중시하다 / 聽: 요구를 받아들이다 / 情: 뜻 정(기본, 본질) / 主: 중시하거나 기본이 되는 것 / 乘: 탈 승, 인할 승 / 由: 지날 유, 말미암을 유 / 虞: 헤아릴 우 / 戒: 경계할 계

凡爲客之道, 深入則專, 主人不克.
범 위 객 지 도 심 입 즉 전 주 인 불 극

무릇 적국으로 원정함에 있어 적국 깊숙이 침입하면 결연한 마음으로 싸우는 데 집중하게 되므로 적은 나를 이길 수 없다.

※ 아군은 重地에 있어 단결력이 강화되고, 적은 散地에 있으므로 마음이 흐트러짐

☞ 客: 손 객(적국으로 들어가는 원정군을 의미) / 專: 오로지 전(專一을 의미: 마음과 몸을 오로지 하나에 집중)

掠於饒野, 三軍足食. 謹養而勿勞, 併氣積力. 運兵計謀, 爲不可測.
약 어 요 야 삼 군 족 식 근 양 이 물 노 병 기 적 력 운 병 계 모 위 불 가 측

(적지의) 풍요로운 들판에서 탈취하여 全軍의 식량을 충족할 수 있다. 병사들을 잘 먹이고 피로하지 않게 하며, 사기를 진작시키고 힘을 축적한다. 병력을 효율적으로 운

용하고 계책을 잘 세워서 적이 나의 의도와 행동을 예측할 수 없게 한다.

☞ 饒: 넉넉할 요, 기름질 요 / 謹: 삼갈 근(신경 쓴다는 의미) / 倂: 합할 병, 아우를 병 /

　測: 잴 측

投之無所往, 死且不北, 死焉不得士人盡力.
투 지 무 소 왕　사 차 불 배　사 언 부 득 사 인 진 력

벗어날 수 없는 곳에 들어갔으니 죽을 수는 있어도 달아날 수는 없다는 생각을 하게

된다. 병사들이 어찌 죽음을 불사하고 힘을 다해 싸우지 아니 하겠는가?

☞ 且: 또 차 / 北: 달아날 배 / 焉: 어찌 언(어찌 ~하겠는가?) / 士人: 병사를 의미

兵士甚陷則不懼, 無所往則固, 入深則拘. 不得已則鬪.
병 사 심 함 즉 불 구　무 소 왕 즉 고　입 심 즉 구　부 득 이 즉 투

병사들은 심한 위기에 빠지면 두려워하지 않게 되고, 벗어날 수 없게 되면 더욱 결의가 굳어

진다. 적국 깊숙이 들어가면 (이와 같은 상황에) 구속되므로 부득이 싸울 수밖에 없다.

☞ 甚: 심할 심 / 陷: 빠질 함 / 懼: 두려워할 구 / 拘: 잡을 구, 구속할 구

是故, 其兵不修而戒, 不求而得, 不約而親, 不令而信. 禁祥去疑, 至死無所之.
시 고　기 병 불 수 이 계　불 구 이 득　불 약 이 친　불 령 이 신　금 상 거 의　지 사 무 소 지

이런고로, 그러한 군대는 다스리지 않아도 스스로 경계할 줄 알고, 요구하지 않아도

임무를 완수하며, 서로 묶어놓지 않아도 친해지며, 명령하지 않아도 지휘관을 신뢰한

다. 미신을 금하고 의심을 제거하니 죽음에 이르러서도 물러서지 않는다.

☞ 修: 닦을 수(다스리다) / 求: 요구하다의 의미 / 得: 임무를 완수한다는 의미 /

　約: 묶을 약, 약속할 약 / 祥: 조짐 상(징조에 대한 미신) / 去: 제거하다의 의미

吾士無餘財, 非惡貨也. 無餘命, 非惡壽也.
오 사 무 여 재　비 오 화 야　무 여 명　비 오 수 야

나의 병사들이 재물을 탐하지 않는 것은 재물을 싫어해서가 아니며, 목숨을 아끼지 않

는 것은 오래 사는 것을 싫어해서가 아니다.

☞ 餘: 남을 여 / 惡: 미워할 오, 악할 악

令發之日, 士卒坐者涕霑襟, 偃臥者涕交頤, 投之無所往者諸劌之勇也.
영 발 지 일　사 졸 좌 자 체 점 금　언 와 자 체 교 이　투 지 무 소 왕 자 제 귀 지 용 야

출동 명령이 발해지는 날 병사들 중 앉아 있는 자들은 눈물이 옷깃을 적시고, 드러누

워 있는 자들은 눈물이 턱에서 교차한다. 벗어날 수 없는 곳에 투입된 자는 **專諸**와 **曹**

劌처럼 용맹스러워진다.

* 諸劌: 專諸와 曹劌 두 사람을 병렬하여 언급한 것.

　- 專諸(전제): 춘추시대 오나라의 협객. 오자서의 사주를 받아 僚王(요왕)을 살해하여 闔廬(합려)가 오나라 왕위에 오르도록 한 인물

　- 曹劌(조귀): 춘추시대 노나라 莊公(장공)의 맹장. 장공이 제나라 환공에게 연패한 후, 협정을 맺는 자리에 뛰어들어 제 환공을 위협, 빼앗긴 영토를 반환케 한 인물

☞ 涕: 눈물 체 / 霑: 젖을 점 / 襟: 옷깃 금 / 偃: 쓰러질 언 / 臥: 누울 와, 엎드릴 와

　頤: 턱 이 / 劌: 찌를 귀, 상처 입힐 귀

故善用兵者, 譬如率然. 率然者, 常山之蛇也. 擊其首, 則尾至. 擊其尾, 則首至.
고 선 용 병 자 비 여 솔 연 솔 연 자 상 산 지 사 야 격 기 수 즉 미 지 격 기 미 즉 수 지
擊其中, 則首尾俱至. 敢問, 兵可使如率然乎?
격 기 중 즉 수 미 구 지 감 문 병 가 사 여 솔 연 호

그러므로 용병에 능숙한 자는 솔연에 비유할 수 있다. 솔연은 상산에 사는 뱀인데 그 머리를 치면 꼬리가 달려들고, 꼬리를 치면 머리가 달려들며, 허리를 치면 머리와 꼬리가 함께 달려든다. 감히 묻건대 군대를 솔연처럼 부릴 수 있겠는가?

☞ 譬: 비유할 비 / 率然: 상산에 사는 뱀(거느릴 솔, 그러할 연)

　常山: 중국의 산서성에 위치한 산 이름(중국의 5嶽 중 하나) / 俱 : 함께 구

曰, 可. 夫吳人與越人相惡也. 當其同舟而濟遇風, 其相救也如左右手.
왈 가 부 오 인 여 월 인 상 오 야 당 기 동 주 이 제 우 풍 기 상 구 야 여 좌 우 수

가로되 가능하다. 오나라 사람과 월나라 사람은 서로 미워했지만 한 배를 타고 강을 건너다 거센 바람을 만났을 때는 서로 구해 주는 것이 오른손과 왼손이 움직이는 것과 같았다.

* 오월동주(吳越同舟)가 '원수는 외나무다리에서 만난다.'는 것과 다른 뜻으로도 쓰임을 알 수 있다.

☞ 當: 당할 당 / 舟: 배 주 / 濟: 건널 제 / 遇: 만날 우

是故, 方馬埋輪, 未足恃也. 齊勇若一, 政之道也. 剛柔皆得, 地之理也.
시 고 방 마 매 륜 미 족 시 야 제 용 약 일 정 지 도 야 강 유 개 득 지 지 리 야

고로 방마매륜의 방법으로 (병사들이 잘 싸울 것이라) 믿기에는 충분치 않다. 병사들을 하나같이 질서정연하고 용감해지도록 하는 것이 통솔의 기본이다. 강함과 유연함을

모두 구사할 수 있는 것은 지형(九地)의 이치를 잘 활용하기 때문이다.

- 方馬埋輪 : 말을 나란하게 서로 묶어 놓고 수레바퀴를 땅에 묻는다는 의미. 물러나지 않고 그 자리에서 싸우겠다는 결의를 뜻함.

☞ 恃 : 믿을 시 / 齊: 가지런할 제 / 皆: 다 개, 모두 개

故善用兵者, 携手若使一人, 不得已也.
고 선 용 병 자   휴 수 약 사 일 인   부 득 이 야

그러므로 용병에 능한 자가 병사들을 마치 한 사람을 손에 쥐고 부리듯 하는 것은 그들이 그렇게 하지 않으면 안 되게끔 만들어 놓았기 때문이다.

☞ 携: 이끌 휴(이끌다, 손에 가지다)

將軍之事, 靜以幽, 正以治.
장 군 지 사   정 이 유   정 이 치

장수가 군대를 지휘하는 일은 과묵함으로써 드러내지 않으며, 엄정함으로써 다스려야 한다.

☞ 靜: 고요할 정 / 幽: 그윽할 유 / 正: 바를 정 / 治: 다스릴 치

能愚士卒之耳目, 使之無知. 易其事革其謀, 使人無識.
능 우 사 졸 지 이 목   사 지 무 지   역 기 사 혁 기 모   사 인 무 식
易其居迂其途, 使人不得慮.
역 기 거 우 기 도   사 인 부 득 려

능히 병사들의 귀와 눈을 어리석게 하여 그들로 하여금 (장수의 의도를) 모르게 한다. 그 임무를 바꾸고 계책을 변경하여 적으로 하여금 알아채지 못하게 한다. 그 머무르는 곳(주둔지)을 바꾸고 그 길을 우회하여 적으로 하여금 생각이 미치지 못하도록 한다.

* 使之無知에서 지는 士卒(아군 병사), 使人無識, 使人不得慮에서 人은 敵을 의미

☞ 愚: 어리석을 우 / 易: 바꿀 역, 쉬울 이 / 革: 고칠 혁 / 居: 머무를 거 / 慮 : 생각할 려

帥與之期, 如登高而去其梯. 帥與之深入諸侯之地, 而發其機, 焚舟破釜, 若驅
수 여 지 기   여 등 고 이 거 기 제   수 여 지 심 입 제 후 지 지   이 발 기 기   분 주 파 부   약 구
群羊, 驅而往, 驅而來, 莫知所之.
군 양   구 이 왕   구 이 래   막 지 소 지

장수가 병사와 더불어 결전을 치를 때에는 높은 곳에 올라가서 사다리를 제거하는 것처럼 해야 한다. 장수가 병사와 더불어 적 제후의 영토 깊숙이 들어가는 것은 마치 쇠뇌에서 격발된 화살처럼 해야 하고, 배를 불사르고 솥가마를 깨뜨리며(* 필사의 결의를

보임), 양떼를 몰듯 저리로 몰아가고 이리로 몰아옴으로써 (병사들은 따르기만 할 뿐) 가고자 하는 방향을 모르게 해야 한다.

☞ 帥: 장수 수(지휘하다, 통솔하다) / 與之: (병사)와 더불어 / 期: −할 때 / 梯: 사다리 제 / 發其機: 쇠뇌의 방아쇠를 당김 / 焚: 불사를 분 / 釜: 가마 부 / 驅: 몰 구

聚三軍之衆, 投之於險, 此謂將軍之事也. 九地之變, 屈伸之利, 人情之理, 不
취 삼 군 지 중   투 지 어 험   차 위 장 군 지 사 야   구 지 지 변   굴 신 지 리   인 정 지 리   불
可不察也.
가 불 찰 야

全軍의 수많은 병력을 모아서 위험한 곳에 투입하는 것, 이것이 바로 장수가 해야 할 일이다. 따라서 아홉 가지 지리적 조건에 따른 용병의 변화와 우회나 직진의 유리점, 병사들의 정서(심리)적 이치를 신중히 살피지 않으면 안 된다.

☞ 屈伸: 굽을 굴, 펼 신 / 굴신(* 상황에 따라 우회하거나 직진하는 것)

凡爲客之道, 深則專, 淺則散.
범 위 객 지 도   심 즉 전   천 즉 산

무릇 군대가 적국의 영토로 깊이 들어갈수록 마음이 결연해지고 단결하며, 얕게 들어가면 마음이 산만해진다.

☞ 客: 원정군을 의미 / 淺: 얕을 천

去國越境而師者, 絶地也. 四達者, 衢地也. 入深者, 重地也. 入淺者, 輕地也.
거 국 월 경 이 사 자   절 지 야   사 달 자   구 지 야   입 심 자   중 지 야   입 천 자   경 지 야
背高前隘者, 圍地也. 無所往者, 死地也.
배 고 전 애 자   위 지 야   무 소 왕 자   사 지 야

자기 나라를 떠나 국경을 넘어 들어가 (고립된 상태로) 작전(師)을 하는 지역은 絶地이다. 사방으로 교통로가 통하는 지역은 衢地이다. 깊이 들어간 지역은 重地이다. 얕게 들어간 지역은 輕地이다. 등 뒤에는 높고 험한 산이 막고 있고 앞에는 좁은 애로가 형성된 지역은 圍地이다. 더 이상 갈 곳이 없는 지역은 死地이다.

是故, 散地吾將一其志. 輕地吾將使之屬. 爭地吾將趨其後. 交地吾將謹其守.
시 고   산 지 오 장 일 기 지   경 지 오 장 사 지 속   쟁 지 오 장 추 기 후   교 지 오 장 근 기 수
衢地吾將固其結. 重地吾將繼其食. 圮地吾將進其途. 圍地吾將塞其闕.
구 지 오 장 고 기 결   중 지 오 장 계 기 식   비 지 오 장 진 기 도   위 지 오 장 색 기 궐
死地吾將示之以不活.
사 지 오 장 시 지 이 불 활

그런고로 散地에서 장수는 병사들의 의지를 하나로 묶어야 한다. 輕地에서 장수는 병

사들이 이탈하지 못하도록 부대를 결속시켜야 한다. 爭地에서 장수는 적의 배후로 달려가 쳐야 한다. 交地에서 장수는 방어 태세를 철저히 갖춰야 한다. 衢地에서 장수는 제3국과의 유대를 공고히 해야 한다. 重地에서 장수는 (현지 조달하여) 군량이 떨어지지 않도록 해야 한다. 圮地에서 장수는 빨리 그 지역을 벗어나야 한다. 圍地에서 장수는 비어 있는 곳(퇴로)을 막아 굳게 확보해야 한다. 死地에서 장수는 (승리 이외에는) 더 이상 살 수 없다는 것을 보여 주어야 한다.

☞ 一: 하나로 만들다 / 屬: 붙일 속, 엮을 속 / 趨: 달릴 추 / 謹: 삼갈 근(신중하다)

　衢: 네거리 구 / 繼: 이을 계 / 圮: 무너질 비 / 塞: 막을 색 / 闕: 빌 궐, 대궐 궐 / 示: 보일 시

　以不活: 이로써 더 이상 살 수 없다는 것

故兵之情, 圍則禦, 不得已則鬪, 過則從.
고 병 지 정　위 즉 어　부 득 이 즉 투　과 즉 종

따라서 병사들의 심리는 포위당하면 스스로 방어하고, 부득이한 상황에 처하면 필사적으로 싸우며, 큰 위험이 닥치면 (장수의 명령에) 순종하기 마련이다.

☞ 禦: 막을 어 / 從: 좇을 종(순종하다)

是故, 不知諸侯之謀者, 不能預交. 不知山林險阻沮澤之形者, 不能行軍.
시 고　부 지 제 후 지 모 자　불 능 예 교　부 지 산 림 험 조 저 택 지 형 자　불 능 행 군

그런고로 주변국의 계략을 모르는 자는 미리 외교관계를 맺을 수 없고 산악지대, 험준한 지대, 늪지대 등의 지형을 모르는 자는 군을 움직일 수 없다.

☞ 預: 미리 예

不用鄕導者, 不能得地利. 四五者一不知, 非霸王之兵也.
불 용 향 도 자　불 능 득 지 리　사 오 자 일 부 지　비 패 왕 지 병 야

길잡이를 활용하지 않으면 지형의 이점을 얻을 수 없고, 九地(四五)의 어느 하나라도 알지 못하면 패왕의 군대가 될 수 없다.

☞ 四五: 九地(四: 散地, 輕地, 衢地, 重地 / 五: 爭地, 交地, 圮地, 圍地, 死地) /

　霸: 으뜸 패(霸王: 춘추전국시대의 군주들 중 맹주가 되는 사람)

夫霸王之兵, 伐大國, 則其衆不得聚. 威可於敵, 則其交不得合.
부 패 왕 지 병　벌 대 국　즉 기 중 부 득 취　위 가 어 적　즉 기 교 부 득 합

무릇 패왕의 군대가 큰 나라를 칠 때에는 병력을 미처 동원하지 못하게 만들고, 그 위세로 인해 적이 다른 나라와 동맹을 맺을 수도 없게 한다.(＊신속하고 강하게 몰아치기

때문임)

☞ 伐: 칠 벌 / 聚: 모일 취(병력을 동원함을 의미) / 威: 위엄 위

是故, 不爭天下之交, 不養天下之權, 信己之私, 威可於敵. 故其城可拔, 其國
시고 불쟁천하지교 불양천하지권 신기지사 위가어적 고기성가발 기국
可隳.
가 휴

그런고로 천하 제후(주변국)들과 외교를 다투지도 않고, 천하의 주도권을 확보하려고
도 하지 않으며, 스스로의 힘만 믿고 있어도 그 위세가 적에게 미친다. 그리하여 적의
성도 쉽게 빼앗고, 적국을 쉽게 멸망시킬 수 있다.

☞ 拔: 빼앗을 발, 뺄 발 / 隳: 깨뜨릴 휴

施無法之賞, 懸無政之令, 犯三軍之衆, 若使一人
시 무법지상 현무정지령 범삼군지중 약사일인

법에 없는 상을 베풀기도 하고(* 파격적인 포상) 정상적이지 않은(* 상식을 뛰어넘는) 명
령을 내걸기도 하면서 전군의 병사들을 움직이기를 마치 한 사람을 부리 듯한다.

☞ 施: 베풀 시 / 懸: 매달 현, 내걸 현 / 犯: 움직일 범, 범할 범

犯之以事, 勿告以言. 犯之以利, 勿告以害.
범지이사 물고이언 범지이리 물고이해

행동으로써 움직이게 하고 말로는 알리지 않는다. 이로움으로써 움직이게 하고 해로
움은 알리지 않는다.

☞ 勿: 말 물 / 告: 알릴 고

投之亡地然後存. 陷之死地然後生. 夫衆陷於害, 然後能爲勝敗.
투 지망지연후존 함지사지연후생 부중함어해 연후능위승패

亡地에 던져져야 보존하는 방법을 깨닫고, 死地에 빠져 보아야 살아남는 방법을 터득
하게 된다. 무릇 병사들은 위험에 빠져 본 연후에야 능히 승패를 건 決戰을 할 수 있게
된다.

故爲兵之事, 在於順詳敵之意, 幷敵一向, 千里殺將. 是謂, 巧能成事.
고 위병지사 재어순상적지의 병적일향 천리살장 시위 교능성사

그러므로 용병하는 것은 적의 의도를 상세하게 파악하고 그에 따라 적과 한 방향으로
함께 하다가(* 적의 의도대로 움직여 주는 것처럼 기만하다가) 천리 먼 곳에 있는 적장을

죽인다. 이를 일컬어 교묘하게 움직여 능히 일을 성취시킨다고 한다.

※ 적의 의도를 간파하고 조종함으로써 나의 의도대로 작전을 수행한다는 의미

☞ 在: ~에 있다. / 順: 따를 순 / 詳: 상세할 상 / 幷: 어우를 병 / 巧: 공교할 교

是故, 政擧之日, 夷關折符, 無通其使.
시 고 정 거 지 일 이 관 절 부 무 통 기 사

그러므로 적과의 전쟁을 일으키는 날에는 국경의 관문을 봉쇄하고 통행증을 폐기하여
적의 사신을 통과시키지 않는다.

☞ 政擧之日: 군대를 일으키는 날 / 夷關折符: 관문을 닫아걸고 통행증을 폐기하는 것

　夷: 막을 이 / 關: 관문 관 / 折: 꺾을 절 / 符: 부적 부(* 사신의 신원 확인을 위한 신표)

勵於廟堂之上, 以誅其事. 敵人開闔, 必亟入之.
려 어 묘 당 지 상 이 주 기 사 적 인 개 합 필 극 입 지
先奪其所愛, 微與之期, 踐墨隨敵, 以決戰事.
선 탈 기 소 애 미 여 지 기 천 묵 수 적 이 결 전 사

조정의 상부로부터 노력하여 그 일을 다스리고(* 계획을 도모하고), 적이 국경의 관문
을 여닫는 기회를 틈타 필히 신속하게 진입해서 먼저 적이 중시하는 지역을 탈취하고
결전의 시기를 숨긴 채 은밀하게 적을 따르다가 결전을 치른다.

☞ 勵: 힘쓸 려 / 廟堂: 나라의 정치를 하던 곳(조정) / 誅: 다스릴 주 / 闔: 문짝 합(문, 문을 닫다)

　亟: 빠를 극 / 與之期: 더불어 싸우는 시기 / 微: 숨길 미 / 踐: 밟을 천 / 墨: 어두울 묵

　隨: 따를 수

是故, 始如處女, 敵人開戶, 後如脫兎, 敵不及拒.
시 고 시 여 처 녀 적 인 개 호 후 여 탈 토 적 불 급 거

그러므로 시작할 때에는 처녀처럼 조용하고 조심함으로써 적이 (경계심을 늦추고) 집
문을 열게 하고, 이후에는 (덫에서) 달아나는 토끼처럼 재빨리 진격하여 적이 미처 저
항하지 못하게 해야 한다.

☞ 戶: 집 호, 지게 호 / 兎: 토끼 토 / 及: 미칠 급 / 拒: 막을 거

第十二篇 火攻

孫子曰. 凡火攻有五. 一曰火人, 二曰火積, 三曰火輜, 四曰火庫, 五曰火隊.
_{손 자 왈 범 화 공 유 오 일 왈 화 인 이 왈 화 적 삼 왈 화 치 사 왈 화 고 오 왈 화 대}

손자가 이르기를 무릇 화공 방법에는 다섯 가지 종류가 있다. 첫 번째는 人馬를 불로 공격하는 방법, 두 번째는 식량과 비축물자를 불로 공격하는 방법, 세 번째는 수송부대를 불로 공격하는 방법, 네 번째는 무기창고를 불로 공격하는 방법, 다섯 번째는 전투부대를 불로 공격하는 방법이다.

☞ 輜: 짐수레 치

行火必有因, 煙火必素具. 發火有時, 起火有日.
행 화 필 유 인 연 화 필 소 구 발 화 유 시 기 화 유 일

時者, 天之燥也. 日者, 月在箕壁翼軫也. 凡此四宿者, 風起之日也.
시 자 천 지 조 야 일 자 월 재 기 벽 익 진 야 범 차 사 수 자 풍 기 지 일 야

화공을 행하려면 반드시 불이 탈 수 있는 조건이 갖추어져야 하고, 불을 댕기려면 반드시 재료와 도구가 있어야 한다. 불을 놓는 시기가 있고 불이 잘 타오르는 날이 있다. 시기란 공기가 건조한 때이며, 날이란 달이 기(箕), 벽(壁), 익(翼), 진(軫)의 네 별자리 가운데 한 자리에 있을 때이다. 무릇 달이 이 네 가지 별자리에 있는 날은 바람이 잘 일어나는 날이다.

* 고대 중국의 천문학에서는 한 달을 28일로 하고, 28개의 별자리를 방위의 표준으로 삼았다. 그중에서 箕(동), 壁(북), 翼(남), 軫(남)은 바람을 잘 타는 별자리라 여겼다.

☞ 因: 말미암을 인(조건, 이유) / 素: 본디 소, 성심 소 / 燥: 마를 조 / 箕: 키 기 / 壁: 벽 벽
　翼: 날개 익 / 軫: 수레 진 / 宿: 별자리 수, 잘 숙

凡火攻必因五火之變而應之.
범 화 공 필 인 오 화 지 변 이 응 지

무릇 화공을 하려면 반드시 다섯 가지 불에 의한 상황 변화에 따라서 대응을 해야 한다.

① 火發於內, 則早應之於外.
　화 발 어 내 즉 조 응 지 어 외

불이 적진 내부에서 일어나면 신속하게 외부에서 호응하여 공격한다.

☞ 早: 이를 조(신속하게, 즉시) / 靜: 고요할 정

② 火發而其兵靜者, 待而勿攻. 極其火力, 可從而從之, 不可從而止.
　화 발 이 기 병 정 자 대 이 물 공 극 기 화 력 가 종 이 종 지 불 가 종 이 지

불이 일어났으나 적이 동요하지 않으면 공격하지 말고 기다린다. 불이 극에 달했을 때 공격할 만하면 공격하고, 공격이 불가능하면 중지한다.

☞ 靜: 고요할 정 / 極: 다할 극 / 從之: 공격한다(좇는다)의 의미

③ 火可發於外, 無待於內, 以時發之.
　화 가 발 어 외 무 대 어 내 이 시 발 지

외부에서 불을 놓을 수 있다면 내부에서 (내통자에 의해) 불이 나기를 기다리지 말고 적절한 시기에 불을 놓아라.

☞ 以時: 적절한 시기에 / 發之: 불을 놓다

④ 火發上風, 無攻下風.
　　화 발 상 풍　　무 공 하 풍

불은 바람이 위로 향할 때 놓아야 하며 바람이 아래로 향할 때에는 공격하지 않는다.

• 上風: 위쪽으로 부는 바람(방어하는 적이 통상 높은 곳에 위치함을 의미)
• 下風: 아래쪽으로 부는 바람(공격하는 아군이 통상 낮은 곳에 위치함을 의미)

⑤ 晝風久, 夜風止.
　　주 풍 구　 야 풍 지

낮에 부는 바람에는 화공을 오랫동안 시행할 수 있으나 밤에 부는 바람에는 화공을 그쳐야 한다.

※ 야간에는 바람, 불, 적과 관련된 상황의 변화에 대처하기 어렵기 때문임.

凡軍必知五火之變, 以數守之. 故以火佐攻者, 明. 以水佐攻者, 强.
범 군 필 지 오 화 지 변　이 수 수 지　고 이 화 좌 공 자　명　이 수 좌 공 자　강
水可以絶, 不可以奪.
수 가 이 절　불 가 이 탈

무릇 군대는 반드시 다섯 가지 화공의 변화를 잘 헤아리고 이를 지켜야 한다. 불로써 공격을 지원하는 것은 효과가 분명하고, 물로써 공격을 지원하는 것은 효과가 강력하다. 물은 적을 끊어 버릴 수는 있으나 적이 가진 것을 빼앗을 수는 없다.

☞ 數: 헤아릴 수(상황을 헤아린다) / 佐: 도울 좌 / 明: 분명하다 / 絶: 끊을 절

夫戰勝攻取, 而不修其功者, 凶. 命曰, 費留.
부 전 승 공 취　이 불 수 기 공 자　흉　명 왈　비 류

무릇 전쟁에서 승리하고 공격해서 탈취하더라도 그 공을 다스리지 못하면 재앙일 뿐이다. (이를) 이름하여 費留(치러야 할 비용이 남은 상태)라 한다.

* '이득이 되지 않으면 한낱 재앙일 뿐이다'라는 의미

☞ 修:'다스리다'의 의미 / 功: 공 공(공로) / 凶: 흉할 흉(재앙, 재난) / 命曰: 이름하여

故曰, 明主慮之, 良將修之, 非利不動, 非得不用, 非危不戰.
고 왈　명 주 려 지　양 장 수 지　비 리 부 동　비 득 불 용　비 위 부 전

그런고로 현명한 군주는 이점을 염려해야 하고, 훌륭한 장수는 이를 다스릴 수 있어야 한다. 유리함이 없으면 움직이지 말고, 얻을 것이 없으면 군대를 사용하지 말며, 위태

롭지 않으면 전쟁을 하지 말아야 한다.

☞ 明: 현명하다 / 慮: 생각할 려

主不可以怒而興師, 將不可以慍而致戰. 合於利而動, 不合於利而止.
주 불 가 이 노 이 흥 사 장 불 가 이 온 이 치 전 합 어 리 이 동 불 합 어 리 이 지

군주는 노여움 때문에 군대를 일으켜서는 안 되고, 장수는 분노 때문에 전쟁에 돌입하면 안 된다. 이익에 합치되면 움직이고 그렇지 않으면 그쳐야 한다.

☞ 興師: 군대를 일으키다 / 慍: 성낼 온

怒可以復喜, 慍可以不悅. 亡國不可以復存, 死者不可以復生.
노 가 이 부 희 온 가 이 부 열 망 국 불 가 이 부 존 사 자 불 가 이 부 생

노여움은 다시 기쁨으로 바뀔 수 있고, 분노는 다시 즐거움으로 바뀔 수 있지만 망한 나라는 다시 존재할 수 없고 죽은 사람은 다시 살아날 수 없다.

☞ 復: 다시 부, 거듭할 복 / 喜: 기쁠 희 / 慍: 성낼 온 / 悅: 기쁠 열

故曰, 明主愼之, 良將警之. 此安國全軍之道也.
고 왈 명 주 신 지 양 장 경 지 차 안 국 전 군 지 도 야

그러므로 이르기를 현명한 군주는 전쟁에 신중하고, 훌륭한 장수는 전쟁을 경계한다. 이것이 국가를 안전하게 유지하고 군대를 온전히 보존하는 길이다.

☞ 愼: 삼갈 신 / 警: 경계할 경

第十三篇　用間

用間: 간첩을 이용한 정보 획득, 정보에 대한 분석 및 평가, 역정보, 기만 등을
　　포괄

※ 제1편 「始計」와 『손자병법』의 首尾를 이루고 있음.

■ 用間의 중요성: 간첩이 제공하는 정보가 전쟁의 승패를 좌우

　• 막대한 자금으로 전쟁을 준비(日費千金)하나 하루에 승부를 다툼(爭一日之勝)

　• 적을 알지 못하면 승리의 주인이 될 수 없음: 不知敵之情者, 非勝之主也

　• 반드시 사람(간첩)으로부터 적의 정보를 취해야 함: 先知者, 必取於人

　※ 「始計」篇에서의 7計도 정보를 통해서 비교 가능

■ 用間의 적용

　• 5間의 개념: 鄕間, 內間, 反間, 死間, 生間

　• 用間의 기본 수칙

　　- 三軍之事, 莫親於間, 賞莫厚於間, 事莫密於間.

　　- 非聖智, 不能用間. 非仁義, 不能使間. 非微妙, 不能得間之實.

　　- 間事未發而先聞者, 間與所告者, 皆死.

　• 反間을 중심으로 한 5間의 활용: 反間을 가장 중시

■ 用間은 全軍이 믿고 행동하게 하는 용병의 요체

　※ 此兵之要, 三軍之所恃而動也.

孫子曰. 凡興師十萬, 出征千里, 百姓之費, 公家之奉, 日費千金.
손자왈 범흥사십만 출정천리 백성지비 공가지봉 일비천금

손자가 이르기를 무릇 10만의 군사를 일으켜 천리 밖으로 출정시키려면 백성들이 부
담해야 할 비용과 조정에서 조성해야 할 자금이 하루에 천금이 들어간다.

☞ 興: 일어날 흥 / 征: 정벌할 정, 칠 정 / 公家: 정치를 담당하는 집안(조정)

　奉 : 받들 봉(받들다, 돕다, 기르다)

內外騷動, 怠於道路, 不得操事者, 七十萬家.
내 외 소 동　태 어 도 로　부 득 조 사 자　칠 십 만 가

나라 안팎이 소란스러워지고, (군수물자 수송에 동원된 백성들이) 지친 상태로 도로를 메우고 있으며, 이로 인해 생업(농사)에 종사하지 못하는 집이 70만 가구에 이른다.

☞ 騷動: 시끄럽고 혼란스러움(騷: 시끄러울 소) / 怠: 게으를 태 / 操: 잡을 조

　事: 일 사(생업을 의미)

相守數年, 以爭一日之勝, 而愛爵祿百金, 不知敵之情者, 不仁之至也,
상 수 수 년　이 쟁 일 일 지 승　이 애 작 록 백 금　부 지 적 지 정 자　불 인 지 지 야

非人之將也, 非主之佐也, 非勝之主也.
비 인 지 장 야　비 주 지 좌 야　비 승 지 주 야

서로가 이러한 상태로 수년 동안을 버티며 대치하다가 단 하루 만에 승리를 다투게 되는 것인데도 녹봉 백금이 아까워 (첩자를 쓰지 않아) 적의 정세를 모르는 것은 어질지 못함의 극치이며, 백성의 장수가 될 수 없고, 군주의 보좌역이 될 수 없으며, 승리의 주인이 될 수도 없다.

☞ 爵祿: 벼슬 작, 녹 록(관작에 따라 주는 녹봉, 보수) / 愛: 아끼다, 아까워하다의 의미

　不仁之至: 어질지 못함의 극치

故明君賢將, 所以動而勝人, 成功出於衆者, 先知也.
고 명 군 현 장　소 이 동 이 승 인　성 공 출 어 중 자　선 지 야

그러므로 명석한 군주와 현명한 장수는 한번 출병하면 적에게 승리하고, 여타 사람들보다 출중한 공을 이루는데 이는 먼저 (적을) 알았기 때문이다.

☞ 出於衆者: 여타 사람들보다 뛰어난 것(* 出衆하다) / 者: ~하는 것(어조사)

先知者, 不可取於鬼神, 不可象於事, 不可驗於度, 必取於人, 知敵之情者也.
선 지 자　불 가 취 어 귀 신　불 가 상 어 사　불 가 험 어 도　필 취 어 인　지 적 지 정 자 야

먼저 (적을) 안다는 것은 귀신으로부터 취할 수도 없고, 경험에 비추어 판단할 수도 없으며, 추측으로 시험해 볼 수도 없다. 반드시 사람으로부터 취하여 적의 정세를 알 수 있는 것이다.

☞ 象於事: 경험(사례)에 비추어 판단하는 것 / 驗於度: 헤아려 추측하는 것 / 驗: 증험할 험

　度: 잴 도, 헤아릴 도

故用間有五. 有鄕間, 有內間, 有反間, 有死間, 有生間.
고 용 간 유 오 유 향 간 유 내 간 유 반 간 유 사 간 유 생 간

五間俱起, 莫知其道, 是謂神紀, 人君之寶也.
오 간 구 기 막 지 기 도 시 위 신 기 인 군 지 보 야

고로 간첩을 활용하는 방법(用間法)에는 鄕間, 內間, 反間, 死間, 生間 등 다섯 가지가 있
다. 이 다섯 가지의 간첩 활동이 모두 함께 이루어지면 적은 그 방법을 전혀 알 수 없
으니 이를 神紀(신묘하여 추측하기 어려운 방법)라 부르며, 백성과 군주에게는 가장 소
중한 보물이 된다.

☞ 俱: 함께 구 / 起: 일어날 기 / 莫: 없을 막 / 神紀: 신이 행하는 것 같은 수준 / 人: 백성을 의미

鄕間者, 因其鄕人而用之. 內間者, 因其官人而用之. 反間者, 因其敵間而用
향 간 자 인 기 향 인 이 용 지 내 간 자 인 기 관 인 이 용 지 반 간 자 인 기 적 간 이 용

之. 死間者, 爲誑事於外, 令吾間知之, 而傳於敵間也. 生間者, 反報也.
지 사 간 자 위 광 사 어 외 령 오 간 지 지 이 전 어 적 간 야 생 간 자 반 보 야

鄕間은 그 마을 사람을 활용하는 것이다. 內間은 적의 관료를 활용하는 것이다. 反間
은 적의 간첩을 역으로 활용하는 것이다. 死間은 외부로 거짓을 꾸며 나의 간첩에게
알리고 이를 적의 간첩에게 전하도록 하는 것이다. 生間은 돌아와서 적정을 보고하는
것이다.

☞ 因: 인할 인(~에 기인하여, 연고를 두고) / 官: 벼슬 관(관료) / 敵間: 적의 간첩 / 誑: 속일 광
   令: '하여금'의 의미 / 傳: 전할 전

故三軍之事, 莫親於間, 賞莫厚於間, 事莫密於間.
고 삼 군 지 사 막 친 어 간 상 막 후 어 간 사 막 밀 어 간

그러므로 全軍이 하는 일 중에서 간첩을 대하는 것보다 친밀한 것이 없고, 간첩에게
주는 것보다 후한 상이 없으며, 간첩보다 더 비밀스러운 것이 없다.

☞ 於: ~보다의 의미 / 厚: 두터울 후 / 密: 빽빽할 밀

非聖智, 不能用間. 非仁義, 不能使間. 非微妙, 不能得間之實.
비 성 지 불 능 용 간 비 인 의 불 능 사 간 비 미 묘 불 능 득 간 지 실

성인의 지혜가 없으면 간첩을 활용할 수 없고, 어짊과 의리가 없으면 간첩을 부릴 수
없으며, 미묘함이 없으면 간첩으로부터 실속 있는 첩보를 얻을 수 없다.

☞ 聖智: 성인의 지혜(뛰어난 지혜) / 微妙: 작을 미, 묘할 묘

微哉, 微哉. 無所不用間也. 間事未發而先聞者, 間與所告者, 皆死.
미 재 미 재 무 소 불 용 간 야 간 사 미 발 이 선 문 자 간 여 소 고 자 개 사

참으로 미묘하도다! 간첩이 쓰이지 않는 곳이 없다. 간첩 활동이 시작되지도 않았는데 첩보를 먼저 들어 아는 자가 있다면 간첩은 물론 이를 알린 자까지 모두 죽여야 한다.

☞ 哉: 어조사(감탄의 뜻) / 間事: 간첩에 관한 일(기밀사항) / 未發: 아직 시작되지 않음

凡軍之所欲擊, 城之所欲攻, 人之所欲殺, 必先知, 其守將, 左右, 謁者, 門者,
범 군 지 소 욕 적 성 지 소 욕 공 인 지 소 욕 살 필 선 지 기 수 장 좌 우 알 자 문 자
舍人之姓名, 令吾間必索知之.
사 인 지 성 명 령 오 간 필 색 지 지

무릇 격파하고자 하는 군대, 공격하고자 하는 성(城), 죽이고자 하는 인물이 있다면 반드시 성을 지키는 장수, 좌우 측근(참모), 조언자, 성문지기, 호위병의 인적 사항을 알아내고 나의 간첩에게 필히 이들에 대해 샅샅이 파악하도록 지시해야 한다.

☞ 謁: 아뢸 알(謁者: 現 부관, 비서실장) / 門者: 성문지기 / 舍人: 밀착해서 호위하는 인원

必索敵間之來間我者, 因而利之, 導而舍之, 故反間可得而用也.
필 색 적 간 지 래 간 아 자 인 이 리 지 도 이 사 지 고 반 간 가 득 이 용 야

아군 사이로 들어온 적의 간첩은 반드시 찾아내서 이익과 편의를 제공하여 회유함으로써 反間을 획득하여 이용할 수 있다.

☞ 因: 인할 인 / 導: 이끌 도

因是而知之, 故鄕間內間可得而使也.
인 시 이 지 지 고 향 간 내 간 가 득 이 사 야

反間을 통해서 적을 알 수 있으므로 鄕間과 內間도 획득하여 부릴 수 있다.

☞ 因是: 이것으로 인하여(* 是: 반간을 획득하여 운용하는 것)
　知之: 이를 알게 되다(* 之: 적에 관한 첩보)

因是而知之, 故死間爲誑事, 可使告敵.
인 시 이 지 지 고 사 간 위 광 사 가 사 고 적

鄕間과 內間을 통해서 적을 알게 되므로 死間으로 거짓 정보를 만들어 적에게 알릴 수 있다.

☞ 爲誑事: 거짓된 일을 만들다

因是而知之, 故生間可使如期.
인 시 이 지 지 고 생 간 가 사 여 기

死間을 통해서 적을 알게 되므로 生間을 적기에 부릴 수 있다.

五間之事, 主必知之, 知之必在於反間. 故反間不可不厚也.
오 간 지 사 주 필 지 지 지 지 필 재 어 반 간 고 반 간 불 가 불 후 야

다섯 가지 간첩의 활동에 대해 군주는 반드시 알아야 하는데, 이것은 反間으로부터 알
수 있는 것이므로 반간은 후하게 대우를 하지 않을 수 없다.

☞ 如期: 기일에 맞춰(적기에) / 不可不: ~하지 않을 수밖에 없다 / 厚: 후하게 대하다.

昔殷之興也, 伊摯在夏. 周之興也, 呂牙在殷.
석 은 지 흥 야 이 지 재 하 주 지 흥 야 여 아 재 은

옛날 殷나라가 흥했던 것은 伊摯(이지)가 夏나라에 있었기 때문이고, 周나라가 흥했던
것은 呂牙(여아)가 殷나라에 있었기 때문이다.

• 伊摯: 伊尹(이윤)의 본명. 殷나라 湯王(탕왕)을 도와 夏나라 폭군 桀王을 타도하였음.

• 呂牙: 姜太公의 본명. 周나라 武王을 도와 殷나라를 무너뜨림.

＊두 사람 모두 적대국의 벼슬아치로 있었음.

故惟明君賢將, 能以上智爲間者, 必成大功.
고 유 명 군 현 장 능 이 상 지 위 간 자 필 성 대 공

그러므로 오직 명석한 군주와 현명한 장수만이 뛰어난 지혜를 가진 인재를 간첩으로
운용할 수 있으며, 반드시 큰 업적을 이룩한다.

☞ 惟: 오직 유 / 上智: 뛰어난 지혜

此兵之要, 三軍之所恃而動也.
차 병 지 요 삼 군 지 소 시 이 동 야

이것(간첩의 활용)은 용병의 요체로서, 전군이 믿고 움직이는 것이다.

|참고문헌|

군사학연구회, 『군사사상론』, 서울: 플래닛미디어, 2014.

김광수, 『손자병법』, 서울: 책세상, 1999.

김용현 등 13명 공저, 『군사학 개론』, 인천: 진영사, 2012.

노병천, 『도해세계전사』, 서울: 도서출판 한원, 1989.

노병천, 『도해손자병법』, 서울: 연경문화사, 2006.

미 해병대사령부, 『(MCDP 1) Warfighting』, 해병대사령부 역, 발안: 해병대사 인쇄실, 1998.

미 해병대사령부, 『(MCDP 1-3) Tactics』, 해병대사령부 역, 발안: 해병대사 인쇄실, 1999.

미 해병대사령부, 『(MCDP 5) Planning』, 해병대사령부 역, 발안: 해병대사 인쇄실, 1997.

박기련, 『기동전이란 무엇인가?』, 서울: 삼신문화사, 1998.

박찬주, 『(연구보고서) 임무형 지휘의 올바른 이해와 적용방안』, 2002.

박휘락, 『전쟁, 전략, 군사 입문』, 파주: 법문사, 2005.

송영필, 『군사학 입문』, 대전: 충남대학교출판문화원, 2013.

육군대학, 『(군사평론 제308호 부록) 미 작전요무령』, 대전: 육군대학, 1993.

육군대학, 『(군사평론 제333호 부록) 전투의 기본원리』, 대전: 육군대학, 1998.

육군대학, 『(군사평론 제390호 부록) 미 교육회장 5-0.1 작전수행체계 (Operations Process)』, 대전: 육군대학, 2007.

육군대학, 『(군사평론 제390호 부록) 美 작전수행체계』, 대전: 육군대학, 2007.

육군대학, 『(군사평론 제395호 부록) 작전(Operations)』, 대전: 육군대학, 2008.

육군대학, 『(독서자료) 세계전쟁사』, 대전: 육군대학, 1997.

육군대학, 『(보충교재) 400년의 작전사를 조명하여 나타난 부대지휘의 원칙』, 대전: 육군대학, 2008.

육군본부, 『(야전교범 0-1) 전술』, 대전: 육군본부, 2013.

육군본부, 『임무형 지휘』, 대전: 육군본부, 1999.

육군본부, 『클라우제비츠의 전쟁론과 군사사상』, 대전: 육군본부, 1995.

육군사관학교, 『세계전쟁사』, 서울: 일신사, 1985.

이종학, 『전략이론이란 무엇인가』, 대전: 충남대학교출판문화원, 2012.

정보사령부, 『(주변국 교리 23-1-35) 중국군 전술학』, 서울: 정보사령부, 2013.

정호용, 『용병의 원리와 실제』, 서울: 병학사, 1985.

차기준, 『전쟁지도와 군사작전』, 대전: 육군교육사령부, 1998.

Anthony D. McIvor, 『Rethinking The Principles of War』, 김덕현·권영근 역, 대전: 육군대학, 2013.

Michael I. Handel, 『클라우제비츠, 손자 & 조미니』, 박창희 역, 서울: 평단문화사, 2006.

Carl Von Clausewitz, 『전쟁론』, 류제승 역, 서울: 책세상, 1998.

전술의 기초 (2판)

2017년   2월 24일 1판 1쇄 발행
2020년 10월   7일 1판 3쇄 발행
2023년 12월 22일 2판 1쇄 발행

지은이_ 성형권
펴낸이_ 정영석
펴낸곳_ **마인드북스**
주 소_ 서울시 동작구 양녕로25길 27, 403호
전 화_ 02-6414-5995 / 팩 스_ 02-6280-9390
홈페이지_ http://www.mindbooks.co.kr
등록번호_ 제25100-2016-000064호
ⓒ 성형권, 2023

ISBN 978-89-97508-63-1 93390